Couvertures supérieure et inférieure
en couleur

LES

ÉTAPES DE LA SCIENCE

POITIERS. — TYPOGRAPHIE OUDIN ET Cⁱᵉ,

NOUVELLE BIBLIOTHÈQUE VARIÉE

SCIENCE

ÉMILE GAUTIER

LES
ÉTAPES DE LA SCIENCE

CHRONIQUES DOCUMENTAIRES

AVEC UNE PRÉFACE DE M. DE LANESSAN

Gouverneur général de l'Indo-Chine française

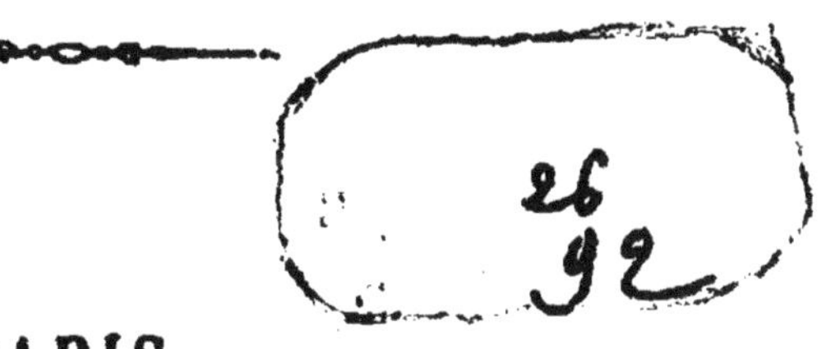

PARIS

LECÈNE, OUDIN ET Cie, ÉDITEURS

17, RUE BONAPARTE, 17

1892

PRÉFACE

Mon cher ami,

La lettre par laquelle vous me manifestez le désir d'avoir une préface de moi à vos « chroniques documentaires » m'a été apportée hier seulement, ici, au fond de la « brousse » tonkinoise. C'est vous dire que je n'ai sous la main aucun des instruments de travail qui me seraient nécessaires pour faire œuvre digne de votre livre. Cependant, comme je ne veux pas retarder son apparition, je me mets immédiatement à la besogne, avec l'espoir qu'il me sera possible de vous expédier quelques pages pour lesquelles je suis obligé de solliciter l'indulgence de vos lecteurs. Ce travail fera diversion aux âpres soucis de la besogne administrative et de l'œuvre colonisatrice.

La seule introduction qui conviendrait à vos chroniques serait une histoire de la diffusion de la science parmi les hommes qui ne font pas de son étude l'objet principal de leur vie, c'est-à-dire l'histoire de ce que l'on nomme aujourd'hui la vulgarisation de la science. Bien des faits curieux, bien des considérations intéressantes trouveraient place dans un travail de ce genre. Je ne puis malheureusement pas m'y livrer en ce moment ; mais je tiens à vous dire comment m'apparaît la question, et de quelle façon je la traiterais si j'en avais le loisir et les moyens.

Si vous le voulez bien, nous ne sortirons pas de l'Europe. C'est d'ailleurs la seule partie du monde ancien où la science ait franchi le cercle de ceux qui se livrent à son étude. Partout ailleurs, dans l'Inde comme en Chine, dans la vallée de l'Euphrate comme dans celle du Nil, la science est restée, pendant toute l'antiquité, le privilège d'un petit nombre d'adeptes, presque toujours voués au service d'une divinité quelconque.

En Grèce, les premiers savants sont encore des prêtres. Ils se transmettent de génération en génération, dans les sanctuaires étroits des temples, les quelques notions d'astronomie, de mathématiques, de médecine, d'histoire naturelle, reçues de l'Egypte ou de l'Asie. Pas la moindre bribe de cette science encore rudimentaire n'est répandue dans

le vulgaire profane ; c'est à peine si ceux qui en
ont la garde projettent quelques rayons de la lumière sacrée sur l'esprit d'une élite initiée à certains mystères cultuels.

Mais à mesure que les dieux se multiplient et
que la religion perd de son mystérieux caractère,
le prêtre fait place au philosophe dans la culture
des problèmes scientifiques, et la science rayonne
davantage autour des points où elle est cultivée.

Alors commence l'époque la plus glorieuse de
l'histoire de la Grèce. Socrate, Platon, Zénon et
une foule d'autres attirent autour d'eux les hommes
les plus illustres, les jeunes gens des meilleures et
des plus riches familles, souvent même les femmes
les plus belles, les plus spirituelles et les plus re-
cherchées. Ils répandent à profusion les connaissances puisées dans les livres des maîtres antérieurs
ou dans l'observation directe de la nature. A l'enseignement oral que les Athéniens reçoivent de la
bouche de Platon dans les jardins de l'Académie,
de celle de Zénon sous le portique célèbre qui donna
son nom à la secte des stoïciens, se joint la diffusion des doctrines et des faits par le livre écrit dans
la claire et harmonieuse langue du peuple d'Hel-
lade. Le livre est manuscrit, il est vrai, mais il est
lisible pour tous ; et ses copies sont assez nombreuses

*

pour que beaucoup aient pu nous parvenir, depuis les dialogues philosophiques de Platon jusqu'aux observations d'histoire naturelle d'Aristote.

Au début de cette période de diffusion des lumières de la pensée, la résistance est vive de la part des sectateurs de l'occultisme antique. Les philosophes ont plus d'une lutte à soutenir en faveur de la science et de la liberté ; Socrate paie de sa vie le scepticisme de ses doctrines et la hardiesse de son enseignement ; mais le courant qui entraîne le paganisme vers le progrès est plus puissant que toutes les barrières opposées à sa marche par les vieux préjugés ; bientôt il se répand jusque dans le monde latin ; la science et la philosophie grecques entrent en souveraines dans Rome, qui vient de conquérir la Grèce.

Elles ne tarderont pas à y trouver le propagateur le plus séduisant par la forme et le plus grand par la pensée que le monde ancien ait produit. J'ai nommé Lucrèce. Son admirable poème *De Naturâ Rerum* met à la portée de toutes les intelligences cultivées de son temps, *vulgarise*, dans le sens élevé du mot, les faits les plus précieux et les conceptions les plus grandioses de la science. Il n'est pas de problème qu'il ne poétise, en même temps qu'il l'éclaire autant qu'il était possible de le faire à son époque. Il n'est aucun mystère qu'il n'essaie de pénétrer et de divulguer, depuis celui de la nature de la matière et du mouvement, jusqu'à ceux de la formation des mondes, de l'apparition de la vie et de l'origine des plantes, des animaux et des hommes. Plus d'un voile est déchiré par ses mains profanes, et le flambeau qu'en mourant il transmet à la postérité brille d'un éclat incomparable.

Bien des siècles, malheureusement, s'écouleront avant qu'il se trouve une main assez hardie pour s'emparer de la torche lumineuse, et l'agiter dans les ténèbres qui vont succéder à l'effondrement des civilisations grecque et latine.

Faut-il rappeler cette période de quinze à seize siècles pendant laquelle la science est obligée de se faire pardonner la hardiesse grande qu'elle a d'étudier les secrets de la nature ? Qui ne connaît le triste sort des savants jetés en prison parce qu'ils ont eu l'audace de voir tourner la terre, ou brûlés vifs parce qu'ils ont osé risquer un pas timide en dehors de l'ornière de l'orthodoxie ?

Les maîtres sont rares, jalousement surveillés, obligés de se conformer aux seules doctrines considérées comme conformes aux dogmes ; les universités et les écoles où se donne l'enseignement sont peu nombreuses ; les élèves qui en suivent les cours forment une classe à part dans la société; maîtres et disciples ne communiquent entre eux qu'à l'aide d'une langue morte, incomprise du vulgaire; certaines études sont sévèrement interdites; en un mot, la science est partout traitée en pestiférée.

De temps à autre, un éclair brille dans cette obscurité. C'est Rabelais qui, sous les formes triviales aimées des grands seigneurs et des nobles dames, déverse les incongruités de Panurge et de Gargantua sur la sottise des magisters gourmés et latinisants de l'orthodoxe Sorbonne; c'est Galilée qui a l'audace de contester à la terre son antique réputation de pivot du monde solaire; c'est Bacon qui proteste au nom de l'expérience contre les rabâchages de la scolastique, etc. Ces quelques audacieux ne doivent leur salut qu'à la protection de rois ou de princes séduits par leur génie ou ayant besoin de leurs services; mais toutes les précautions sont prises pour que leur gangrène ne gagne pas les parties encore saines du corps social.

L'ère nouvelle inaugurée par Luther et Calvin n'est guère plus favorable à la science, en dépit de ses prétentions au libre examen.

La science ne profite guère de ces luttes au

milieu desquelles le travailleur ne saurait trouver ni la tranquillité matérielle ni la liberté d'esprit qui lui sont nécessaires. N'oubliez pas que la destruction des ouvrages de Rabelais et même sa mort ont été réclamées à grands cris par certains disciples de la nouvelle religion ; souvenez-vous aussi de Calvin faisant monter Servet sur le bûcher de Genève pendant que la Sorbonne faisait brûler Étienne Dolet sur la place Maubert!

C'est seulement avec le xviie siècle et surtout avec le xviiie que commence une phase nouvelle de liberté et de diffusion scientifique, et c'est à la France qu'en revient le premier honneur. Grâce à elle, s'ouvre la quatrième phase de cette histoire qu'il serait si intéressant de retracer avec le soin qu'elle comporte, l'histoire de l'initiation des masses humaines aux découvertes faites par un petit nombre d'hommes que l'amour de l'inconnu, la curiosité du mystère et la passion du travail intellectuel poussent dans les sentiers, rocailleux d'abord, si fleuris ensuite, de la science.

Les savants deviennent plus nombreux, et la science prend une direction qui lui avait été jusqu'alors interdite. La plus réprouvée de toutes les sciences était celle de la vie. On tolérait les médecins parce que personne n'est à l'abri de l'atteinte des innombrables maladies qui déciment l'humanité ; mais on les condamnait à n'être que d'ignorants empiriques. Vésale n'avait-il pas été menacé de mort et obligé de quitter la France pour avoir disséqué quelques cadavres?

Par une réaction bien naturelle, dès que les savants se sentirent les coudées franches et la bride sur le cou, ils se précipitèrent vers l'étude des problèmes vitaux. En France Réaumur, en Suisse Bonnet, se livrent avec un soin minutieux à l'observation des mœurs des animaux ; en Italie, Spallanzani pose les bases de la physiologie comparée ; en Hollande, Boërhaave enseigne tour à tour, dans les chaires de Leyde, l'anatomie et la physiologie humaines, la médecine, la botanique et la chimie animale ; en Suisse, Haller s'adonne à la physiologie comparée des animaux et des plantes ; en France, Adanson et Jussieu rivalisent de zèle dans l'étude de l'organisation et du classement des végétaux, tandis que Daubenton pratique l'anatomie comparée des animaux. Aux procédés anciens d'observation les naturalistes ajoutent l'emploi d'un instrument nouveau, le microscope, qui permet à l'œil indiscret de l'observateur de pénétrer jusque dans les profondeurs les plus intimes des liquides et des tissus des plantes, des animaux et de l'homme, et de découvrir dans l'air, les eaux et le sol, les myriades d'êtres infiniment petits qui les peuplent.

La langue des savants s'est elle-même modifiée. Ils renoncent au latin pédantesque sous lequel leurs maîtres cachaient leur demi-savoir ou leur ignorance. Chacun écrit dans la langue de ses concitoyens, mettant ainsi à la portée d'un plus grand nombre de curieux les trésors nouveaux chaque jour découverts dans les laboratoires dont le nombre et l'importance augmentent rapidement.

Dès le début de ce mouvement scientifique, la pensée de mettre à la portée du grand public les idées et les faits nouveaux naît presque simultanément dans l'esprit des deux hommes qui comptent parmi les plus grands que la France ait produits : Diderot et Buffon.

En 1749, Buffon publie les deux premiers volumes de son *Histoire naturelle* ; en 1752, commence à paraître l'*Encyclopédie* de Diderot.

Ce dernier se proposait de mettre à la portée de toutes les intelligences un immense recueil alphabétique de toutes les sciences, de tous les arts, de tous les métiers, un résumé de toutes les idées et de tous les systèmes philosophiques, en un mot, un répertoire où chacun, depuis le savant jusqu'à l'ouvrier, depuis le grand seigneur jusqu'à la frivole coquette, pût trouver ce qu'il désirait savoir sur un sujet quelconque. Interdite par Louis XV sur la demande de la Sorbonne, qui la trouvait subversive, l'Encyclopédie fut de nouveau autorisée, précisément parce qu'elle atteignait son but. Vous vous rappelez dans quelles circonstances. On discutait devant le roi et la marquise de Pompadour la manière de fabriquer la poudre à canon ; un des assistants eut l'idée de s'adresser à l'Encyclopédie dont le roi possédait un exemplaire ; on alla le chercher ; on y trouva tous les renseignements désirés ; la marquise, feuilletant les volumes, voulut savoir comment on faisait sa poudre, son rouge, ses bas, etc., et, l'ayant découvert, reprocha très amèrement à son royal amant de vouloir conserver pour lui seul un livre si utile à tous ses sujets.

L'Encyclopédie était, avec un dictionnaire analogue récemment publié à Londres, le premier ouvrage de vulgarisation scientifique vraiment digne de ce nom, la première tentative pour mettre la science à la portée de tout le monde. L'immense succès qu'elle obtint témoigna des besoins auxquels elle répondait et des services qu'elle était susceptible de rendre ; mais sa publication, sans cesse retardée par les influences hostiles, ne put être achevée qu'en 1788.

L'entreprise de Buffon, tout en s'inspirant du même désir de vulgariser la science, était différente. Son cadre général était moins vaste ; mais chacune de ses parties devait être traitée d'une façon beaucoup plus complète.

Buffon voulait écrire l'histoire du monde et celle des êtres qui le peuplent ; il voulait l'écrire complète, depuis l'origine des choses jusqu'à leur parfait développement, leur décroissance et leur ruine, depuis le premier astre qui prit forme au sein de l'éternelle et infinie matière jusqu'à l'apparition du premier être vivant et à la destruction du dernier de ces êtres sur le globe que nous habitons. Il voulait que cette histoire de notre univers, de nos compagnons d'existence, de nous-mêmes, fût accessible à tous ; il voulait aussi que le livre dans lequel elle serait tracée en un langage digne de sa grandeur fût accompagné de la représentation de tous les objets et de tous les êtres décrits, et qu'un monument fût érigé pour loger des échantillons visibles par tous de tout ce que la nature a produit. C'était la conception d'un musée gigantesque illustrant le plus grand et le plus séduisant des livres. L'entreprise était hardie. Elle n'était pas au-dessus des forces de l'homme; mais elle devait nécessairement déborder sa vie. Il avait 42 ans quand parurent les deux premiers volumes; il mourut à 81 ans, n'ayant pu achever, malgré le travail le plus assidu, ni le livre qui avait consumé son génie, ni le monument dans lequel il avait enfoui une partie de sa fortune.

Le succès avait été plus grand encore que celui de l'Encyclopédie : un volume avait à peine paru qu'il était traduit en plusieurs langues et bientôt épuisé ; tout le monde tenait à lire ces pages où les descriptions les plus exactes, les pensées les plus vastes, les conceptions les plus générales étaient revêtues des formes les plus majestueuses : le style de Bossuet peignant l'histoire des astres, de la terre, des animaux et des hommes.

Chaque jour, des foules plus compactes se précipitaient dans les salles du Jardin du Roi. Les grands seigneurs, les nobles dames et les riches bourgeois voulaient avoir aussi leurs galeries, et faisaient à l'envi venir de tous les coins du monde les objets les plus rares et les plus précieux.

L'histoire de la vie, naguère si dédaignée, faisait maintenant fureur. Buffon voyait avant de mourir sa statue s'élever devant le monument encore inachevé qu'il avait consacré à la plus belle et à la plus audacieuse des sciences, à celle qui, révolutionnant tous les esprits, doit renverser tous les faux préjugés et toutes les vaines superstitions.

Il n'est pas un problème, parmi les plus difficiles et les plus hardis, qui ne soit discuté dans l'œuvre de Buffon ; et bien des solutions, aujourd'hui généralement adoptées par une science plus vieille de deux siècles, sont annoncées par cet homme, dont le génie ne pouvait les appuyer que sur un nombre insignifiant de faits encore imparfaitement connus.

Son admirable cosmogonie nous fait assister à la formation de tous les soleils et de toutes les étoiles par la condensation des nébuleuses. La terre et les planètes y naissent du soleil, se figeant en vertu même de la rotation dont elles sont animées. Le feu central n'existe pas : il est, d'ailleurs, inutile; les minéraux liquides des foyers volcaniques ont été fondus par la chaleur que développent les combinaisons chimiques et les courants électriques; la rupture des parois du foyer et la projection des matériaux qu'il contient sont dues à la force expansive de la vapeur produite par les eaux qui s'y sont infiltrées. Le mouvement et la matière sont inséparables, et non moins éternels et infinis l'un que l'autre. La chaleur, la lumière, l'électricité, la vie elle-même ne sont que des formes du mouvement. Les êtres vivants les plus rudimentaires sont nés de la transformation de la matière, et les espèces innombrables qui peuplent notre globe ont été produites par la modification lente d'espèces antérieures, sous l'influence du milieu ambiant et de la lutte pour l'existence.

Ayant sondé tous les mystères, entrevu les réalités qu'ils cachent, mis à nu les beautés les plus secrètes de la nature, étalé ses charmes à tous les yeux, appris à tout le monde à les admirer, le savant, enhardi par les visions de son génie, ne reconnaît plus de bornes à la science humaine ; il abat de sa puissante cognée l'arbre au fruit défendu, et lance l'affirmation la plus audacieuse qui soit sortie d'une bouche humaine, celle que l'homme peut tout savoir et qu'il pourra tout prévoir (1).

(1) « Loin de se décourager, le philosophe doit applaudir à la nature, lors même qu'elle lui paraît avare ou trop mystérieuse, et se féliciter de ce qu'à mesure qu'il lève une partie de son voile, elle lui laisse entrevoir une immensité d'autres objets, tous dignes de ses recherches. Car ce que nous connaissons déjà doit nous faire juger de ce que nous pouvons connaître ; l'esprit humain n'a point de bornes, il s'étend à mesure que l'univers se déploie; l'homme peut donc et doit tout tenter; il ne lui faut que du temps pour tout savoir. Il pourrait même, en multipliant ses observations, voir et prévoir tous les phénomènes, tous les événements de la nature, avec autant de vérité et de certitude que s'il les déduisait immédiatement des causes; et quel enthousiasme plus pardonnable et même plus noble que celui de croire l'homme capable de reconnaître toutes les puissances, et découvrir par ses travaux tous les secrets de la nature ! » (Buffon, t. IV, p. 523).

Tant d'audace encouragée par tant de succès ne pouvait manquer d'émouvoir les mandarins. Ils essayèrent, dès le premier jour, d'entraver la publication de l'œuvre et d'arrêter le mouvement qu'elle devait produire ; mais ils perdirent leur temps et leur bile. La torche était entre des mains trop puissantes pour qu'on pût l'en arracher ; elle était portée trop haut pour qu'aucun souffle pût l'éteindre ; l'humanité entière en était éclairée, les ténèbres du passé se dissipaient, et l'avenir s'annonçait radieux. Et il devait, en effet, l'être.

De toutes parts, se créent des foyers scientifiques. Les nations rivalisent de zèle dans l'édification des laboratoires, des universités, des collèges et des écoles. Toutes les merveilles de l'architecture, autrefois réservées aux temples, sont maintenant accumulées dans les monuments d'ordres divers, où tous les âges et toutes les classes viennent écouter la parole de vérité. Les livres et les publications périodiques consacrés à la science ne se comptent plus. La science se divise et se ramifie à l'infini ; chacune de ses branches devient l'apanage d'un groupe particulier de chercheurs ; les observations accumulées augmentent chaque jour le champ des connaissances humaines. Les découvertes sont si nombreuses et si variées qu'il ne peut plus y avoir de mémoire assez vaste pour garder le souvenir de tous les faits, ni d'intelligence assez compréhensive pour les embrasser tous et les coordonner.

En même temps, de théorique et spéculative qu'elle était jadis, la science devient pratique et utile. Ses applications innombrables à l'industrie, au commerce, aux moindres actes de la vie, augmentent sans cesse le fonds de richesse et de bonheur de l'humanité. Chacun comprenant ses bienfaits, il n'est presque plus personne qui ne désire en avoir une connaissance plus ou moins approfondie. De là les efforts sans cesse croissants de vulgarisation faits de tous côtés.

Cent revues et journaux de toutes dimensions et écrits dans toutes les langues mettent à la portée du grand public les faits nouveaux et les idées générales qu'ils inspirent aux savants. L'image illustre le fait. L'élégance voulue du style s'efforce de mettre l'exposition de tous les problèmes à la portée de ceux mêmes qui sont le plus étrangers au langage technique de la science.

Le roman lui-même devient un instrument de vulgarisation, et certaine école littéraire se vante d'employer la méthode des naturalistes, rendant ainsi un éclatant hommage aux deux seules puissances incontestées de notre temps : l'expérience et l'observation.

Si je n'étais pas beaucoup plus près de Lang-Son que de Paris, je vous dirais à l'oreille que l'école littéraire à laquelle je viens de faire allusion ne me paraît pas s'être toujours montrée fidèle à son programme ; que la grossièreté des formes n'est pas nécessaire à la description des faits observés et à l'exposition des idées qu'ils font naître ; que l'homme ne réside pas tout entier entre son nombril et ses genoux ; que son cerveau et le travail dont il est le siège méritent l'attention au moins autant que son ventre, son estomac et ses organes sexuels ; que l'observation des besoins intellectuels et des passions qu'ils provoquent m'intéresse au moins autant que l'observation des appétits ; que certains littérateurs naturalistes négligent systématiquement beaucoup trop tout ce qu'il y a de beau, de grand et de bon dans les actes de la vie individuelle et sociale, etc. Mais ce que je vous aurais dit volontiers tout bas dans ces bois d'Ecouen où nous avons fait ensemble tant d'exquises promenades, je suis obligé de l'écrire, et je crains d'être mal compris : je m'arrête donc, et je reviens à mon sujet pour terminer cette trop longue lettre.

La vulgarisation de la science, vous disais-je, a

pris toutes les formes pour répondre à tous les besoins, depuis la revue destinée aux seules personnes instruites jusqu'aux feuilletons et à la chronique des journaux politiques qui s'adressent à toute la masse des lecteurs, depuis les conférences libres de nos grands établissements scientifiques jusqu'aux boniments des physiciens ambulants des foires.

Certes, tout cela est utile ; mais il faut bien reconnaître que notre vulgarisation de la science est loin de produire tous les résultats qu'on serait en droit d'en attendre, et qu'il y a plus d'effort produit que d'effet utile obtenu. Articles des revues, feuilletons et chroniques de journaux sont bien souvent laissés de côté parce qu'ils ne sont pas suffisamment compris.

C'est que rien n'est difficile comme faire descendre la science de son piédestal et la mettre à la portée de tous. Elle a des résistances souvent invincibles et des pudeurs toujours rebelles aux curiosités de la foule. Ce n'est que par une assiduité de tous les instants et une constance de toute la vie qu'un petit nombre de privilégiés parviennent à la jouissance de ses charmes intimes. Pour sortir de la métaphore, les connaissances scientifiques ne peuvent être acquises que petit à petit, point par point, étape par étape, avec une graduation nécessaire, allant des faits et des idées les plus simples aux observations les plus délicates et aux généralisations les plus élevées.

Or, le vulgarisateur est obligé de procéder au hasard des découvertes, l'article du lendemain n'ayant d'ordinaire rien de commun avec celui de la veille. Aujourd'hui, c'est d'un astre nouvellement découvert dans les profondeurs infinies du ciel qu'il faut entretenir le lecteur. Demain, on lui parlera d'un progrès accompli dans le domaine, déjà si vaste, de l'électricité ; il faudra lui expliquer l'éclairage électrique des navires dont j'ai joui en vous traçant une partie de ces lignes, ou le mécanisme des lampes portatives dont le sort ne sera définitivement assuré que quand on pourra produire à volonté la lumière électrique à l'aide de la pile chimique. Un autre jour, vous l'entretiendrez du transport des forces à distance, qui permettra quelque jour à nos fils ou petits-fils d'utiliser à la fabrication des tissus, au labourage des champs, au battage des blés, au sciage des bois et à la marche des trains, l'incommensurable et indomptable puissance des marées et des ouragans. A la suite d'expériences récentes qui ont donné trop d'illusions, vous le promènerez dans les airs, sur quelque ballon dirigeable, auquel je ne crois guère, ou plutôt sur quelque machine imitée de l'insecte et de l'oiseau, ce qui est plus facile à obtenir, étant donnés les merveilleux instruments déjà produits par l'inconsciente nature. Vous passerez, sans transition, du haut des airs dans les profondeurs de la terre pour exposer la théorie moderne des volcans, ces immenses chaudières souterraines que les combinaisons chimiques et les courants électriques chauffent à haute pression, et dont l'eau des mers et des lacs infiltrés dans le sol fait sauter le couvercle au sommet du Vésuve ou du Stromboli. Vous parlerez aussi des infiniment petits, du rôle des microbes et des ferments, de l'association et de la lutte pour la vie, de la manière de faire entendre et parler les sourds-muets, des tremblements de terre et du feu central (qui n'existe pas), du percement des montagnes et des isthmes, des tempêtes et de la construction des navires qui les affrontent, du dinothérium et des âges passés de notre planète, des combats de cuirassés contre les torpilleurs ou les bateaux-poissons, etc.

Votre tâche en tout cela sera fort difficile. Si vous entrez dans les détails techniques de la question, vous ne serez pas compris, et le lecteur vous accusera, non sans raison, de pédantisme ; si vous restez dans le vague et ne pénétrez pas au cœur du problème, vous aurez parlé pour ne rien dire, et vous serez accusé d'ignorance.

Pour produire un effet utile, vous devrez éviter ces deux fautes majeures : vous devrez laisser de côté les détails, ne retracer que les parties saillantes et capitales de la question, celles que leur hauteur permet à tous les yeux d'apercevoir. Vous aurez soin de toujours montrer le progrès fait, et surtout vous en déduirez les conséquences sociales et les avantages que l'humanité doit en retirer. Vous n'aurez pas de peine à répondre à cette ridicule question qui me fut un jour posée sérieusement, devant vous, par un homme de quelque importance : « A quoi sert la science » ? Vous lui direz que, sans parler des progrès industriels dus à ses patientes recherches, elle a le suprême avantage de façonner les yeux à bien voir et l'esprit à raisonner juste.

.... Mais je prêche un converti. Tout cela, c'est précisément ce que vous avez fait dans vos « chroniques documentaires ».

Je m'arrête donc, en vous envoyant, de l'autre

extrémité du monde, mes vœux les plus cordiaux
pour le succès de votre livre.

Sur la Rivière Noire (Tonkin).

J.-L. DE LANESSAN,
Gouverneur-Général de l'Indo-Chine Française.

LES
ÉTAPES DE LA SCIENCE
CHRONIQUES DOCUMENTAIRES

L'ÉLIXIR DE LONGUE VIE

I

C'était au mois de mai 1889, juste au moment où s'ouvrait l'Exposition universelle. Une nouvelle invraisemblable éclata brusquement comme un coup de foudre, qui eut tôt fait le tour du Champ-de-Mars, c'est-à-dire le tour du monde.

Nouveau docteur Faust, M. le professeur Brown-Séquard venait de retrouver, au fond des entrailles fumantes des lapins et des cochons d'Inde, la recette égarée de l'élixir de longues amours et de longue vie des

sorciers du moyen âge, la recette du philtre magique assurant à l'homme une virilité sans éclipses et une jeunesse sans fin.

L'ébahissement fut si vif que, du Palais des Machines
au Trocadéro, les foules affairées se retournèrent, bouches bées..... Et, immédiatement, l'humanité civilisée
se partageait en deux camps. D'un côté, les incrédules
systématiques, qui, suspectant *à priori* une illusion
énorme ou une fumisterie magistrale, s'empressèrent,
sans vouloir y regarder de plus près, d'en faire des
gorges chaudes. D'un autre côté, les fanatiques et les
gobeurs, qui, férus d'espérances absurdes, se mirent,
sans y regarder davantage, à escompter, sur la foi de
racontars ultra-fantaisistes, l'aubaine de je ne sais quel
chimérique renouveau.

Quant aux savants de profession, un brin estomaqués,
ils se contentèrent d'esquisser un petit sourire ironi-
que et discret, et d'organiser la conspiration du silence,
en laissant aux profanes le soin de résoudre comme ils
l'entendraient le délicat problème.

C'est dans le camp des sceptiques — pourquoi ne
pas le confesser tout à trac ? — que je m'étais rangé
dès l'abord.

Le fait est qu'il y a là de quoi effaroucher les plus
imperturbables.

On prend un animal sain et robuste, l'un des lapins
d'Emilienne d'Alençon, par exemple, un cobaye, un
mouton, un chien, un singe, un veau.... On pourrait
aussi bien prendre un moineau, ou même (sauf votre
respect) un sanglier sauvage ou domestique. Peu im-

porte l'espèce, pourvu que le « sujet » soit jeune, car, passé un certain âge, il n'y a rien de fait.

On lui ouvre le ventre, et bon gré mal gré — mal gré, plutôt — on lui enlève délicatement, à la pointe du scalpel, certains organes nobles et spéciaux que la pudeur m'empêche de désigner plus explicitement. On triture, palpitantes encore, ces pièces anatomiques dans un mortier, on étend le tout d'eau distillée, puis on filtre. On purifie ensuite et l'on clarifie le liquide ainsi obtenu, et, finalement, on l'inocule, entre cuir et chair, au patient, par la voie sous-cutanée, à l'aide d'une seringue de Pravaz, à la façon de la morphine, et à la dose d'un centimètre cube par injection.

C'est tout ! Mais il n'en faut pas davantage pour provoquer les effets les plus extraordinaires. Répétez deux ou trois de ces injections tous les deux jours pendant un mois, et l'inoculé va se sentir subitement le teint frais, le cœur à l'aise, l'esprit guilleret, l'humeur conquérante, bon pied, bon œil, et le reste à l'avenant.

Cette étrange façon de gober à travers la peau les cantharides au vol, prêtait vraiment un peu, beaucoup, il faut l'avouer, surtout en ce pays rabelaisien où la gauloiserie ne perd jamais ses droits, à de trop faciles plaisanteries. Aussi, pendant des semaines et des mois, le boulevard et le faubourg, la ville et le théâtre, Paris et la province s'en sont-ils donné à cœur joie — jusqu'à en perdre l'haleine... et le bon sens.

On a tant ri qu'on en a oublié de discuter, et le dernier mot parut devoir rester, en fin de compte, aux vaudevillistes et aux chansonniers.

Bref, si l'on mourait du ridicule, il y aurait belle durette que le pauvre inventeur serait mort et enterré.

Il n'y a qu'un malheur — ou plutôt qu'un bonheur — c'est qu'il est difficile de ridiculiser irrémédiablement un homme de cette envergure. Quand quelqu'un a élevé la science biologique à une hauteur imprévue, quand il a découvert les vaso-moteurs, l'inhibition, la dynamogénie, les propriétés conductrices de la moelle, la toxicité de l'air confiné, quantité d'autres faits et d'autres théories d'une importance et d'une originalité de premier ordre ; quand il est considéré partout, par l'engeance soupçonneuse et jalouse des spécialistes, comme un maître et comme un oracle — ses opinions, même les plus excentriques, méritent d'être traitées avec quelques égards, et il ne saurait suffire, pour les disqualifier, des turlutaines plus ou moins spirituelles de tintamaristes ignorants.

Aussi bien, non seulement la foi de M. Brown-Séquard ne s'est pas refroidie au vent de tant de critiques si cruellement sanglantes, mais il semble, tout au contraire, qu'elle s'y est attisée.

Depuis trois ans, faisant bravement tête à l'orage, il n'a pas reculé d'une semelle. Depuis trois ans, par la parole et par la plume, tantôt à la tribune de la *Société de Biologie*, tantôt dans les colonnes de ces magistrales *Archives de Physiologie* qui demeureront comme un impérissable monument de la science française de cette fin de siècle, il n'a cessé de combattre le bon combat en faveur de l'abracadabrante théorie. Stoïquement, sous l'avalanche, fleurant parfois l'ordure, des quolibets et

des bouffonneries, il multipliait les communications et
les mémoires, sans rien retrancher de ses conclusions
premières, sans cesser d'expérimenter sur lui-même la
merveilleuse vertu régénératrice du bizarre élixir.

Il va même aujourd'hui beaucoup plus loin qu'autrefois. Les injections, tout en étant absolument inoffensives, ne laissaient pas d'être un tantinet douloureuses.
Aussi, M. Brown-Séquard, associant Purgon à Pravaz,
a-t-il songé à substituer aux boutonnières artificielles
percées tout exprès par l'aiguille de la seringue dans la
peau du sujet une boutonnière donnée par la nature.
C'est désormais après un mouvement tournant et sous
forme de lavement qu'il instille son eau de Jouvence
dans les œuvres basses des dames vannées et des messieurs affaiblis. L'effet obtenu par la nouvelle méthode
est peut-être un peu moins intense, la résorption se
faisant plus lentement et plus difficilement par là, mais
il est toujours incontestable.

Il y a mieux : et, sans recommander le procédé,
M. Brown-Séquard semble assez disposé à croire que point
même ne serait besoin, pour ragaillardir les énervés,
de crever à la fois le ventre des toutous et le cœur des
antivivisectionnistes. Un homme quelconque, pas trop
cacochyme et n'ayant pas encore « dételé », vous, moi,
n'importe qui, nous pourrions faire l'affaire aussi bien
que Jean Lapin lui-même, et cela, bien entendu, sans
opération chirurgicale, sans effusion de sang ni douleur.
Do you understand?..... Tout un chacun aurait ainsi à
demeure, sur soi, et dès avant la lettre (*french letter*),
sa provision de philtre, qu'il n'y aurait plus qu'à faire

sortir, en un tour de main, dans les cas d'urgence, ce qui serait à la fois bien agréable et bien commode...

Il paraît qu'un jeune médecin de Paris en a essayé sur sa femme, réduite, par des hémoptysies répétées, à un tel état de dépression, qu'elle ne pouvait plus quitter son lit et ne parlait plus que par mots brefs et rares chuchotés à voix basse. Dès le lendemain de la première inoculation, la moribonde était ressuscitée, au point de supporter impunément la fatigue d'une excursion à la campagne et d'une visite prolongée à l'Exposition. Elle respirait, en outre, avec une aisance dont elle avait perdu l'habitude. A quatre reprises, en cinq ou six mois, il a fallu recommencer, et, toujours, les mêmes résultats favorables, à la grande surprise, mais aussi à la grande joie de l'opérateur et de l'opérée, ont pu être constatés (*Archives de Physiologie*, n° 3, juillet 1890, p. 644).

On irait loin dans cette voie... jusqu'à Sodome inclusivement... Mais M. Brown-Séquard ne s'en effarouche pas, et si, après avoir discuté le cas le plus sérieusement du monde, il déclare s'en tenir encore de préférence, jusqu'à nouvel ordre, au jus d'animaux en bas âge, ce n'est pas le moins du monde pour les motifs que vous pourriez supposer, mais, tout bonnement, en raison des difficultés inhérentes au manuel opératoire.

Au point de vue du rajeunissement, à ce qu'il paraît, un lapin vaut décidément un homme : ce qui ouvre aux pauvres Australiens embêtés par les rongeurs toute une enfilade de superbes horizons industriels et commerciaux — à supposer au moins que le *rabbit's juice*, ça se conserve et ça se transporte...

Il est clair que les superficiels et les plaisantins vont trouver l'aventure de plus en plus drôlichonne et M. Brown-Séquard de plus en plus grotesque, et force m'est bien de confesser que les apparences sont pour leur donner un semblant de raison.

Mais, si vous tenez à connaître ma pensée intime de derrière la tête, je vous dirai carrément que, tout au contraire, cette bravoure opiniâtre, imperturbable et... zutiste est, à mon humble avis, pour donner à réfléchir.

C'est que, moi qui vous parle — je l'avoue une seconde fois sans fausse honte — j'ai commencé par « me tordre », comme les camarades..... Que voulez-vous ? Outre que le rire est le propre de l'homme, on n'est pas impunément du pays de Rabelais...

Mais voici que je sens s'effriter mon scepticisme goguenard. Voici que je me surprends à me demander si sous ce noyau de cocasseries ne se dissimulerait pas, par hasard, l'amande savoureuse de la réalité scientifique.

Contrairement à la foule, en effet, plus M. Brown-Séquard insiste, plus il lâche d'énormités, et plus je me sens disposé à croire que peut-être il n'a pas tout à fait tort. Il est, en effet, certaines limites que le prince de la science qu'il est, de l'aveu de tous, ne doit pas se risquer à franchir, sans être absolument sûr de son affaire... N'est-ce pas, somme toute, lorsque le *magister* a brûlé ses vaisseaux, qu'on peut se décider à jurer *in verba magistri*?

Tous ceux, au surplus, qui ont, peu ou prou, fréquenté avec M. Brown-Séquard, savent pertinemment qu'il a plus qu'homme du monde l'horreur intime de la réclame et de la spéculation. Si même il m'était permis d'y aller ici de mon indiscrétion et de marcher — en tout bien tout honneur — sur les plates-bandes du reportage confidentiel, je pourrais vous affirmer — parce que je le sais — que naguère encore, quoique n'étant pas riche, il refusait carrément les présents d'Artaxercès d'un « magazine » américain, qui lui proposait de lui payer au poids de l'or (sinon même un peu plus) un article à sensation, signé ou non signé, exposant l'ensemble de sa doctrine, avec les arguments et les faits qui l'étayent.

Comment donc supposer que le même Brown-Séquard ait pu songer, de gaieté de cœur, à compromettre son nom dans un *humbug* de mauvais goût? Comment admettre qu'il avait voulu jouer les puffistes *in extremis*, alors qu'il avait tout à perdre au *puff* et rien à gagner?

Je sais bien, parbleu! qu'il aurait pu se tromper, car personne ne possède le brevet d'infaillibilité.

Comment admettre, cependant, que ce maître, universellement respecté, *primus inter pares*, que, chaque jour, après comme avant, les plus orgueilleux consultent à l'envi, ait pu être si longtemps le jouet d'une aimable hallucination?

Non! pas plus que sa bonne foi, ni la compétence, ni la lucidité d'esprit de M. Brown-Séquard ne sauraient, en l'espèce, être mises en suspicion.

D'ailleurs, les faits sont là, malaisément explicables par de simples coïncidences.

C'est même là le chiendent! Les théories et les expériences de M. Brown-Séquard ont été reprises par une foule de savants et de praticiens qui sont loin d'être les premiers venus, à Paris, à New-York, à Bucharest, à Melbourne, à Marseille, à Montpellier, etc., et qui tous ont obtenu les mêmes résultats, d'ores et déjà consignés dans des procès-verbaux présentant tous les caractères de la plus impeccable authenticité!

J'ai là, sous les yeux, tout un volumineux dossier, dont la lecture, je vous le jure, m'a rendu perplexe.

Est-il donc possible que tant de gens, dont la compétence et la loyauté sont, tout comme la compétence et la loyauté de l'initiateur, au-dessus du soupçon, aient pu s'entendre ainsi, au même moment, avec la complicité de leurs « sujets » et de la galerie, pour mystifier les bons naïfs des cinq parties du monde?

En vérité, je ne le crois pas, et, d'ores et déjà, les faits allégués me paraissent indubitables. Je les accepte avec candeur, comme autant de paroles d'évangile... Au surplus, je ne me suis jamais inscrit en faux contre les assertions de M. Brown-Séquard, même aux heures d'incrédulité et de rigolade aiguës... L'interprétation seule me paraissait sujette à caution... Il faut bien reconnaître que c'est là, en effet, le *hic* suprême.

Ma première pensée fut — naturellement — qu'il y avait de l'auto-suggestion sous roche.

Tout le monde sait qu'une émotion vive ou une idée fixe peuvent suffire, sans aucune excitation sensorielle extérieure, pour déterminer des modifications organiques considérables et réagir — matériellement — sur le système nerveux, sur la circulation ou la nutrition générale, sur le cœur ou les poumons, sur la moelle ou le cerveau, voire même sur les sphincters, stimuler, par conséquent, ou déprimer les forces, détraquer le sujet ou le remettre d'aplomb.

On meurt de peur, somme toute, même en présence d'un péril imaginaire, tandis que, combinée à la volonté intense de guérir, la foi aveugle en l'efficacité d'une médication, ou en l'habileté d'un médecin, peut, à elle seule, provoquer la guérison, avec toutes les transformations physico-chimiques qu'elle comporte. Pourquoi donc M. Brown-Séquard n'aurait-il pas *réellement* rajeuni, uniquement parce qu'il souhaitait ardemment de rajeunir, et parce qu'il avait, par anticipation, une confiance absolue dans la vertu rajeunissante de son philtre merveilleux ? Pourquoi ne se serait-il pas suggéré le rajeunissement à lui-même, à la façon d'une pile travaillant en « court circuit » ?

L'imagination, dont la puissance va parfois jusqu'à donner la vertu vésicante à un inerte timbre-poste, jusqu'à paralyser réellement la sensibilité d'un opéré à qui l'on a mis sous le nez une éponge imbibée d'*aqua simplex*, alors qu'il se croit naïvement soumis à l'influence du chloroforme, l'imagination ne pourrait-elle pas communiquer à du jus de cobaye je ne sais quelle vertu miraculeuse ? L'auto-suggestion est de tous les âges et de tous les mondes, et le doute qui rôde autour du Collège de France n'en saurait défendre les princes de la science.

L'hypothèse n'était pas seulement spécieuse. Elle

était encore si logique qu'elle s'était, dès l'abord, imposée à M. Brown-Séquard en personne.

Voici textuellement, en effet, ce qu'il écrivait, en juin 1889, avec une candeur qui doit être considérée comme un gage nouveau de sa bonne foi :

Quant à la question de savoir si c'est à une sorte d'auto-suggestion sans hypnotisation qu'il faudrait attribuer entièrement les changements si considérables qui se sont produits dans mon organisme, je ne veux pas l'examiner aujourd'hui. L'ouvrage si intéressant du docteur Hack Tuke (*Illustrations of the influence of the mind upon the body* (1), 2° édition, Londres, 1884) est plein de faits montrant que *la plupart des changements observés chez moi, après les injections que je me suis faites, peuvent être opérés par la seule influence d'une idée sur l'organisme humain.*

Ma supposition n'avait donc rien d'anormal ni de désobligeant.

Mais bientôt pourtant il a fallu y renoncer.

Quelques jours, en effet, après la communication de M. Brown-Séquard, M. le docteur Variot rapportait les observations qu'il venait de faire sur trois malades qui, ne sachant pas ce qu'on leur injectait, ne pouvaient évidemment pas être suggestionnés. Ce qui ne les empêcha pas d'éprouver identiquement les effets prédits et attendus.

Il y a eu mieux, et, dans une expérience de contrôle, le docteur Variot, ayant fait deux injections d'*eau claire*, dut constater que *le patient n'en avait éprouvé aucun effet favorable.* En revanche, les injections de l'élixir selon la formule que vous savez ayant été reprises, sans que le

<hr>

(1) « Exemples de l'influence du moral sur le physique. »

malade eût été prévenu, dès le lendemain, une amélioration des plus sensibles, qui a persisté plus de six semaines, se manifestait...

N'est-ce pas décisif?

L'épreuve, au surplus, a été tentée depuis à mainte reprise, presque toujours avec les mêmes résultats, et notamment par le docteur Mairet (de Montpellier), sur des aliénés et des quasi-gâteux...

Dès lors, l'auto-suggestion doit être indiscutablement écartée, la folle du logis n'a rien à y voir, et c'est bel et bien la mystérieuse liqueur elle-même qui opère toute seule et *da se*.

Comment opère-t-elle ?

C'est ici que l'auteur s'embarrasse.

Essayons cependant d'imaginer une explication... Ce ne sera, sans doute, qu'une conjecture. Mais si cette conjecture, tout en expliquant les phénomènes d'une façon à peu près complète et satisfaisante, peut se concilier avec les faits antérieurement constatés et les lois antérieurement reconnues par la science, si elle n'aboutit, à bien prendre, ni à une contradiction, ni à une hérésie, ni à une impossibilité, pourquoi ne nous y tiendrions-nous pas, au moins provisoirement, comme on s'arrête sur un refuge, au milieu du boulevard, en attendant que le flot des voitures se soit écoulé ?

Or tel est bien, si je ne m'abuse, le cas de l'explization hypothétique que fournit M. Brown-Séquard lui-même, et que, jusqu'à plus ample informé, je ne demande pas mieux que d'accepter également, en ce qui me concerne, pour argent comptant.

Il est bien certain que les organes spéciaux qui servent à M. Brown-Séquard à fabriquer son eau de Jouvence tiennent une place énorme dans le *processus* de la vie animale, aussi bien chez l'homme que chez les « frères inférieurs ». Malheur à qui ne les a pas ou les a perdus à la bataille ! Celui-là ne figure plus, si ce n'est pour mémoire, aux cadres de la force, de l'amour, de l'intelligence et même de la moralité : c'est ce que, partout, depuis que le monde est monde, l'instinct populaire, qui veut y voir le siège, le symbole et la condition de la vaillance et de l'énergie, a toujours su exprimer par un tas de formules, triviales peut-être et d'une bienséance douteuse, mais singulièrement énergiques et pittoresques.

Une étroite connexion unit apparemment ces emblèmes de la virilité, dont ils sont en même temps l'instrument, le gage et le thermomètre, aux variations de l'activité physique, de la puissance intellectuelle et de la valeur morale de l'individu, aux hauts et aux bas de la personnalité.

C'est donc que les sucs qui s'y élaborent et qui passent par résorption dans le torrent circulatoire, exercent, normalement, à l'état de jeunesse, d'équilibre et de santé, une action tonique — ou, pour employer la formule si suggestive de M. Brown-Séquard, une action « dynamogéniante » — sur le système nerveux et la moelle épinière.

Mais ils s'épuisent à la longue, ces sucs galvaniques, soit parce que leur propriétaire n'en a pas été suffisamment économe, soit parce que les alambics de chair vive où les distille une armée d'infiniment petits chimistes anonymes, se sont avariés, desséchés, flétris, usés, sous l'influence destructive de la vieillesse, du surmenage ou de la maladie. D'où un affaissement de la personnalité, contre lequel on ne peut réagir utilement, à ce qu'il semble, qu'à la condition de combler la lacune, et d'introduire dans l'organisme, par n'importe quelle voie (comme on remet des sels dans une pile polarisée), la liqueur excitatrice qui faisait défaut, dût-on l'emprunter à l'arrière-boutique d'un lapin — pauvre Abélard de garenne ou de basse-cour — éventré tout exprès, loin du parapluie vengeur de Mᵐᵉ Huot, par l'habile main d'un chanoine Fulbert de la vivisection expérimentale.

Au lieu d'opérer par résorption, l'élixir de vie opère alors par inoculation.

Similia similibus ! N'est-ce pas d'une façon analogue, et de par un mécanisme tout aussi incompréhensible, qu'on remet les anémiques sur pied et qu'on enraye les effets mortels des grandes hémorrhagies, au moyen de la transfusion du sang ?

Je sais bien que c'est bizarre... Mais le traitement des ataxiques par la pendaison est joliment bizarre aussi, dans son petit genre. Il n'empêche qu'il détermine couramment des cures miraculeuses, « retapant » les plus abattus, et rendant même parfois l'éloquence — l'éloquence de la chair — aux plus aphones.

C'est probablement que l'ébranlement de la moelle épinière retentit sur le système nerveux, qui commande et gouverne toutes les fonctions organiques et y détermine, non pas une *excitation* — le mot serait impropre, attendu que qui dit *excitation* dit *stimulation*, *mise en jeu*, partant *dépense de forces* — mais une « réviviscence », une « hyperesthésie », une aptitude inattendue à réagir sous les influences ordinaires. La secousse, en d'autres termes, la traction, le *shock* mécanique, n'irrite pas la moelle, mais il la rend plus irritable — aussi irritable qu'avant la maladie qui l'avait indurée et paralysée. Comment ? Je n'en sais rien. S'agit-il d'une fermentation ? d'un phénomène électrique ? d'une phosphorescence ? d'un autre phénomène non classé encore ?... *That is the question* ! Mais qu'importe ? Enregistrons d'abord les faits : le mot ultime de l'énigme viendra plus tard, comme par surcroît.

Mais ce que peut produire un *shock* mécanique, pourquoi donc une action chimique ne le produirait-elle pas également ? Ne sait-on pas que le contact de certains réactifs avec le bulbe d'un animal détermine des effets physiologiques absolument semblables à ceux que produirait un coup, ou une piqûre, au même endroit ? Et qui pourrait répondre que les cellules intimes, sous les espèces et apparences desquelles M. Brown-Séquard prétend faire communier le genre humain, ne sécrètent pas quelques-uns de ces virus solubles — « ptomaïnes » ou « leucomaïnes » — qui ressemblent si bien aux plus puissants alcaloïdes de la chimie créatrice ?

Qu'une gouttelette de la bave empoisonnée du « chestif mastin » dont parle Montaigne vienne à s'extravaser à travers ce bulbe rachidien, qui est à la fois comme la racine de la moelle épinière et l'antichambre du cerveau, et voilà l'homme le plus robuste, le plus sage, le mieux équilibré, qui se convulse, mord et écume comme une bête fauve, et finalement succombe dans les affres de la plus atroce agonie. Pourquoi donc quelques centimètres cubes d'une autre liqueur, prise à l'état normal sur un autre « chestif mastin », ne produiraient-ils pas sur le bulbe, sur le cerveau, sur la moelle et sur l'ensemble de cette batterie électrique qu'on nomme le système nerveux, non plus une action convulsivante, mais une action tonique et réparatrice, et ne galvaniseraient-ils pas les gens au lieu de les rendre enragés ?

... Vous savez ! moi, je ne réponds de rien, et je vous donne l'explication pour ce qu'elle vaut, telle qu'elle m'est venue — en entendant chanter le coq.

Sans doute, elle n'est pas encore aussi définitivement satisfaisante que les pointus pourraient le désirer ; sans doute, il reste toujours un peu trop d'empirisme et d'*alea* dans la méthode ; sans doute, en dépit de leur concordance et de leur multiplicité, les expériences ne sont encore ni assez nombreuses, ni assez complètes, ni assez décisives... Mais c'est égal ! cela pourrait bien être l'amorce d'une piste singulièrement troublante et féconde. Ni Paris ni même Gomorrhe n'ont été bâtis en un jour. Attendons la fin : le commencement promet, sapristi, et point ne doit être besoin, même pour les plus frigides, de se faire chatouiller pour s'en émouvoir !

Je sais bien qu'on ne peut pas être et avoir été : le

mouvement perpétuel n'est pas de ce monde, et de l'état fœtal à l'ultime sénilité, la roue de la vie descend une pente prédestinée sur laquelle il serait utopique d'espérer jamais pouvoir la faire rebrousser chemin... Mais jamais M. Brown-Séquard n'a dit le contraire ; jamais, en dépit d'une légende menteuse créée de toutes pièces pour les besoins d'une polémique en quête d'arguments folichons, il n'a pris le paradoxal engagement

De réparer des ans l'*irréparable* outrage.

Il s'est borné à dire — et l'expérience semble lui donner raison — qu'à tout âge les forces engourdies peuvent être réveillées dans une certaine mesure, et que, si la décrépitude est une maladie, rien ne s'oppose à ce que, comme les autres maladies elle puisse être atténuée, enrayée, sinon même guérie. Tant qu'il reste, en définitive, de l'huile dans la lampe, il doit toujours être possible d'en ressusciter ou d'en attiser l'éclat...

Tout arrive, en fin de compte ! Qui sait si l'*extractum carnis* de M. Brown-Séquard n'a pas déjà servi autrefois à composer ces philtres fabuleux des alchimistes, qui, dit-on, raffermissaient les chairs et tendaient les nerfs au point de garantir aux dames la fraîcheur et la beauté, et de donner aux hommes tout ce qu'il fallait pour leur rendre congrûment hommage ?

N'osant plus, en tout cas, me prononcer, pour ma part, je donne d'ores et déjà ma langue au chat, en attendant — et fasse Vénus que ce soit le plus tard possible ! — que j'en sois réduit à demander au chat *autre chose* en échange.

II

Si je vous disais que, loin de s'être évaporé au souffle desséchant du ridicule, le fameux élixir de longue vie et de longues amours, auquel M. Brown-Séquard n'a pas craint d'attacher son nom vénéré, est, tout au contraire, sur le point d'entrer par la grande porte dans la pratique médicale, je courrais probablement le risque de me faire rire au nez.

Rien cependant n'est plus exact.

La vérité est que la méthode de M. Brown-Séquard ayant été mise un peu partout à l'essai, les résultats obtenus ont été tels qu'il n'est presque plus possible de s'inscrire en faux là contre. Déjà, elle est couramment appliquée dans certains hôpitaux. Le laboratoire du Collège de France ne suffit plus à satisfaire aux demandes. Depuis quelques mois s'est ouvert, en plein Paris, aux Champs-Elysées, sous la direction d'un disciple de M. Brown-Séquard, de son fondé de pouvoirs scientifiques — M. le docteur Goizet — un Institut *ad hoc*, qui sera pour le reverdissement du genre humain ce qu'est l'Institut Pasteur pour la culture des microbes (1)...

Il ne s'agit plus seulement, comme d'aucuns s'obstinaient, avec une impénitente affectation de grivoiserie,

____

(1) Cf. *La Vie prolongée*, par le docteur L.-H. Goizet — le plus suggestif et le plus richement documenté des procès-verbaux.

à le prétendre et peut-être à le croire, de renouer l'aiguillette et de rendre la clef des paradis perdus aux déliquescents que Priape a trahis...

Ce n'est plus que par surcroît, en manière d'appoint, que le philtre, promu au rang supérieur de médicament général, garde encore ces vertus légendaires et ces fabuleux effets. Ce que dorénavant on lui demande, c'est de corriger toutes les faiblesses et tous les marasmes qui dépriment la dolente humanité ; c'est de remédier à la misère physiologique, quelles qu'en puissent être les causes, la genèse et les formes ; c'est de ragaillardir tous ceux que la vieillesse ou la maladie, les privations ou les excès, l'épuisement ou le surmenage, les dégénérescences acquises ou les tares héritées, ont abattus et vidés ; c'est d'être le cordial par excellence, le suprême reconfort, comme qui dirait la panacée universelle.

Au demeurant, nombre d'impeccables expériences attestent d'ores et déjà que ce n'est là ni un paradoxe, ni une utopie.

Les faits promettent même de dépasser les plus ambitieuses espérances, et je sais tel médecin qui, après plus de cinq mille inoculations, opérées *sans un échec*, en est à se demander, à la fin d'un siècle qui a pourtant vu naître l'acide phénique et l'huile de foie de morue, le chloroforme et le sulfate de quinine, l'antipyrine et le salicylate de soude, si jamais encore la science avait mis la main sur une substance aussi précieuse !

Notez que ce ne sont pas là de vagues racontars, des présomptions conjecturales ou hasardeuses. Ce sont bel et bien des observations nettes et précises, marquées au coin de la plus stricte rigueur, certifiées par les médecins témoins et par les malades — ou plutôt les ex-malades — eux-mêmes, dont on tient les adresses et les noms à la disposition des incrédules.

Il paraît indéniable qu'on a pu guérir ainsi, radicalement guérir, ce qui s'appelle guérir, des anémiques et des névropathes, des paralytiques et des rhumatisants, des cardiaques et des goutteux, des ataxiques, des hypocondriaques, des « influenzés », etc., — voire même des lépreux. Toute la série des déchéances y a passé.

Sans doute, dans les cas graves, le mieux ne persiste guère qu'à la condition de répéter souvent les injections. Mais comme ces injections sont inoffensives, on ne voit pas pourquoi elles n'entreraient pas dans les habitudes des intéressés, au même titre que le *tub*... ou que l'apéritif.

Le docteur Uspenski, de Saint-Pétersbourg, et le docteur Goizet (déjà nommé), de Paris, n'ont même pas craint de s'attaquer, la seringue de Pravaz dûment flambée au poing, à la redoutable tuberculose.

Ils n'ont point eu à s'en repentir.

Assurément, le philtre ne détruit pas plus les bacilles qu'il ne cicatrise les cavernes ; mais en tonifiant l'organisme, par le coup de fouet qu'il lui donne, il le met en état de réagir victorieusement, en vertu de sa propre spontanéité, contre le mal. Puisque la vie n'est qu'une bataille sans fin ni trêve entre les cellules organiques et les ennemis du dedans et du dehors, le but

ultime de l'art de guérir doit être d'armer en conséquence celles-là contre ceux-ci. C'est précisément ce
que la « séquardine », en galvanisant le système nerveux, qui commande la nutrition, la circulation, tout
le dynamisme vital, et la volonté elle-même, peut et
doit, mieux que tout le reste, réaliser. C'est, en fin de
compte, une action analogue — mais avec plus d'intensité, de certitude et de brio — à l'action de l'hydro-
thérapie, de l'air de la mer ou de l'électricité.

Voilà comment les cochons d'Inde vont s'élever au
rôle tragique mais enviable de bienfaiteurs de l'humanité ramollie !

On avait cru d'abord que d'autres Abélards à quatre
pattes leur pourraient disputer ce coûteux honneur, et
les premiers échantillons du philtre « séquardien » furent fabriqués avec les arrière-viscères de jeunes animaux quelconques, émasculés tout exprès. Il a fallu y
renoncer, le jus de cochon d'Inde ayant une supériorité
marquée sur tous les jus similaires. L'extrait de lapin,
par exemple, tout en produisant les mêmes effets dy-
namogéniques généraux, rend, à ce qu'il paraît, les
inoculés maussades et « mélancholieux ». Il ne stimule
le système nerveux qu'à la fâcheuse condition d'engendrer en même temps le *spleen* et le « schopenhauer-
dement. » Il donne bien la force à l'inoculé, mais il lui
enlève du même coup l'envie de s'en servir. Ainsi s'ex-
pliquerait l'horreur instinctive qu'inspire ce rongeur
aux joyeuses personnes qui font profession d'ama-
bilité.

Injecté sous la peau (car, administré par la bouche,

il serait immédiatement neutralisé par le suc gastrique),
l'élixir de cochon d'Inde vous donne au contraire, avec
le montant, du rose à broyer. Aussi le cochon d'Inde
va-t-il faire prime ; on en manque déjà sur la place ;
la meilleure spéculation à conseiller, au siècle prochain, aux bourses en souffrance, sera d'entreprendre
l'élevage en grand de ce bétail méconnu.

... Pourvu, au moins, que toutes ces essences animales, imaginées par les Circés de la physiologie, ne
nous fassent pas à la longue retomber en bestialité !
Pourvu que l'homme, qui descend, dit-on, du singe,
par les amazones du Dahomey, ne finisse pas, sous
prétexte de tromper la mort, par remonter au cochon
d'Inde... ou à l'autre, par les apothicaires !

LE GRISOU

Il faut avoir vu, de ses yeux vu, ce que c'est qu'un coup de grisou, à une tour Eiffel et demie de profondeur dans les flancs sourds et muets de la terre ; il faut avoir vu ces hideux monceaux de chairs pilées et calcinées qu'on remonte par « beunes » entières des puits incendiés ; il faut avoir vu ces cadavres, éclatés comme des châtaignes mûres, tordus, recroquevillés, flambés, carbonisés, faits coke, scories et cendres, et qui tout à l'heure étaient encore des gars farauds et robustes, des pères de famille débordant de courage et d'espérance ; il faut avoir vu ces torrents de fumées visqueuses et grasses suinter lourdement à travers les fissures du sol, vomies par le bûcher souterrain, et les familles en larmes, les femmes, les petits enfants, courir autour en spirales folles, avec des gémissements de bêtes saignées ; il faut avoir vu l'angoisse et le deuil s'abattre ainsi brusquement, comme une volée de corbeaux noirs, sur une population, pour concevoir toute l'atrocité du drame.

J'ai vu cela, une fois, il y a bien longtemps, sur une toute petite échelle, et, rien que d'y penser, je sens encore ma gorge se contracter et mes entrailles frémir. Nulle part ailleurs, au travers d'une vie passablement tumultueuse et mouvementée, ni sur terre, ni sur mer, ni sur les champs de bataille, avec leurs flaques de sang frais où miroite le soleil, et leurs moissons d'hommes — la fleur virile de toute une génération — fauchées par la mitraille, ni le long des rues dépavées où, dans les heures sombres des boucheries fratricides, on fusille les vaincus au tas, pas même parmi les ruines fumantes de l'Opéra-Comique, il ne me fut jamais donné de contempler de pires horreurs ni de pires « effrois ».

Comment donc se fait-il qu'en cette ère de prodiges où l'on sait et où l'on peut tant de grandes choses, de semblables catastrophes viennent encore à se produire, non pas par accident, non pas une fois par hasard, mais avec une sorte de périodicité lamentable, froidement enregistrée par les statistiques, exigeant chaque année, comme le Minotaure de la légende, un *quorum* régulier de sacrifices humains ?

On compte, à l'heure présente, les forces naturelles que le génie industriel n'a pas encore domestiquées. Le feu est devenu notre hôte. L'âpre froidure des glaciers se débite en carafes et en sorbets. Le soleil est le peintre ordinaire de Sa Majesté l'Homme. Le vent — père des cyclones et des tempêtes — promène nos marchandises à travers la mouvante immensité des Océans : il nous foule notre laine, nous presse notre huile, et nous moud notre farine, en attendant de nous moudre notre lumière. C'est la foudre, enfin domptée, qui fait nos commissions, porte nos dépêches, illumine nos rues ; demain, elle véhiculera d'une extrémité du monde à l'autre les millions de chevaux-vapeur dérobés aux marées et aux cataractes infécondes. La mystérieuse force végétative est aux ordres de M. Georges Ville, qui vous fabrique du raisin ou du blé comme d'autres fabriquent du drap, du vitriol ou du verre. Savamment dressés par M. Pasteur, par ses disciples et ses émules, les pires microbes apprennent à devenir, sous formes de vaccins, c'est-à-dire de virus apprivoisés, les collaborateurs des cliniciens et des thérapeutes, etc., etc.

Il n'y a plus guère, en vérité, que le terrible gaz hydrogène protocarboné — le grisou, puisqu'il faut l'appeler par son nom maudit — à échapper encore à l'universel vasselage.

N'est-ce pas à blasphémer la science, à douter du progrès ?

Le grisou, dont l'analyse est l'*a b c* de la chimie élémentaire ; le grisou qu'on connaît, qu'on prévoit, qu'on attend, dont on sait à souhait déceler la présence et calculer la détente ; le grisou qui est l'ennemi immédiat et banal ; le grisou dont on pourrait, au besoin, reconstituer artificiellement la synthèse dans le premier laboratoire venu... ne pas l'avoir encore vaincu, neutralisé, réduit à n'être plus que l'inoffensif sirocco de l'hypogée, quelle humiliation ! quelle honte !! On serait presque tenté d'écrire : quelle désespérance !!! si, pour une génération qui a rayé le mot « impossible » de son dictionnaire, il pouvait être jamais permis de désespérer.

Il faut bien le dire, il y a un peu, dans cette série à la noire, de la faute de tout le monde, et il serait injuste d'accuser la science d'impuissance ou de trahison.

Dans sept ou huit cas sur dix, c'est l'imprudence des ouvriers qui est en cause. Avec la lampe de Davy, qui est basée sur le principe du tamisage des flammes par les toiles métalliques, on peut à peu près impunément traverser une atmosphère saturée de grisou. Mais combien de fois n'arrive-t-il pas qu'un mineur, blasé sur le péril qu'il frôle à chaque minute, ouvre sa lampe pour allumer sa pipe, ou, simplement, par distraction machinale, par pur caprice, pour le plaisir, au risque de tout faire sauter !

C'est à ce point que, dans les houillères bien tenues, on ne distribue aux mineurs que des lampes fermées à clef ou même soudées, et qu'on les fouille préalablement à la descente, de peur qu'ils n'emportent sur eux des allumettes ou un briquet. Ce luxe de précautions a vraiment quelque chose d'outrageant, de servile, d'attentatoire à l'autonomie et à la dignité de la personne humaine. Mais c'est aussi une nécessité, le suicide par imprudence pouvant, dans l'espèce, tourner à l'homicide multiple, et entraîner, avec une hécatombe de victimes, la ruine de tout un peuple de travailleurs : *Salus populi suprema lex !*

Mais — entendez-moi bien ! — je n'en fais point un crime aux ouvriers. Là encore, comme dans nombre d'autres cas plus ou moins tragiques, une fatalité pèse sur eux, une fatalité supérieure aux hommes. Non pas que ce soit fait d'ignorance. Possible qu'un sauvage, qui ne connaîtrait ni le nom, ni les effets, ni les symptômes du grisou et descendrait pour la première fois dans une houillère, pèche par ignorance. Mais le plus fruste, le plus illettré des mineurs sait pertinemment quel est l'ennemi, où il gîte et ce qu'il faut en craindre. Il sait également à quoi il s'expose en dépouillant la flamme de sa lampe de son capuchon métallique. Sur ce point, le dernier des « galibots » est l'égal de l'ingénieur le plus expérimenté, du plus génial des savants.

Mais il est une qualité qui manque aux ouvriers, et dont l'absence constitue la plus néfaste des ignorances. Cette qualité, c'est cette habitude du calcul et de la réflexion, qui vous fait voir à la fois le pour et le contre, tous les éléments d'un problème complexe, tout ce qu'il y a de réel, de probable, d'éventuel et de possible dans un événement déterminé.

Cet instinct, qui, par une sorte d'automatisme cérébral, indique immédiatement à l'intéressé tout ce qu'il doit faire et l'incite à le faire spontanément, sans effort, cet instinct, dis-je, une culture particulière et la contention habituelle de l'esprit peuvent seules le donner. C'est à lui, c'est à la discipline qui en résulte, que les classes instruites doivent leur supériorité de courtoisie, d'affinement, de sagesse et d'ingéniosité. C'est encore le même instinct acquis qui donne au cerveau le rythme machinal, analogue à ce rythme musculaire, lentement incorporé aux cellules par l'exercice et l'accoutumance, qui permet aux gymnasiarques d'exécuter les tours de force les plus difficiles et les plus compliqués, aux artisans et aux virtuoses d'accomplir les opérations les plus délicates, en se jouant, sans seulement réfléchir. On en arrive ainsi à penser et à vouloir « synthétiquement », comme un lecteur exercé découvre d'un coup d'œil tout ce qu'il y a d'intéressant dans une colonne de journal, et à philosopher comme on respire : la haute moralité elle-même n'est autre chose que l'habitude inconsciente de la vertu.

Les classes ignorantes — et c'est là, je ne saurais trop le redire, le vice capital de nos sociétés, démocratiques seulement en apparence — les classes ignorantes n'ont cet instinct qu'à l'état rudimentaire. On n'exerce guère, en effet, que leurs muscles ; ce qu'on leur demande, c'est d'être des outils puissants, réguliers, précis, à bon marché, et non des esprits conscients, raisonnant leur besogne. Les quelques notions scientifiques, les quelques leçons de travail intellectuel qu'on leur donne, par acquit de conscience, sont plutôt plaquées sur leur cerveau qu'elles n'y sont incorporées. Aussi, les ouvriers, surtout ceux qui, loin des grandes villes, privés du spectacle permanent des merveilles des sciences et des arts et du frottement de l'élite, ne peuvent se faire tout seuls leur éducation à eux-mêmes, les ouvriers, dis-je, sont, en majorité, et sauf de rares et admirables exceptions, des hommes de premier mouvement, incapables, comme les enfants, de résister à l'entraînement, à la passion, au caprice de l'heure immédiate. Quand, insoucieux du grisou, un mineur ouvre sa lampe, au fond d'une fosse à charbon, pour allumer sa « bouffarde », au risque de foudroyer deux cents camarades et lui-même tout le premier, ce n'est pas encore ce qu'il y a de pire ou de plus dangereux dans la fatalité de cette inculture et de cette légèreté d'esprit....

Ça, c'est la faute du système, la faute de l'ordre social.

Mais il y a bien aussi une part à faire à la responsabilité directe des entrepreneurs et des patrons, qui n'ont trop souvent rien à envier ni à reprocher en fait de « zutisme » à leurs insouciants ouvriers.

Songez que, dans nombre de mines, on n'a pas encore pris la peine de mettre, je ne dirai pas même en pratique, mais seulement à l'étude, l'un quelconque des innombrables appareils automatiques qui permettent de dénoncer, de la façon la plus sûre et la plus tutélaire, la rupture d'une « poche » à grisou.

Songez qu'on n'a pas encore pu réussir à généraliser l'emploi si simple et si facile de l'arrosage périodique des galeries, qui suffirait, cependant, en abattant les fines poussières épandues et en empêchant *ipso facto* l'explosion de se propager, en un clin d'œil, comme une traînée de poudre, d'un bout à l'autre du réseau, à épargner bien des malheurs.

Songez qu'à l'heure où nous sommes, au pays qui a vu naître Ampère et Arago, la lumière électrique n'est pas encore d'un usage exclusif dans tous les charbonnages.

Et l'État, qui n'a d'autre raison d'être — et d'autre excuse — que de créer l'équilibre entre les différents facteurs de l'équation sociale et de protéger les faibles contre les forts, l'État n'est pas encore intervenu pour imposer à tous ces précautions élémentaires !

N'imputons donc pas à la science ce qui est peut-être la faute de la routine. Demandons-nous plutôt si, trop souvent, la science ne travaille pas en vain, si le meilleur de son ingéniosité magique et de ses efforts prodigieux et continus n'est pas stérilisé dans l'œuf par l'aveuglement et l'ignorance des uns, par l'avarice ou la cupidité des autres, par l'étourderie de tous.

Il est temps d'en finir, et l'heure est venue d'« écraser l'In'âme ».

Il n'est pas possible que la société qui se glorifie d'avoir fait du miracle sa monnaie courante borne son devoir de solidarité à saluer pieusement les martyrs morts sur la brèche, écrasés entre les feuillets fulminants de ce Grand Livre Noir où la Nature a écrit — au charbon — l'histoire géologique de la planète, sauf à jeter une aumône tardive à leurs veuves et à leurs orphelins.

Il faut savoir si vraiment il n'existe pas quelque procédé d'une perfection au moins approximative, pour économiser les vies précieuses des pauvres diables qui, moyennant un morceau de pain, s'exposent quotidiennement à la plus affreuse, à la plus sale et à la plus bête des morts, pour arracher au ventre de la terre le diamant noir qui est la manne indispensable du travail, l'âme combustible de l'industrie et de la civilisation.

Il me plaît même d'augurer mieux et davantage.

Je suis de ceux qui pensent que le métier de mineur est trop rude, trop malsain, trop périlleux, pour être infligé à des hommes. Il y a quelque chose de contradictoire et de douloureux à ce que ce travail d'esclaves incombe encore à des citoyens libres, à d'honnêtes et braves gens, qui, par-dessus le marché, ne gagnent que tout juste de quoi sustenter la misérable et précaire existence qu'ils y risquent à tout moment.

On a proposé d'y employer les forçats, comme en Russie, au lieu de leur faire à « la Nouvelle » une douce retraite et des rentes aux frais de la Princesse. Ce serait une solution, si la main-d'œuvre pénale n'était pas à la fois la moins productive et la plus dispendieuse de toutes, et si le premier venu pouvait, du jour au lendemain, s'improviser mineur.

Il y a mieux à trouver. Ce n'est pas à des êtres humains, fussent-ils corrompus jusqu'aux moelles, irrémédiablement flétris et dégradés, qu'il faut imposer ces besognes souterraines, sous le souffle meurtrier du grisou, c'est à des automates, à des machines impassibles.

Ce n'est pas seulement pour l'éclairage des mines que l'omnipotente et ubiquiste électricité devrait être réquisitionnée. Elle pourrait tout aussi bien présider à la ventilation des bas-fonds, à la manœuvre des « rivelaines », au piquage immédiat et direct des filons et au transport de la houille abattue.

Ceci n'est point une utopie. En Amérique et en Angleterre, à Normanton, par exemple, à Silver City et à Streator, on a déjà mis à l'épreuve la « haveuse » électrique, et, en France même, chez nous, les visiteurs de l'Exposition d'électricité, en 1881, n'ont peut-être pas oublié certaine machine destinée à l'exploitation des ardoisières d'Angers, et dans laquelle la barre de mine était mue directement par l'électricité...

C'est là, à ce qu'il me semble, une piste féconde. Puisqu'on nous assure que la fée Electricité pourra bientôt se charger de transporter la force motrice à distance, aussi aisément qu'un ordre de Bourse, une sonnerie d'alarme ou une invitation à dîner, pourquoi ne pas la substituer tout d'abord aux pionniers de chair et d'os qui peuplent ces abîmes que Jules Verne a si bien baptisés les *Indes noires* — parce que les murailles, le sol, le plafond, l'air qu'on respire, les poumons des travailleurs, tout, en un mot, y porte le deuil des âges défunts ?

Qui sait même si le jour n'est pas proche où ce sera le grisou en personne qui, définitivement capté et asservi, devra ventiler et déblayer ces mêmes fosses qu'il a trop souvent transformées en charniers et en nécropoles ?

Cela viendra, soyez-en sûrs, et l'on y a déjà songé !

C'est en 1866 que le Franc-Comtois Minary proposa, pour la première fois, de recueillir l'hydrogène protocarboné au front des chantiers, et de le conduire au dehors, où il aurait pu être appliqué à une foule d'usages. Dès cette époque, M. Minary avait fait de cette idée paradoxale l'objet d'un mémoire explicite qui fut adressé au ministre des travaux publics. Mais le Conseil général des mines ayant *à priori* déclaré le système impraticable, M. Minary garda le silence jusqu'en 1887, époque à laquelle la catastrophe du puits Châtelus le décida à rédiger un nouveau mémoire, également blackboulé sans phrases par le sanhédrin des mandarins officiels.

Or, à quelques mois de là, la Société des charbonnages de la Würm (Westphalie) réussissait non seulement à capter et à extraire une bonne partie (60 0|0) du grisou des fosses, mais encore à le faire servir au chauffage des chaudières à vapeur et à l'éclairage des chantiers, au prix moyen de 15 centimes le mètre cube (1)!

C'est la substitution du grisou au gaz d'éclairage, lequel est son cousin germain, et participe de ses propriétés asphyxiantes et détonantes. Mais le grisou — toujours comme le gaz — ne donnera pas seulement, sans doute, de la lumière et de la chaleur. Il pourra donner aussi bien de l'énergie laborieuse. Puisqu'il y a le moteur à gaz, pourquoi pas le moteur à grisou ?

... Dès lors, un espoir inattendu va luire. J'entrevois la mine sans mineurs, exploitée — de loin et d'en haut — par l'intermédiaire d'agents insensibles et invulnérables. J'entrevois le grisou tenant la chandelle aux mineurs au lieu de les mettre en purée, sinon même condamné à travailler aux mines à son tour, sous l'in-

----

(1) On pourrait également citer l'exemple des salines de Bex (Suisse), où l'on a réussi à capter le grisou et à le conduire, au moyen de canalisations en fer, aux carrefours des galeries, où il est employé pour l'éclairage. Là, on l'allume, et il brûle nuit et jour à l'orifice des tuyaux, comme un bec de gaz ordinaire.

culpation d'assassinat, et cassant, au fond des puits, dont l'éclairage serait à ses frais, non plus les charbonniers, mais le charbon.

Et il ne l'aura pas volé, le sinistre broyeur d'hommes !

Aux spécialistes de reprendre *ab ovo* le navrant problème, et de voir, toute affaire cessante, ce qu'il peut y avoir, dans ce rêve mirifique et consolant, à prendre et à laisser.

Il faut, en tout cas, que les 110 morts de Villebœuf soient les dernières victimes du grisou. Il faut que leur sang soit le dernier versé.

Il y va de l'honneur de cette fin de siècle, de l'honneur même de la science et de la civilisation.

LES FAISEURS DE PLUIE

Farewell, *mister* Farewell — F, A, R, E, W, E, L, L — retenez bien ce nom, je vous en prie, et quoique (sauf erreur) il signifie « adieu » en anglais, n'hésitez pas à l'inscrire pieusement au plus profond de votre cervelle et de votre cœur. Car, en vérité, je vous le dis, avant même que ce siècle nonagénaire ait définitivement passé la main à son successeur, il figurera peut-être en bonne place au Livre d'or des bienfaiteurs de la famélique humanité.

— « *Quèsaco*, Farewell ? » vont demander les profanes. « Où prenez-vous cet illustre inconnu ? »

Où je prends Farewell ? Oh ! mon Dieu, c'est bien simple... Je le prends en Amérique, dans l'Illinois (Etats-Unis), dont il est sénateur... Cet entreprenant Yankee, que les aquatiques lauriers de saint Médard — le plus haïssable des saints — empêchaient de dormir, ne rêve de rien moins que de faire, à l'aide d'artifices scientifiques, pleuvoir à volonté sur les champs stérilisés par des sécheresses intempestives et prolongées. Il veut, en un mot, devenir quelque chose comme le Grand Eclusier du ciel.

Et, comme il est issu de la race pratique par excellence, il n'a eu garde de s'en tenir à de platoniques
conceptions, à des projets en l'air. Tout de suite, il a
pris le taureau par les cornes, et mis à profit l'autorité
que lui donnait sa situation parlementaire pour réclamer du Congrès de Washington l'inscription au budget
de l'Agriculture d'un crédit spécial, destiné à couvrir
les frais d'expériences à tenter « en vue de la production artificielle de la pluie ». Faisant droit à sa requête,
le Congrès a voté, séance tenante, une subvention annuelle de 2,000 dollars. Le nouveau service... pluvial a
été rattaché à la division des forêts ; il va fonctionner ;
il fonctionne ; ingénieurs et savants sont à la besogne ;
les premières expériences ne tarderont guère sans doute
à être inaugurées...

Dix mille francs par an, c'est bien peu de chose,
dira-t-on, pour une œuvre aussi aventureuse et aussi
grande. Cela est vrai, mais, au moins, le principe est
consacré, ce qui était la chose capitale. Il ne s'agit,
d'ailleurs, que d'essais préparatoires, n'engageant en
aucune façon l'avenir, et ce n'est certes pas aux Etats-
Unis, dont le Trésor, par un privilège original et rare,
souffre non pas d'anémie, mais plutôt de trop-plein, que
ces dix mille francs pourraient être empêchés jamais
de faire, s'il y avait lieu, des petits.

Or, chacun sait que la pluie est le facteur suprême,
l'indispensable condition, la cause efficiente de la végétation — comme qui dirait son âme fluide. Chacun
sait que le blé, la vigne, la canne à sucre, la pomme
de terre, etc. — comme, au surplus, toutes les plantes

généralement quelconques, alimentaires ou médici-
nales, ornementales ou textiles — ne sont guère, pour
les neuf dixièmes, que de l'air épaissi et de l'eau con-
densée... Si donc cette curieuse tentative est couron-
née de succès, s'il est expérimentalement démontré
que la production systématique et rationnelle de la
pluie n'est point au-dessus des ressources et de la
magie de la science moderne, le sénateur Farewell, à
qui reviendra l'enviable honneur de l'entreprise, at-
teindra du coup au faîte de la gloire.

Et pourquoi donc, en fin de compte, n'en serait-il pas
ainsi ?

On fabrique bien, au moyen de l'inflammation automatique de brasiers fumeux, faits de paille humide, de
bois vert, de résidus de pétrole et de brai de goudron,
disposés à l'avance au milieu des vignes et des pota-
gers, des nuages artificiels, qui servent à protéger les
bourgeons frileux contre les âpres morsures du gel.
Pourquoi ne réussirait-on pas aussi bien à fabriquer, à
l'aide de « trucs » à découvrir, des ondées artificielles à
l'usage des racines assoiffées ?

Au demeurant, ils existent d'ores et déjà, ces « trucs »
ingénieux ; ils sont soupçonnés, à tout le moins, sinon
connus et consacrés encore, et il va de soi que M. Farewell ne s'est point embarqué sans biscuit sur cette
galère aérienne. Il avait son idée, ce sénateur... Il
savait que la pluie n'est autre chose que l'eau terrestre
aspirée par le soleil sous forme de vapeurs ascendantes
bientôt condensées par l'action du froid de l'espace,
et retombant finalement sur le sol en gouttes d'autant

plus lourdes et volumineuses — *vires imber acquirit eundo* — que la condensation s'est accomplie dans des régions plus élevées. Il s'est demandé si ce que fait le refroidissement, un choc matériel ne le pourrait pas également faire, et si de brusques commotions ne suffiraient pas de même à provoquer la condensation et la précipitation des vapeurs aqueuses.

La vérité est que l'hypothèse n'a rien d'invraisemblable, rien même d'irrationnel, ni d'anti-scientifique. N'a-t-on pas remarqué depuis bel âge que les furieuses canonnades des grandes batailles sont généralement suivies de pluies abondantes, évidemment provoquées par l'ébranlement mécanique de l'atmosphère? Le fait a été constaté devant Sébastopol, à Solférino, pendant le bombardement de Paris et la bataille des rues, à Plevna, au Tonkin, en vingt autres circonstances. C'est quasiment un article de foi ! Pour commander à la pluie, comme pour faire marcher les peuples récalcitrants, il n'est encore rien de tel que de donner la parole à la poudre et de démuseler de temps en temps les gueules d'acier ou de bronze de l'*ultima ratio*.

Que serait-ce donc si les décharges se produisaient, non plus au ras du sol, à quelques centaines de mètres au maximum au-dessous des réservoirs « de grand secours », mais au sein même des nuages à émietter ? Et n'a-t-on pas le droit de croire qu'il s'ensuivrait probablement quelque chose d'analogue à ces déluges subits des jours d'orage qui semblent directement engendrés par les éclats du tonnerre ?

C'est ce qu'a pensé M. Farewell. Aussi propose-t-il

tout d'abord de lancer, par les temps de sécheresse, des essaims de ballons, libres ou captifs, et porteurs de forts pétards de dynamite, avec des mèches dont la longueur aurait été calculée mathématiquement à l'avance. Détonant ainsi à l'altitude voulue, au milieu des vapeurs dont les hautes couches de l'air sont toujours plus ou moins saturées, ces pétards détermineraient par leur explosion une agitation violente, qui ne manquerait pas de se résoudre en bienfaisantes averses.

Et voilà comment sainte Dynamite, à laquelle on avait déjà demandé tant de choses saugrenues, jusques et y compris le nettoyage des écuries d'Augias et la solution de la question sociale, promet de devenir l'agent principal de la météorologie industrielle et de servir à la revision des climats incorrects. Elle nous devait bien ça, la méchante fée !...

Hâtons-nous d'ajouter qu'elle n'est pas seule en jeu. Il est d'autres moyens, moins pittoresques et moins bruyants à coup sûr, mais peut-être, par contre, moins précaires, de faire pleuvoir.

Tel est, par exemple, le procédé — d'une enfantine simplicité — que propose un autre Américain, M. E. Chapman, de Leadville (Colorado), pour remédier à la négligence fâcheuse que met parfois la distraite Providence à désaltérer nos guérets.

Imaginez une conduite d'eau sous pression, longeant les terres à abreuver, et munie, de place en place, de bouches — semblables à des bouches d'incendie — qu'on ouvre et qu'on ferme *ad libitum* au moyen d'une clef. A chacune de ces bouches peut s'adapter une manche imperméable et flexible, de toile, de cuir ou de caoutchouc, conduisant le liquide éjaculé par la pression hydraulique dans un immense tube percé d'une infinité de petits trous... Voilà les traits essentiels, les grandes lignes schématiques de l'appareil.

Supposez maintenant que ce tube soit suspendu, en guise de nacelle, au-dessous d'un ballon de forme oblongue que l'on dirige d'en bas à l'aide de cordes reliant ses deux extrémités à des chariots, comme cela se fait pour les aérostats militaires. Vous avez un nuage artificiel, un vaste arrosoir mobile, chargé de pluies « potentielles », prêtes à se déverser, plus ou moins lentement, où l'on voudra. Supposez que les chariots auxquels sont fixés les câbles de remorque circulent sur deux pistes parallèles en entraînant le ballon... Il est évident qu'il suffira de faire glisser la manche d'eau de robinet en robinet sur la conduite principale pour irriguer verticalement toute une région, en épousant les moindres ondulations du sol et en passant par-dessus les haies, les arbres et les maisons.

Il y aurait bien probablement quelques menues difficultés d'exécution, et la chose ne laisserait pas de coûter assez cher. Mais ce sont là des vétilles dont un bon Yankee ne s'embarrasse guère... *Business is business !*

Le plus curieux de l'histoire, c'est que l'idée n'est, en réalité, ni neuve ni américaine, n'en déplaise à MM. Farewell, Chapman *and Co.* Elle est française, et elle date, si je ne m'abuse, de 1885. On n'aurait, en effet, qu'à feuilleter la collection du *Génie civil* de cette époque, pour retrouver un « papier » dans lequel M. Max de Nansouty préconisait déjà un système analogue, que, plus soucieux d'hygiène que d'agronomie, il prétendait appliquer à l'arrosage économique des grandes villes pendant la saison des chaleurs.

L'appareil conçu par M. de Nansouty ne comportait point, il est vrai, de ballon captif à nacelle-écumoire. C'était une espèce de tour hydraulique, formée d'une série de tuyaux superposés de 25 ou 30 mètres de hauteur, maintenus en position par un bâti à tendeurs métalliques très légers, et convergeant au sommet vers une énorme pomme d'arrosoir, sorte de pulvérisateur géant. Facile à déplacer et pouvant aisément être relié par des tuyaux élastiques aux bouches d'incendie, cet échafaudage à montants creux devait servir pendant la canicule à rafraîchir l'atmosphère et à arroser nos rues, nos boulevards et nos places publiques au prix du moindre gaspillage de l'eau municipale.

Sans compter que les sapeurs-pompiers, dispensés ainsi d'escalader, au péril de leur vie, leur lance de cuivre au poing, les murailles croulantes ou les toits embrasés, auraient pu en tirer, à l'occasion, le plus précieux parti. Sans compter encore qu'en cas d'épidémie, la machine aurait pu être employée à vaporiser, à travers l'air empoisonné, non plus de l'*aqua simplex* plus ou moins propre et pure, mais des liquides antiseptiques et parfumés — acide phénique ou iodoforme, bichlorure de mercure ou thymol Doré — à tuer les microbes au vol et à désinfecter, sur une colossale échelle, le milieu ambiant.

Ni les ballons explosifs de M. Farewell, ni les nuages factices et dirigeables de M. Chapman, ni le pulvérisateur ambulant de M. de Nansouty ne sont apparemment, en l'espèce, le dernier cri du génie inventif. D'autres procédés vont, sans doute, surgir, plus efficaces, plus pratiques et plus parfaits, et le département de l'Agriculture d'outre-Atlantique n'aura guère que l'embarras du choix.

Mais il ne saurait suffire d'apprendre à faire à volonté tomber la pluie. Il serait au moins aussi indispensable d'apprendre à faire le contraire, la végétation pouvant mourir d'indigestion — et l'indigestion d'eau, d'après le bon sens populaire, est la pire des indigestions — aussi bien que de soif. M. Farewell, jusqu'à nouvel ordre, ne paraît pas s'en préoccuper. Chaque chose en son temps : on va, d'abord, au plus pressé.

Mais je gagerais volontiers que le jour approche où l'on fera tour à tour la sécheresse et l'humidité, suivant les besoins des récoltes, où l'on reléguera les nuées indiscrètes au-dessus des océans inhabités, où le débit, en un mot, des cataractes d'en haut se réglera aussi sûrement que le débit d'un bec de gaz. Comme chez les Hindous, les Mongols et les nègres de l'Afrique centrale, on trouvera partout des fonctionnaires publics investis de la grande mission de présider à la distribution de la pluie et à l'arrosage méthodique des biens de la terre. Seulement, à la différence de ce qui se passe chez les sauvages, ces féticheurs laïques ne mettront

pas en œuvre d'autres enchantements que les suffisan-
tes sorcelleries de la Science...

Et, cela, en attendant qu'on sache souffler alterna-
tivement, à l'exemple du héros de la fable, le froid et
le chaud ; fabriquer, après la pluie factice, la chaleur
et la lumière artificielles, à l'usage des terres déshé-
ritées et des végétaux souffreteux ; rafraîchir les pays
tropicaux en y dérivant les *ice-bergs* des mers boréales
et réchauffer les régions polaires en canalisant les
gulfs-streams épars, les eaux thermales perdues et les
laves volcaniques en fusion, sinon même les infécondes
radiations du feu central ; emmagasiner des conserves
de foudre et de soleil, et faire pousser à vue d'œil cé-
réales et légumes, comme déjà l'on épure les alcools et
l'on vieillit les vins, à l'électricité.

Cela viendra, soyez-en certains, car, désormais, tout
arrive. *Hurrah* donc pour *mister* Farewell, qui, le premier, aura attaché le grelot ! *Hurrah* pour le « faiseur
de pluie » !

GEL ET DÉGEL

I

Il n'a pas tenu longtemps, ce sale dégel, maussade, funèbre et malsain, par lequel a débuté l'an de grâce 1891, et qui, pendant quatre ou cinq jours, a mis partout un crêpe de deuil malpropre aux reliefs adoucis des choses... Ce n'était qu'un trompe-l'œil, une fausse entrée, juste de quoi réveiller les germes morbifiques que la dessiccation du gel avait paralysés, et taquiner un brin les organisateurs des fêtes de patinage.

Voici l'hiver qui recommence ; voici que, sournoisement, les frimas reprennent possession de l'air et de la terre, des cieux et des eaux !

Quoi qu'il advienne de ce « revenez-y », cette saison n'en aura pas moins été terriblement rude, la plus rude, sans contredit, dont aient eu, depuis onze ans, à pâtir les pauvres diables pour qui le feu est un luxe trop cher.

Assurément, depuis le grand hiver de 1879, nous avions subi des froidures aussi aiguës, mais nous n'en avions pas subi d'aussi persistantes. Pendant cinq ou six longues semaines, sans relâche ni merci, l'alcool du thermomètre, qui semblait avoir perdu tout ressort ascendant, n'a pas pu remonter au-dessus de zéro ; parfois même il est descendu jusqu'à des — 12° et des — 15°, ce qui, dans ce pays privilégié, est presque une anomalie ; on signalait çà et là, comme dans les contes de nos grand'mères, des invasions de loups ; la Seine charriait des glaçons ; peu s'en est fallu qu'elle ne se figeât d'un bloc, et qu'on ne patinât sous le pont des Arts.

Et il en a été de même sur toute l'étendue de l'Europe occidentale.

En Angleterre, la température s'est abaissée jusqu'au 0° de l'échelle de Fahrenheit, c'est-à-dire dépassant 17° centigrades, et, ce qui ne s'était pas vu depuis plus de soixante ans, des rivières ont gelé. En Allemagne, l'exode des tuberculeux cosmopolites venus de tous les bouts du monde, sur la foi du docteur Koch, essayer *in animâ vili* de la lymphe miraculeuse, dégénérait en une retraite de la Bérésina ; l'Espagne semblait un sorbet ; il n'était pas jusqu'à l'Algérie qui, drapée dans un insolite burnous de neige, n'eût pris des faux airs de Sibérie méditerranéenne.

Les années sont comme les jours : si elles se suivent, elles ne se ressemblent pas.

Est-il possible, au moins, d'expliquer l'exceptionnelle inclémence de celle-ci ? Peut-être…, à la condition de ne pas compter sur les données classiques de la science.

MM. les astronomes ont dénombré les astres qui peuplent l'espace sans bornes ; ils les ont pesés, photographiés, analysés ; ils en connaissent, à un atome près, la composition chimique ; ils en ont mesuré la superficie, le volume, les distances réciproques, la force attractive, l'intensité calorique et lumineuse ; ils en calculent avec une précision si subtile l'incommutable itinéraire, que, rien qu'en assemblant des x dans le silence du cabinet, ils peuvent, sans risque de surprise, donner rendez-vous, à heure fixe, en tel point déterminé du firmament, aux étoiles invisibles.

Mais, par contre, en dépit de toute cette précision et de toute cette subtilité, ils ne savent guère démêler encore, sauf peut-être (dans une mesure relative) pour le soleil et pour la lune, les lois de la mystérieuse influence, pressentie par les astrologues, que doivent incontestablement exercer les corps célestes, les plus lointains comme les plus proches, sur les vicissitudes intimes de la terre, sur les alternatives des saisons, sur les fantaisies de la température, sur les orages, sur les perturbations atmosphériques, les tempêtes de l'Océan, les frémissements du sol, et jusque sur les phénomènes de la vie universelle, partant sur les destinées des individus et des races.

Après comme avant Newton, Herschell, Arago, Secchi, Flammarion — et même l'abbé Fortin — il est toujours presque aussi difficile d'interpréter le temps qu'il a fait que de prévoir le temps qu'il fera.

On nous dira bien que s'il fait plus chaud en juillet qu'en décembre, cela tient à la fois au mouvement de révolution de la terre autour du soleil et à l'obliquité de l'écliptique. Mais si cela peut suffire à expliquer pourquoi il y a un hiver, cela n'explique en aucune façon pourquoi, d'une année à l'autre, cet hiver peut différer de rigueur, et pourquoi, notamment, le mois de décembre 1890 aura été plus cruel que le mois de décembre 1889.

Les spécialistes, qu'on ne prend jamais sans vert, ont proposé les hypothèses les plus variées et les plus saugrenues.

Les uns ont invoqué les taches du soleil — ce qui n'était déjà pas si bête. D'autres ont parlé d'un déplacement possible de l'axe de la planète, du passage insoupçonné de quelque comète anonyme, de l'action occulte de Sirius ou des étoiles filantes. On a même supposé l'existence de certaines périodes climatériques, dues à d'inaccessibles causes sidérales, et ramenant, à des échéances déterminées, tous les onze ans par exemple, ou tous les huit siècles, avec une régularité de chronomètre, les déluges ou les sécheresses, les grandes chaleurs ou les grands froids.

M'est avis que, sans aller chercher ainsi midi à quatorze heures, le plus clair et le plus sûr, c'est encore d'accuser — tout bonnement — les lubies du Gulf-Stream et les glaces flottantes.

Chacun sait, en effet, que le Gulf-Stream — ce grand courant d'eau chaude qui coupe l'Atlantique en écharpe, depuis le golfe du Mexique où il prend sa source, jusqu'au Spitzberg où il se perd dans les abîmes glacés, après avoir léché les côtes de France et d'Irlande et glissé un bout de langue liquide dans le pertuis de Gibraltar — est le grand régulateur de la température moyenne de l'Europe occidentale. C'est le Gulf-Stream qui donne à la France son merveilleux climat, à la verte Erin sa végétation plantureuse. C'est uniquement grâce à son voisinage immédiat que tels ports norvégiens, situés, comme Hammerfest, par delà le cercle arctique, doivent d'être libres de glaces toute l'année, alors que, dans les parages de l'île de Vancouver, qui est à peu près sous la latitude de Paris, ou dans le golfe de Pé-Tchi-Li, qui est à peu près sous la latitude de Lisbonne, la mer demeure « prise » de novembre à avril.

Supposez maintenant qu'un accident quelconque, une révolution géologique, l'éruption d'un volcan sous-marin, un simple soubresaut du fond de la cuvette de l'océan, vienne à dériver le cours capricieux de ce fleuve au lit mouvant et aux berges fluides, de façon à l'éloigner un tant soit peu du littoral antérieurement favorisé... Pas besoin d'être grand clerc pour comprendre qu'il s'ensuivrait nécessairement, à la ronde, un brusque abaissement de la température, un refroidissement — au moins provisoire — du climat.

Qui donc oserait répondre que cet accident ne s'est pas produit ? Qui donc oserait jurer que ce n'est pas à une série continue d'oscillations imperceptibles, à une sorte de flottement du Gulf-Stream, qu'il faut attribuer la douceur des hivers précédents et la sévérité du présent hiver ?

Mais il y a autre chose !

Il est certain que l'Islande — *Ultima Thule* — joue un rôle considérable dans la physique du globe en général et de l'Europe en particulier. Lorsque les glaces stationnent longtemps au nord de l'île, les Islandais grelottent, mais nous autres, en revanche, nous avons chaud. Si, au contraire, la banquise se déplace pour venir passer soit à l'Est, soit à l'Ouest, le dégagement de la côte septentrionale supprime une cause de basse température pour l'Islande, tandis que la Norvège, le Danemark, l'Angleterre, la France et l'Allemagne restent sans abri contre les vents et les courants hyperboréens.

Sans doute, la débâcle ayant lieu au printemps, c'est surtout, à ce qu'il semble, la température de l'été qui devrait en être affectée. N'est-ce pas, au surplus, de cette façon qu'on explique l'incorrection de ces derniers étés ? Seulement, il va de soi que les *ice-bergs* à la dérive ne fondent pas immédiatement comme un morceau de sucre. Une fois saisis par les courants descendants qui les entraînent vers le Sud, ils mettent, à raison de 8 ou 10 milles par jour, des semaines et des mois avant d'atteindre le Gulf-Stream et de s'y dissoudre. Il n'est pas rare que les transatlantiques qui vont au Canada et aux Etats-Unis en croisent de véritables bancs en route, à la hauteur de Terre-Neuve (latitude de Brest), et même plus au sud, en octobre ou en novembre, voire même en janvier, alors qu'il y a déjà bel âge que là-bas, à l'extrême Nord, la jeune glace est reformée.

Ces montagnes de glace affectent, on le sait, des proportions fabuleuses. On en a signalé une, naguère, au large du cap Race, qui mesurait 200 mètres de

haut et 5 kilomètres et demi de tour ! Si l'on songe que
la partie noyée de ces masses géantes est 7 ou 8 fois
plus volumineuse que la partie visible, si l'on songe
encore que, rarement isolées, elles vont plutôt par troupes, par archipels, dont les navires sont obligés parfois
de côtoyer les rivages mouvants pendant des 25 et
30 lieues avant de rencontrer une issue praticable,
l'on comprendra facilement que leur liquéfaction ne
saurait se faire sans une énorme absorption de chaleur.
Tant et si bien que le Gulf-Stream, transformé en
une coulée d'eau « frappée », n'a plus la tiédeur nécessaire pour mettre à la raison le vilain bonhomme Hiver.

Or, cette année, si nous nous en rapportons aux
statistiques officielles du bureau hydrographique de
Washington, non seulement les glaces polaires auraient été particulièrement nombreuses et tardives,
mais encore elles se seraient avancées particulièrement
bas... Et voilà pourquoi les raisins ont mal mûri ; voilà
pourquoi, chère Madame, d'abominables engelures ont
si atrocement rougi et crevassé vos belles mains !

Mais consolez-vous ! Le jour approche où l'on disci-
plinera ces fatalités qui ne sont inéluctables qu'en apparence, et où ces transformations climatériques, que
la nature accomplit ainsi spontanément, sans crier
gare, au grand préjudice des vignerons et des poitri-
naires, la science saura enfin les provoquer et les réaliser artificiellement.

Pourquoi ne machinerait-on pas les *fjords* d'Islande
de façon à rejeter les glaces flottantes vers les côtes
désertes du Groënland et du Labrador, où elles se

fixeraient sans gêner personne ? Pourquoi même, en manière de compensation, n'entreprendrait-on pas d'emmener par les voies rapides quelques banquises erratiques jusque dans les mers équatoriales, à destination des pays brûlés par le soleil, où le moindre brin de fraîcheur est comme un souffle du paradis ?

Qui sait si, dans un siècle ou deux, ce ne sera pas en vue de semblables œuvres d'intérêt « mondial », que, las enfin de dépenser le meilleur de leurs ressources et de leur génie à s'entre-massacrer stupidement, les peuples se décideront à mettre en commun leurs efforts et à coaliser leurs armées ?

II

En m'asseyant ce matin à ma table de travail, j'ai eu la désagréable surprise de trouver mon encrier rempli d'une abominable boue, sirupeuse, gluante, farcie de petits cristaux, et tout à fait impropre, en conséquence, au noircissement congru du papier. Mon encre était gelée, tout simplement — ce qui ne surprendra d'aucune façon ceux qui savent que, l'hiver comme l'été, mes fenêtres demeurent ouvertes, par mesure d'hygiène, douze ou quinze heures au moins sur vingt-quatre. Il n'y a rien de tel pour « refroidir » les microbes et pour éliminer les poisons volatils de l'air confiné.

Mais, pendant que je tenais mon encrier devant le feu afin de rendre à cet indispensable instrument de travail sa (petite) vertu, la folle du logis s'est mise à battre la campagne, mes idées se sont envolées, comme un essaim vagabond, dans une direction imprévue, tant et si bien qu'au lieu de développer le thème quelconque — évaporé déjà — que j'avais, au saut du lit, en tête, je me surprends à ratiociner sur le froid.

Le sujet, en fin de compte, plus encore que n'importe quel autre, est d'immédiate actualité. Je puis donc bien laisser courir.

Le fait est qu'il fait un froid de chien, voire même un froid de vieux chien, car voici déjà pas mal de temps qu'il dure. Cet hiver comptera sûrement au nombre des hivers les plus pénibles de ce siècle, sinon par son excessive rigueur, au moins par sa ténacité.

Ainsi que j'ai déjà pris la peine de l'expliquer, c'est la faute à l'Islande. Lorsque cette petite île hyperboréenne, jetée en guise de digue ou de barrage par le Suprême Hydrographe en travers de la débâcle des glaces polaires, retient les *ice-bergs* que déchaîne le printemps, tout va bien. Les Reikiavikjois en sont « saisis » ; mais comme ils sont, par dressage héréditaire, adaptés aux âpretés du gel, il n'y a que demi-mal. Pour nous autres, en revanche, il fait bon vivre.

Quand, au contraire, en raison d'une perturbation météorologique quelconque, au lieu d'accrocher en passant les côtes islandaises, les glaces flottantes tournent l'obstacle et descendent en masses serrées dans l'Atlantique, c'est le printemps — un printemps *relatif* — pour les gens d'*Ultima Thule*, mais pour nous c'est la congélation sans merci. La fusion lente de ces montagnes géantes enlève, en effet, aux eaux du *Gulf-Stream* le meilleur de la tiédeur fluide à laquelle nous devons la douceur de notre climat.

Or, je le répète, le cas s'est précisément présenté cette année, et il y avait longtemps que les transatlantiques n'avaient croisé en route tant d'*ice-bergs* à la dérive.

En octobre et en novembre, on en rencontrait encore, par le travers de Terre-Neuve, des « champs » entiers de plusieurs kilomètres carrés, qui, depuis six mois, n'avaient pas fini de se dissoudre.

Voyez pourtant comme tout se tient dans le *circulus* des choses ! Parce que, vers le mois d'avril, il y aura eu là-bas, tout là-bas, à l'extrême Septentrion, par delà les « geysers », une saute de vent ou un orage, un Anglais excentrique aura pu traverser la Seine en fiacre et gagner ainsi un pari de cent mille francs !

... Il est très bien, sans doute, de savoir pourquoi nous avons froid, et ceux qui, ayant le caractère bien fait, savent se contenter de peu, pourront même y trouver une fiche de consolation. Mais il serait encore plus utile et plus urgent, à ce qu'il semble, de savoir comment nous réchauffer.

Si nous causions un brin de ce délicat problème, dont l'actualité n'est pas niable ?

N'allez pas vous imaginer, au moins, que je me propose de disserter ici sur la valeur respective — et comparée — des différents procédés de chauffage à la mode. Cela nous entraînerait trop loin sur un terrain trop dangereux.

Je suis d'ailleurs de ceux qui pensent que la grosse

affaire, en l'espèce, ce n'est pas tant de réchauffer l'extérieur que d'empêcher l'intérieur de se refroidir. La source de la chaleur animale n'est pas au dehors : elle est en dedans de nous, et la meilleure façon de combattre le froid, c'est d'entretenir et d'attiser les combustions intimes, en veillant à ce qu'il se perde le moins possible de leurs radiations vivifiantes.

Ne restez pas, sous le fallacieux prétexte que la bise est trop aigre, calfeutré au coin de votre feu, dans une atmosphère douce peut-être, mais amollissante et empoisonnée. Fabriquez plutôt de la chaleur en faisant fonctionner à force la machine musculaire. Faites de la gymnastique, faites du sport, de l'escrime, des haltères ou du patinage, courez, marchez, fût-ce même au grand air ; sciez du bois, au besoin. Activez, en un mot, le grand jeu des réactions chimico-physiologiques, qui sont l'essence même de la vie et qui brûlent dans le corps les déchets de l'usure des tissus, comme on brûle du charbon sur la grille d'une cheminée.

Qui dit travail mécanique, en effet, dit élévation de température, et le plus sûr moyen d'arriver à pouvoir se passer impunément de la chaleur factice et précaire d'un poêle, mobile ou fixe, c'est de ne pas s'en laisser pousser un (de poil) dans la main.

Faut-il ajouter que la chaleur ainsi spontanément engendrée, à l'abri des courants d'air et des fuites de gaz, au sein de l'organisme, est autrement subtile et durable, autrement profitable, par conséquent, que celle qu'on ramasse, au vol, pour ainsi dire, dans une étuve ou devant un brasier ? Mais c'est là un fait d'expérience banale !

Ce n'est pas tout. Il ne suffit pas de faire marcher la machine : il faut encore l'entretenir de combustible. Il faut donc manger, et manger le plus possible, car l'alimentation est à un corps vivant ce que la houille est à une chaudière. Plus la nutrition sera active, plus les aliments seront abondants, plus, surtout, ils seront riches en carbone, et mieux s'accompliront les fonctions respiratoires et circulatoires, plus rapides et plus vives seront les combustions interstitielles, plus grande sera la chaleur dégagée... Quand il fait très froid, mangez donc beaucoup ; mais, au lieu de manger les premières choses venues, portez vos préférences sur les aliments qui donnent de la flamme, les huiles et les graisses de toutes sortes, le beurre, le lard, le sucre, etc.

N'abusez pas de l'alcool, cependant, quoiqu'il paraisse être et qu'il soit effectivement, dans une certaine mesure, le combustible par excellence. C'est que l'alcool n'est pas seulement un aliment : c'est aussi un poison. S'il commence, en effet, par stimuler l'activité des échanges organiques, il ne tarde guère à paralyser les éléments nerveux médullaires qui président à la nutrition des tissus, et la température, qui s'était un peu élevée au début, tend à redescendre. Ce n'est, en d'autres termes, qu'un feu de paille.

Sous cette réserve, et en résumé, puisque le corps est un foyer, jetez sans trêve de l'huile dessus.

Prenez bien garde enfin, après avoir ainsi fabriqué de la chaleur, de la laisser perdre.

Le corps humain, en effet, comme tous les corps

inertes ou vivants, rayonne de la chaleur, et le rayonnement est d'autant plus intense — partant le déficit
d'autant plus considérable — que la température du
milieu est plus basse. Simple question d'équilibre !

L'important est donc d'opposer à cette irradiation re-
froidissante un obstacle approximativement insurmontable, d'interposer, en un mot, entre le corps chaud et
le milieu froid une substance qui ne se laisse pas plus
facilement traverser par les vibrations calorifiques que
le verre ou le caoutchouc ne se laissent traverser par
les vibrations électriques.

La valeur des étoffes qui servent à fabriquer de
chauds vêtements d'hiver ne tient pas à une prétendue
puissance de caléfaction, mais à leur faible conductibilité pour la chaleur. Il est évident, en effet, que si la
chaleur du dedans ne peut pas s'évader parce que les
issues lui sont fermées, le corps la gardera toute et en
fera son profit.

III

Pour lutter victorieusement contre le froid, l'important n'est pas d'introduire artificiellement de la chaleur
dans la circulation, mais bien plutôt d'empêcher la
chaleur naturelle d'en sortir. Ce qu'il faut chauffer, en
d'autres termes, ce n'est pas tant le dehors que le
dedans.

La chaleur, en effet, vient de l'intérieur, de cette
fournaise ambulante qui est l'organisme. Entretenir

cette flambée intime, l'alimenter et la préserver par une sorte de protectionnisme thermique contre un rayonnement abusif, tel est le problème.

La vie, en effet, n'est au fond qu'une fonction chimique. Elle se résume en un certain nombre de phénomènes chimiques qui, comme tous les phénomènes chimiques, s'accompagnent d'un dégagement de chaleur, c'est-à-dire, en fin de compte, de véritables combustions. Et comme les contractions musculaires activent ces combinaisons chimiques interstitielles, il s'ensuit que la gymnastique, le sport, l'exercice, n'importe quel effort physique, en un mot, engendre une calorification.

D'autre part, qui dit combustion, dit proportionnelle consommation de combustible. Si donc les phénomènes chimiques sont très intenses, il faudra mettre — sous forme d'aliments — plus de charbon dans la machine. Autrement, la combustion s'accomplirait aux dépens des parois de la chaudière, et, une fois épuisées les réserves de l'organisme, les tissus eux-mêmes y passeraient. Ce serait de l' « autophagie ».

Voilà pourquoi les gens qui travaillent beaucoup, qui dépensent par conséquent beaucoup de force et de chaleur, ont droit à une plus copieuse pitance. Voilà pourquoi, après une journée de dur labeur musculaire ou même cérébral, après un bain de vapeur, après une nuit passée au jeu, après un fort coup de collier quelconque, vos urines — sauf votre respect — sont si « chargées », saturées qu'elles sont et troublées par les *excreta*, les cendres de la vie.

Ceci posé, la thèse devient excessivement simple :

Quand il fait très froid, l'être vivant, qui perd par rayonnement beaucoup de chaleur, est obligé, pour faire face à ses dépenses extraordinaires, d'en produire davantage en stimulant les combustions interstitielles. Force lui est donc, pour activer les réactions chimiques de ses intimités, de se remuer beaucoup, de faire fonctionner ses muscles, de travailler mécaniquement, d'agir. Et comme cela ne se peut faire sans augmenter la consommation de combustible, il s'ensuit qu'il lui faudra manger beaucoup, et manger surtout des choses qui brûlent vite et bien, c'est-à-dire des aliments riches en hydrogène et en carbone.

J'ajouterai ceci, c'est que plus l'être vivant est de petite taille, plus il devra s'agiter, plus il devra s'ingurgiter de nourriture, plus il devra attiser le foyer, plus il devra jeter d'huile sur le feu. Possible que cette assertion ait l'air d'une fumisterie : elle n'en est pas moins la stricte expression de la vérité.

Si nous prenons un animal de très petit volume, un moineau, par exemple, sa surface est énorme relativement à son volume ou à son poids, c'est-à-dire à la somme de ses tissus combustibles, tandis que les gros animaux, tels que les chevaux et les bœufs, ont une petite surface relativement à leur volume. Il s'ensuit que, pour un même poids de matière vivante, un petit animal a besoin, pour braver le froid extérieur, de produire beaucoup de calorique, et beaucoup plus qu'une grosse bête.

Aussi voit-on ce phénomène surprenant — qui constitue l'une des lois les plus importantes et les plus imprévues de la physiologie — qu'un kilogramme vif de moineau produit quarante fois plus de chaleur qu'un kilogramme de cheval.

Je le répète, c'est un fait étonnant que de voir chez des êtres

différents, les souris et les bœufs, par exemple, des muscles et
des glandes, dont la structure est cependant identique en apparence, présenter des combustions chimiques qui diffèrent dans la
proportion de 40 à 1, et cela, en vertu d'une relation qui paraît
d'abord bien insignifiante, à savoir le développement plus ou
moins grand de la surface extérieure de l'animal tout entier. (*La
Chaleur animale*, par Charles Richet, p. 308.)

Ce qui revient à dire que, pendant l'hiver, les enfants
et les femmes devraient faire plus d'exercice et manger
plus que les adultes et les hommes, et les chasseurs à
pied plus que les cuirassiers!

... Mais il ne suffit pas de produire de la chaleur, il
faut encore, une fois produite, ne pas la laisser se perdre. D'où la nécessité de porter des vêtements mauvais
conducteurs :

Si les renards, les loups, les ours, les oiseaux palmipèdes, tous
les animaux qui vivent dans les régions polaires, peuvent supporter impunément des différences de température qui vont
jusqu'à 70 et 80 degrés, c'est parce qu'ils sont protégés contre la
déperdition par leur fourrure ou leur pelage. On a constaté, en
revanche, que la température des lapins rasés est inférieure à
celle des lapins ayant gardé leur poil, et que, malgré cette température plus basse, leur rayonnement calorifique est plus élevé.
(Charles Richet.)

Les étoffes dont nous nous enveloppons doivent précisément jouer à notre profit le même rôle tutélaire
que jouent le poil ou la plume au profit des animaux.
Elles doivent, en conséquence, en raison de leur constitution moléculaire et de leur contexture mécanique,

conduire aussi mal la chaleur qu'un épais duvet ou qu'un pelage touffu.

Qu'est-ce que la chaleur ? C'est un mouvement vibratoire des dernières particules des corps, mouvement qui se transmet à travers l'espace, sous forme d'ondulations invisibles, de la même façon que l'ébranlement causé par la chute d'une pierre se transmet en vagues concentriques, dans toute l'étendue d'une masse d'eau. Si l'on met au-devant de ces ondulations un tissu floconneux, enchevêtré, inextricable — une fourrure, par exemple — elles s'y briseront, elles s'y absorberont et finiront par s'y perdre : elles ne pourront pas passer, et toute la chaleur intérieure se fixera dans ou sur le corps, qui ne se refroidira pas.

C'est exclusivement à cette raison d'ordre matériel que la laine doit d'être l'étoffe-type des vêtements d'hiver. La disposition « en chicane » de ses fibres embroussaillées et pelucheuses lui permet d'arrêter et de retenir *mécaniquement* les vibrations thermiques, absolument comme un tampon d'ouate arrête et retient les microbes, comme un tamis arrête et retient les ordures de la farine, comme un fagot d'épines arrête et retient les animaux en maraude.

Il en serait tout différemment d'un tissu à trame lâche et poreuse — de la toile, par exemple — dont les interstices laissent fluer la chaleur comme à travers les trous d'une écumoire.

La chaleur étant un mouvement, tout ce qui dérange la continuité de la chaîne moléculaire le long de laquelle le mouvement est conduit doit affecter sa transmission, à laquelle l'état d'extrême division de la substance oppose un obstacle presque insurmontable. (John Tyndall, *La Chaleur, mode de mouvement,* p. 215.)

C'est ainsi qu'on a vu des laves bouillantes couler sur une couche de cendres recouvrant un lit de glace sans faire fondre celle-ci.

C'est ainsi que le papier, qui n'est qu'un tissu fin à mailles extrêmement serrées, est un des corps les plus mauvais conducteurs qu'on connaisse. Une couverture doublée de papier vaut presque un édredon. Les pauvres *roughs* de Londres, qui couchent à la vilaine étoile, sous les ponts ou dans les squares, se font des *plaids* et des draps de lit avec de vieux numéros du *Times* ou du *Daily Telegraph*, dont le format colossal et l'envergure géante se prêtent aisément à cette adaptation: c'est même uniquement à ce « truc » qu'ils doivent de mettre tant de temps à mourir de faim, de froid et de misère. Les Russes, de leur côté, ont l'habitude, pour se préserver des engelures, de s'envelopper les pieds de papier, par-dessus les bas ou les chaussettes, et l'on est à peu près sûr, à cette époque, de trouver un fragment de journal dans les bottines fourrées de la première venue des élégantes promeneuses de la Perspective Newsky.

On pourrait aussi bien, pour le même usage, prendre du taffetas gommé, qu'on moulerait exactement sur le bas et qui aurait l'avantage de ne point se déchirer comme le papier, sans tenir plus de place, et en conservant également l'intégralité de la chaleur animale développée.

Ce qu'il y a de plus curieux, c'est que, comparables au sabre légendaire de Joseph Prudhomme, les meilleures étoffes d'hiver sont aussi les meilleures étoffes d'été. Quand il fait froid, en effet, elles empêchent les vibrations thermiques de s'épancher du dedans au dehors; quand il fait chaud, au contraire, elles les empêchent de s'épancher du dehors au dedans. Elles constituent ainsi une sorte d'échelle mobile enrayant tantôt les importations, tantôt les exportations.

Voilà pourquoi un bloc de glace entortillé dans un morceau de flanelle a tant de peine à fondre. Voilà pourquoi le costume des Arabes est si bien compris.

Toute la philosophie du chauffage et du vêtement est là-dedans, et vous en savez assez maintenant pour pouvoir faire — *hygienico more* — la nique aux frimas et à la bise !

IV

Est-ce bien réellement au *Gulf-Stream*, comme on le croit et comme on le dit, que les côtes de Bretagne doivent l'exceptionnelle douceur de leur climat ?

Telle est la question que se pose et que me pose un brave petit journal de Saint-Malo — le *Vieux Corsaire* — et à laquelle il me sera difficile de ne pas fournir une réponse quelconque. La façon gracieuse, mais péremptoire, dont je suis mis en demeure de m'exécuter ne me permet guère, en effet, de me dérober à ce patriotique devoir.

Puisque le *Vieux Corsaire* est le bienvenu à la rue Lepic, chez un compatriote bien connu dans le monde scientifique sous le pseudonyme de Raoul Lucet, je prierai M. Emile Gautier — presque un Malouin, si je ne m'abuse — de bien vouloir soumettre ce *referendum* à son *alter ego*.

Ainsi s'exprime tout d'abord le correspondant parisien du *Vieux Corsaire*, M. Théophile Janvrais. Puis, c'est le tour du rédacteur en chef, M. Albert Bourdas, qui, après avoir donné son avis, appuie de plus belle sur la chanterelle et conclut en ces termes, trop flatteurs pour n'être pas impératifs :

Me voilà confessé et enchanté de passer la plume, moi, homme sauvage, aux vrais savants, parmi lesquels notre confrère Emile Gautier brille d'un éclat toujours plus vif, quoique je sois bien persuadé que, dans sa modestie, il ne se classe encore tout simplement que parmi les chroniqueurs.

Et voilà le *referendum* commencé !

Comment résister à d'aussi aimables sollicitations ?

Et cependant le problème est singulièrement délicat, obscur et compliqué. Ce serait même faire montre d'une outrecuidance qui n'est pas dans mes habitudes que de prétendre le résoudre d'une façon définitive. Force me sera donc de me limiter à de simples conjectures plus ou moins plausibles et plus ou moins documentées.

En ce qui concerne les côtes du sud-ouest de la péninsule armoricaine, pas l'ombre d'une difficulté. Pour avoir l'assurance que le Gulf-Stream passe par là, qu'il se brise même contre les grèves et les falaises, et qu'il exerce, par conséquent, sa bienfaisante influence à la ronde, il n'y a qu'à regarder et à se laisser porter. Au nord, par contre, sur les côtes de la Manche, c'en est une autre paire (de « manches »), et c'est ici, en vérité, que l'auteur s'embarrasse.

Le fait est que les études qu'on a faites de ce fameux courant sont encore si incomplètes et si précaires, les cartes qu'on en a dressées sont si contradictoires, parfois même si fantastiques, que les plus malins y perdent leur géographie.

Assurément, je suis de ceux qui pensent que ce mystérieux Gulf-Stream glisse un bout de langue chaude entre la France et l'Angleterre, par-dessus la tombe sous-marine de feu le roi d'Ys. J'ai positivement, pour ainsi penser, quelques bonnes raisons. D'abord, si je ne m'abuse, c'est l'avis de nombre de savants dont la parole fait ordinairement autorité, depuis le commodore Maury, le premier qui ait à peu près débrouillé l'écheveau des courants atmosphériques et marins, jusqu'à Elisée Reclus. En second lieu, j'aurais peine à m'expliquer autrement la coulée tiède qui, prenant, comme un galon de sergent, la Manche en écharpe, permet aux myrtes et aux fuchsias de pousser en pleine terre le long de ce chapelet de paradis qui va de Roscoff à l'île de Wight, en passant par Jersey, le Clos-Poulet et Cherbourg.

Mais voici qu'on m'oppose les observations faites en 1885, 1886 et 1887, lors des campagnes de l'*Hirondelle*, presque sur toute l'étendue de l'Océan Atlantique, entre les Açores et Terre-Neuve, par M. Georges Pouchet et le prince de Monaco. Si les vieilles hypothèses relatives à la direction générale et aux ramifications du Gulf-Stream avaient été exactes, les flotteurs jetés à la mer par ces explorateurs au cours de leurs excursions auraient dû se retrouver tous sur les côtes de France, d'Angleterre et de Norvège ; quelques-uns même auraient dû venir s'égarer dans les parages du cap Fréhel, ou de Cézembre, des grottes de Plémont ou du « nez » de Jobourg.

Or, il n'en a rien été. On en a bien retrouvé cinq ou six par le travers d'Ouessant, à l'entrée de la Manche, ou dans les eaux irlandaises ; mais la plupart semblent s'être, tout au contraire, dirigés vers le sud-est, comme si les courants dominants venaient du nord-ouest, comme si la branche secondaire du Gulf-Stream n'était qu'un mythe.

Eh bien ! pour parler franc, je ne me sens pas convaincu. Ces expériences, auxquelles (soit dit entre parenthèses) on aurait grand tort de prêter une rigueur qu'elles ne sauraient avoir, ces expériences ne prouvent rien, m'est avis, parce qu'elles prouvent trop. A bien prendre, en effet, il en résulterait tout simplement que ce ne serait pas seulement les branches secondaires du Gulf-Stream, mais la branche principale elle-même dont l'existence devrait être considérée comme fabuleuse. On avouera que c'est aller un peu loin.

Ce qui est plus probable, c'est que les courants de second ordre, comme le courant en question, n'ont pas la régularité des grands courants. Il est même ar-

rivé que des navigateurs ont constaté que, sous l'empire
de certaines circonstances accidentelles, tels de ces courants pouvaient couler parfois en sens inverse de leur
direction logique, et, pour ainsi parler, à rebrousse-
poil. Dans ces conditions, il doit se produire des extra-
courants, des contre-courants, des déviations, des
tourbillons, des remous, des fuites, tout un imbroglio
de mouvements divers, au milieu desquels l'odyssée
capricieuse des flotteurs perd toute espèce de significa-
tion scientifique.

Les bouteilles du prince de Monaco ont dû nécessairement être, d'ailleurs, le jouet des vents et des flots.
Or, les vents varient et les flots sont changeants. Le
voyage n'aura été qu'une partie de roulette, coupée
d'une infinité de vicissitudes et de hasards. Tel, peut-
être, d'entre ces flotteurs vagabonds, après avoir
été trente ou quarante fois sur le train d'aborder, s'est
vu rejeter au large par les courants locaux et ne s'est
enfin échoué ici ou là qu'après une foule d'oscillations
et de pirouettes insoupçonnées.

Il suffit d'avoir observé l'incompatibilité d'humeur,
grosse de cas de divorce, qui sépare, et souvent même
met en état de guerre ouverte, les courants aériens et
les courants marins, pour ne pas tenir pour concluan-
tes les expériences de l'*Hirondelle*.

Ce n'est pas tout. Lors de la seconde expédition de
cette goëlette princière, en 1886, cinq cents bouteilles
ayant été lancées par 20 degrés de longitude O., entre
le cap Finistère (Espagne) et le cap Lizard (Angleterre),
la direction suivie fut sensiblement perpendiculaire à

la ligne qui unit Lisbonne à Granville. Et si vous voulez prendre la peine de consulter les croquis levés par M. Georges Pouchet, vous verrez que cela suppose l'existence d'un courant (lequel ne saurait être qu'un rameau du Gulf-Stream) débouchant droit sur les îles Chausey... Ce n'est pas moi qui l'ai fait dire aux cartographes !

Quoi qu'il en soit des *ice-bergs*, du Gulf-Stream et des bouteilles du prince Albert, ce qu'il y a de certain, c'est qu'à Saint-Malo la température n'est pas descendue cette année au-dessous de — 6°, tandis que partout ailleurs, *sous la même latitude*, on signalait des froids de — 11°, — 15° et même — 18°, tandis qu'il neigeait à Alger et que le soleil du Midi n'osait plus, par crainte du gel, mettre à la fenêtre son nez radieux. Ce qu'il y a de certain, c'est que, à la fin de janvier, j'aurais pu mettre à ma boutonnière des camélias poussés, à l'embouchure de la Rance, dans certain jardin de Saint-Enogat...

Etonnez-vous donc, après cela, que mes compatriotes se soient mis en tête — et Dieu sait s'ils l'ont dure, la tête ! — de faire de Paramé, de Saint-Malo, de Saint-Servan, de Dinard et de Saint-Lunaire autant de stations *hivernales*. Foi de Breton, les gens de Nice et de Cannes, voire même les sujets du prince de Monaco, n'ont qu'à se bien tenir !

<h2 style="text-align:center">V</h2>

Si nous en finissions une bonne fois avec cette grosse question du Gulf-Stream qui m'a déjà coûté tant d'encre ?

Au demeurant, l'heure est opportune : voici le printemps qui vient ; avant quinze jours peut-être, le marronnier du 20 mars aura sorti sa parure d'émeraude ; une tiédeur suave flue du ciel adouci ; bientôt il sera maladroit et déplacé de parler encore de l'hiver et de ses correctifs. Il n'est que temps de liquider la controverse.

Puis, j'ai là sous les yeux la lettre, bourrée d'objections spécieuses, d'un météorologiste de profession. Un document qui mérite vraiment l'honneur d'une discussion en règle...

Voici la chose :

Vous nous parlez du froid rigoureux et de si longue durée que nous avons subi, et, pour l'expliquer, vous nous dites que des glaces flottantes ont dû être déviées de leur trajectoire ordinaire et passer au large de l'Islande. Dès lors, ces banquises seraient descendues jusqu'au Gulf-Stream qu'elles auraient refroidi. Telle serait, d'après vous, la raison profonde du froid sibérien dont l'Europe occidentale a souffert.

Je me permettrai de vous faire observer que cette théorie, qui date déjà de loin, si elle a encore quelques partisans, est bien battue en brèche par des observations plus précises.

Mon Dieu ! je ne dis pas le contraire. Je n'ai guère risqué l'explication — je le répète une dernière fois — qu'à titre d'hypothèse et de curiosité, sans y tenir plus que de raison. Je ne demande pas mieux que de me laisser convaincre, pourvu toutefois qu'on me produise de convaincantes raisons. Mais M. P. Périer — c'est le nom de mon contradicteur — me devra pardonner de ne pas attribuer ce caractère à ses protestations de scepticisme à l'endroit des trajectoires — sinon même de l'existence et de l'action réchauffante de « ce diable de Gulf-Stream auquel les météorologistes dans l'embarras font jouer un si grand rôle dans la météorologie de l'ouest de l'Europe ». Je crois avoir déjà fait justice de cette incrédulité — que le prince de Monaco avait essayé de mettre en bouteilles. N'y revenons plus.

Je proteste, dit M. Périer, d'autant plus aisément qu'il existe d'autres raisons, toutes physiques, qui tirent leur existence de la théorie mécanique de la chaleur combinée avec les lois des grands mouvements atmosphériques...

Soit encore ! On me permettra cependant de rappeler que les doctrines courantes sur l'influence du Gulf-Stream sont si peu en désaccord avec la théorie mécanique de la chaleur, qu'on les trouve exposées tout au long dans un livre dont je ne saurais chanter trop souvent ni trop haut les louanges, et qui est comme l'Evangile de cette merveilleuse théorie de la corrélation des forces. Je veux parler de *La Chaleur, mode de mouvement*, par sir John Tyndall. Voci, en effet, ce que je lis à la page 173 de la deuxième édition française (traduction de l'abbé Moigno) :

Comme on devait s'y attendre, l'influence de la masse d'eau chaude du Gulf-Stream devient évidente d'elle-même dans nos hivers ; c'est ainsi, par exemple, qu'elle supprime entièrement la différence de température due à la différence de latitude entre le nord et le sud de la Grande-Bretagne... La proximité de cette eau tiède fait aussi que le climat de l'Europe occidentale diffère totalement du climat des côtes opposées de l'Amérique... Nous savons maintenant que le Gulf-Stream est la cause réelle de la douceur de notre climat européen.

De là à conclure que, s'il tombe par hasard dans le Gulf-Stream assez d'*ice-berge* pour qu'il en soit « frappé », nous perdrons tout le bénéfice de sa tiédeur rayonnante, il n'y a qu'un pas. C'est ce pas que j'avais franchi — avec d'autant plus de désinvolture que, parmi toutes les autres explications données des rigueurs inusitées du dernier hiver, pas une seule ne m'avait paru tenir debout. Je n'apprendrai pas, en effet, à M. Périer que les spécialistes ont fini, en désespoir de cause, par donner leur langue aux chiens.

Mais poursuivons ce « polémiculage » :

Comment explique-t-on l'action bienfaisante du Gulf-Stream? Ce n'est pas directement par lui-même, c'est par l'air qu'il échauffe, et qui, chassé par les vents, vient apporter sur nos régions sa chaleur et son humidité. Or, s'il en est ainsi, il n'y a pas de raison pour que son action malfaisante ne s'exerce pas de même. Sa température relativement basse ne pouvant plus échauffer l'air, celui-ci nous arrive froid... Mais pour que ceci ait une apparence de vérité, il faudrait que, par un hiver doux comme par un hiver froid, les vents gardassent sur nos régions la même direction, en d'autres termes, qu'ils vinssent toujours du Gulf-Stream. Or, c'est précisément ce qui n'a pas lieu. Tandis que, pendant les hivers doux et humides, les vents soufflent effectivement de l'ouest ou du sud-ouest, pendant les hivers rigoureux, au contraire, ce sont les vents d'entre le nord et l'est qui dominent. Ces deux directions sont bien absolument opposées!

Voilà qui est plus sérieux. Et, cependant, je ne me sens encore ébranlé qu'à demi.

On oublie, en effet, ce me semble, que si le Gulf-Stream est encombré de glaces flottantes, au lieu de constituer un condenseur de calorique, il constitue, tout au contraire, un pôle de froid relatif, *faisant appel d'air*, vers lequel vont converger toutes les brises de la rose. D'où cette conséquence que si, de novembre à janvier, nous avons claqué des dents, c'était effectivement en raison de la prédominance des vents du nord et de l'est ; mais comme, d'autre part, cette prédominance était due au refroidissement du Gulf-Stream, il s'ensuit que c'est encore aux fantaisies de ce capricieux fleuve marin que nous devons finalement nous en prendre.

On oublie encore que le Gulf-Stream n'agit pas seulement sur l'air qui le frôle, mais aussi sur le sol même du lit où il coule, sur le fond de la mer. Mon Dieu ! je n'ignore pas que ce courant d'eau chaude glisse à la surface de la masse océanienne, dont la température est plus basse, à la façon d'une tache d'huile... Mais supposez que ce farceur de bonhomme Hiver s'amuse à y semer des morceaux de glace gros comme des montagnes. A mesure que ces morceaux de glace vont fondre, il va se faire un épanchement d'eau froide — car l'eau froide est plus dense — vers les bas, jusqu'au fond de la mer, et pour peu que le sol de ce fond soit doué d'une conductibilité supérieure, le froid va s'irradier à la ronde, refroidissant les terres et les eaux... Ce n'est pas d'autre façon qu'on doit expliquer la formation de ces glaces de fond dont on a tant parlé depuis quelques semaines.

Ainsi tombe également la dernière objection de mon savant contradicteur :

La température relativement douce des côtes de Norvège ne pourrait ainsi s'expliquer que par un réchauffement du Gulf-Stream postérieur à son refroidissement !

Il en serait ainsi, en effet, si les *ice-bergs*, une fois entrés dans le Gulf-Stream, devaient nécessairement en suivre le fil. Mais ces masses flottantes, dont la partie immergée ne représente même pas le tiers du volume total, s'enfoncent parfois assez profondément dans l'eau pour que les courants inférieurs les entraînent dans une direction opposée à la direction des courants de surface. Rien d'étonnant dès lors à ce que la coulée superficielle des eaux chaudes persiste le long du littoral norvégien, défendu d'ailleurs contre la grande debâcle islandaise par la barricade des îles Britanniques, pendant que la chute des eaux froides se *localise* au large des côtes de France et d'Espagne.

Je veux bien que ce ne soit qu'une conjecture, mais c'est une conjecture vraisemblable et séduisante.

... Un autre correspondant, que mon argumentation avait surpris, me demande s'il n'est pas à craindre qu'un jour ou l'autre, ce damné Gulf-Stream ne s'avise de changer inopinément sa trajectoire et de virer à l'ouest, provoquant ainsi, au bénéfice de l'Amérique, l'irrémédiable refroidissement de notre pauvre vieille Europe.

Je serais fort embarrassé, je l'avoue, pour faire à cette insidieuse question une réponse pertinente. Tout ce que je puis dire, c'est que le phénomène n'a rien, en sol, d'impossible. On a songé, en tous cas, à provoquer artificiellement le phénomène contraire, et Babinet proposa jadis de détourner, au moyen de travaux en mer, le lit du Gulf-Stream, de façon à rapprocher ce calorifère liquide et mouvant des côtes de France, qui auraient été ainsi dotées d'un printemps éternel.

Et pourquoi pas, en fin de compte ? Comment les fils des gens qui ont percé l'isthme de Suez, éventré le Saint-Gothard et le mont Cenis, mis Hell-Gate (prière de ne pas lire *miss Hellyett*) en poussière, et canalisé le Mississipi, s'effaroucheraient-ils de ce treizième travail d'Hercule ?

En tout cas, la perspective ne saurait déplaire à ceux de mes concitoyens qui demandent un milliardaire de bonne volonté pour les aider à faire de notre rocher de Saint-Malo — que l'on voit sur l'eau — l'émule de Saint-Raphaël... Aussi est-ce en leur nom que j'en accepte l'augure !

SPLENDEURS ET MISÈRES DE LA MÉDECINE

I

D'après une malicieuse légende, tout ce que, depuis Hippocrate, a pu faire la médecine contre (ou pour) le rhume de cerveau, ç'a été de l'appeler coryza.

Pour (ou contre) le mystérieux fléau qui, brusquement, en novembre 1889, envahit tout un hémisphère de notre globe, où, depuis, il a élu domicile en permanence, déchaînant et exaspérant les tares endormies, semant sournoisement la mort à la ronde, et modifiant peut-être l'orientation de l'histoire (1), pour (ou contre)

(1) Si Louis XIV n'avait pas eu une fistule à l'anus, il n'aurait peut-être permis, suppose ingénieusement Michelet, ni les dragonnades, ni la révocation de l'Édit de Nantes. Si, trahi par Vénus, Napoléon Ier avait pu se tenir à cheval le 18 juin 1815 à Waterloo, Mars, jaloux, eût peut-être secondé ses efforts, et il eût gagné la bataille. Le diable sait ce qui aurait pu s'en suivre, et pour Napoléon, et pour le Roi-Soleil, et pour l'Europe, et pour l'univers, et pour nous-mêmes. C'est qu'on va loin avec un « si » : il n'en faut pas plus pour que le Mont-de-Piété élise domicile chez *mon oncle.*

Mais ce qui est vrai pour le pasteur est également vrai pour le troupeau ; ce qui est vrai pour les souverains et les héros est égal' « influenza », la Faculté a su moins faire encore.

Aujourd'hui, comme il y a deux ans, l' « influenza » reste un mal anonyme, bâtard, sans état civil et sans papiers. Car le mot « influenza » n'est guère qu'un sobriquet provisoire et confus à l'usage des esprits superficiels que l'à-peu-près suffit à satisfaire. En vain, les cénacles académiques se sont, à maintes reprises, réunis tout exprès, en séances solennelles, dans le but prémédité de baptiser l'intrus, de force ou de gré. L'intrus s'est toujours dérobé, et les *savantissimi doctores* y ont perdu leur latin. Tout ce qu'ils ont pu dire de précis, c'est que ce maudit sphinx, qui garde si jalousement son incognito, n'a point l'air d'un sphinx commode. On ne sait pas ce que c'est, mais on en meurt. C'est toujours ça.

lement vrai pour les peuples. Le Russe Herzen n'avait pas tout à fait tort d'expliquer les différences du génie allemand et du génie français par les différences des habitudes culinaires des deux pays : une race, en effet, qui a du vin dans le cœur ne saurait penser, agir et vivre à l'unisson d'une race imbibée de bière. Soyez sûrs que la peste, la lèpre et la fièvre paludéenne ont joué un rôle immense dans l'évolution de l'espèce. Pourquoi n'en serait-il pas de même de l'influenza, à laquelle, au moins sur l'hémisphère nord, la moitié de la population terrestre, à commencer par l'empereur d'Allemagne pour finir à Tartempion, a dû payer tribut ?

Que dis-je ? la moitié de la population ! mais c'est l'unanimité qu'il faudrait dire... Nul, en effet, n'y a *coupé* ; d'après une hypothèse fort plausible, tous, tant que nous sommes, sans exception, riches comme pauvres, grands comme petits, forts comme faibles, nous avons été contagionnés, peu ou prou. Pour quelques-uns, sans doute, il n'y a pas paru, mais ce n'était qu'une « frime », une apparence menteuse. Ceux-là ont été touchés quand même, absolument comme les camarades, à cette seule différence près qu'ils l'ont été d'une façon moins violente.

A l'égard de la tuberculose, la médecine reste également impuissante et désarmée.

Et, cependant, de tous les fléaux qui déciment le *genus humanum*, il n'en est pas un seul dont les ravages puissent être, ni de près ni de loin, mis en parallèle avec l'œuvre homicide de la phtisie tuberculeuse !

Le choléra lui-même, dont les effets foudroyants et la dramatique mise en scène épouvantent les foules singulièrement davantage, n'a jamais fait seulement, dans toutes ses invasions totalisées, le quart des victimes que dévore, en une seule année, cet ogre sournois. Rien qu'à Paris, il ne tue pas moins de cent cinquante ou deux cents personnes par semaine, ce qui équivaut environ au *cinquième* du nombre total des décès de la grande cité. Il en est presque partout à peu près de même, et des statisticiens macabres établissent, à grand renfort de chiffres et de documents, que sur cent individus qui meurent sur toute l'étendue du globe, huit ou dix, au bas mot, « s'en vont de la poitrine ».

Avoir vaincu la phtisie, ce serait donc quelque chose comme si l'on avait vaincu la Mort elle-même, comme si l'on avait augmenté d'un huitième la moyenne de la vie universelle.

On croyait autrefois que la phtisie était une sorte d'entité morbide invisible, autonome et malfaisante, naissant spontanément de par une inexplicable genèse, un mauvais vent soufflant à tort et à travers ses miasmes empoisonnés. Un jour vint, cependant, où l'on s'aperçut que la phtisie était transmissible d'homme à homme, qu'elle « se gagnait », en d'autres termes, et pour enployer une suggestive et pittoresque expression populaire, ni plus ni moins que la gale, la rougeole, la peste ou la fièvre typhoïde. Un médecin français, le docteur Villemin (du Val-de-Grâce) réussit même à provoquer chez des animaux sacrifiés une affection mortelle présentant tous les signes caractéristiques de la tuberculose, en leur inoculant d'infinitésimales particules empruntées aux expectorations ou à l'exsudat des poumons de phtisiques avérés. La contagiosité de la tuberculose était *ipso facto* démontrée. Or, pour que l'infection pût être ainsi transportée d'un organisme à l'autre, il fallait évidemment qu'elle procédât d'un germe animé, vivant et pullulant, capable, après transplantation, de se reproduire à perte de vue, comme la levûre de bière ou le *mycoderma* du vinaigre... Il n'y avait plus qu'à chercher le microbe.

Pendant de longues années, nombre de micrographes dè haute valeur s'appliquèrent en vain à poursuivre l'insaisissable ennemi, qui leur échappait toujours. L'bonneur de l'isoler et de le baptiser devait appartenir exclusivement à Robert Koch, qui avait déjà su capter de même le microbe en virgule du choléra.

Le microbe de la tuberculose — qu'on nomme aussi « bacille », en raison de sa forme en bâtonnet (*bacillus*) — est un champignon parasite, semblable à une moisissure foisonnante, qui, une fois introduit dans le corps par les voies respiratoires ou par toute autre voie, s'attache aux tissus et y prolifère avec une incroyable rapidité. Gangrénant tous les organes l'un après l'autre, il s'y fore de tragiques « cavernes », où il se nourrit aux dépens de la substance vivante, bientôt dissoute, et distille de ses résidus, au moyen d'une incompréhensible chimie, de terribles poisons qui se répandent à flux continu dans le torrent circulatoire, et portent jusqu'aux plus lointaines extrémités la corruption, la purulence et la mort.

Non seulement Robert Koch a démontré expérimentalement l'existence du bacille maudit, désormais devenue, aux yeux de la pathologie moderne, un indiscutable article de foi, mais il a également prouvé, d'une façon positive et formelle, que c'était à lui, et à lui seul, qu'il fallait attribuer l'infection. L'inoculation de la moindre gouttelette du bouillon où on le « cultive » suffit à déterminer la tuberculose galopante chez l'animal le plus sain, et on le retrouve infailliblement, non seulement, à l'autopsie, dans les ruines des organes avariés des individus morts de phtisie, mais encore, sur le vif, dans les crachats des malades. C'est même à cet état, et sous forme de poussières toxiques, dont la dessiccation n'atténue guère la virulence, qu'il se mêle à l'air que nous respirons, s'accumule sur nos vêtements, nos meubles, nos tapisseries, nos murailles, etc., et finit par constituer autour, au-dessus et en dedans de nous-mêmes, une sorte de buée léthifère, au sein de laquelle nous circulons, indifférents et « le cœur à l'aise », comme vibrions dans l'eau croupie.

En songeant à tout cela, les plus braves ont la chair de poule..... Le fait est que, surtout dans les grandes villes, où l'atmosphère appauvrie et confinée se renouvelle malaisément, où les phtisiques pullulent, où, par conséquent, flotte partout *in æternum* la contagion volatile et pulvérulente, il semble qu'il n'y ait personne qui ne soit *at home* ou dans la rue tout aussi exposé que sous le feu roulant d'une batterie de mitrailleuses. Et, au lieu de s'étonner du nombre des victimes quotidiennement assassinées par le monstre, on serait plutôt tenté de se demander comment il peut se faire qu'il y ait encore tant de monde au monde...

Par bonheur, il en est du bacille de la tuberculose comme de tous les autres microbes généralement quelconques. Si sa présence est la raison *nécessaire* de la maladie, elle n'en est pas la raison *suffisante*. Il faut encore que le germe maudit tombe sur un terrain propice ; il faut encore qu'il opère dans de favorables conditions et dans un bon milieu de culture. Or, cela ne se rencontre pas aussi souvent qu'on pourrait le croire, et l'endurance de l'organisme est véritablement extraordinaire.

Neuf fois sur dix — heureusement pour la conservation de l'espèce de bipèdes déplumés à laquelle nous devons Gabrielle Bompard — le microbe errant demeure impuissant à se développer, à prendre racine et à faire souche, faute d'avoir trouvé ce dont il a besoin, tant et si bien qu'il végète, avorte et meurt, comme une semence jetée sur un sol infertile.

Voilà pourquoi nous réussissons à vivre impunément en cohabitation étroite et permanente avec les légions d'infiniment petits démolisseurs qui nous assiègent de toutes parts, à ce point qu'on a pu dire que nos tissus et nos viscères en étaient littéralement « farcis ».

Voilà pourquoi, même à l'état normal, tous tant que nous sommes, nous avons la bouche infectée de véritables colonies du bacille de la diphtérie, récemment isolé par MM. Roux et Yersin, et du *micrococcus* de la pneumonie — émules et frères du bacille de la tuberculose — sans nous en porter plus mal.

Dans cette lutte sans trêve ni merci — qui est le jeu même de la vie — des cellules de l'organisme contre les ennemis du dedans et du dehors, celles-là ont encore le plus souvent le dessus.

Mais survienne un accident — un coup de froid, une lésion interne, un accès de fièvre, une dépression quelconque, résultant, par exemple, d'une intoxication ou simplement de la misère physiologique et de privations prolongées, une maladie intercurrente, telle que l'influenza (déjà nommée), etc. — survienne un accident, dis-je, qui ébranle l'organisme, en diminuant sa résistance, en provoquant ici ou là des excoriations, des brèches, des solutions de continuité, et use le fil où pend l'épée de Damoclès, et voilà le virus qui s'infiltre, à travers les tissus désorganisés, au plus profond des intimités sur la marge desquelles il guettait, inoffensif, attendant son heure..... et son joint.

C'est ainsi qu'il ne faut parfois pas plus d'une bronchite pour faire d'un homme robuste un phtisique incurable.

Mais, puisqu'on sait tout cela, pourquoi donc serait-il impossible de rendre l'organisme préventivement et définitivement réfractaire à la prolifération de l'infâme bacille ? Pourquoi donc même n'irait-on pas le relancer jusque dans les « cavernes » qu'il se creuse en pleine chair palpitante, pour l'y empoisonner ou l'y enfumer, comme un renard dans son terrier, avant qu'il ait achevé sa tâche homicide ?

Le malheur est que si la tâche n'est pas impossible, elle est, en revanche, horriblement difficile. En tout cas, en dépit d'innombrables tentatives, aussi ingénieuses que variées, il semble que la question n'avance guère.

Contre le terrible bacille, on a successivement expérimenté toutes les panacées que peut engendrer l'imagination médicale, la plus féconde des « folles du logis », et la plus fertile en hypothèses.

On a essayé de tout — et même d'autre chose — depuis l'arsenic jusqu'au pétrole, depuis le cyanure d'or jusqu'au tannin, en passant par la benzine, le froid, le chaud, l'eau de Seltz, l'iodoforme et le chloroforme, la noix de kola, l'acétate de cuivre, le tellurate de soude, l'huile de foie de morue, à toutes les doses et sous toutes les formes, en bols, en tisanes, en solutions, en pilules, en élixirs, en injections, en inhalations, en fumigations, en clystères, en cataplasmes, en emplâtres, en badigeonnages, etc., par la peau, par le nez, par la bouche, et même, — révérence parler — par... l'autre pôle. Tous les antiseptiques connus, ou même simplement pressentis, y ont passé.

D'aucuns se bornent à suralimenter le malade, afin d'augmenter artificiellement son endurance, absolument comme on met une vigne, en la gorgeant d'engrais chimiques, en état de braver impunément l'invasion du phylloxéra.

Je sais des médecins russes qui nourrissent exclusivement leurs phtisiques de lard fumé ; des médecins allemands ou français qui font coucher les leurs à la belle étoile ; des médecins américains qui leur inoculent le rhumatisme, sous le prétexte fallacieux qu'il y a entre les deux fléaux incompatibilité d'humeur... Il fut un temps où l'acide fluorhydrique, qui ronge le cristal, avait la réputation de cautériser les poumons tuberculisés... Le docteur Ewald, lui, qui ne croit qu'à l'acide sulfhydrique — vous savez ? ce gaz infect qui donne aux fosses d'aisances leur relent *sui generis* — met, très logiquement, ses malades au régime des farineux en général et des haricots en particulier, en leur recommandant de fermer les issues et de s'asseoir sur les soupapes ...

Je sais des gens qui rêvent d'appliquer à la désinfection des poumons des phtisiques — c'est-à-dire de la viande vive — certains procédés industriels en usage pour la conservation des « natures mortes ».

Grâce à la vaporisation, sous d'énormes pressions, d'acides doués de vertus anti-fermentescibles, comme l'acide borique ou l'acide chlorhydrique, ils espèrent transformer la poitrine du « sujet » en une boîte de poumons de conserves — aussi bons que des poumons frais...

Ce serait l'embaumement avant la lettre — avant la lettre de faire part.

Dans le laboratoire, parbleu ! cela va tout seul.

Mais, point n'est besoin d'être grand clerc en biologie pour savoir qu'entre ces expériences et l'application *in animâ vili*, il y a souventes fois un abîme.

Ce qui réussit à merveille sur un pigeon ou un singe peut parfaitement échouer sur un homme... Savez-vous bien, par exemple, que la belladone, très active chez l'homme, active encore chez le chien, le chat et les oiseaux, peu active chez le cheval et le porc, ne semble exercer à peu près aucune espèce d'influence sur le lapin? Savez-vous que la ciguë, mortelle pour Socrate, est inoffensive pour l'alouette et la caille — à la différence du persil, qui, d'après une légende populaire, ne serait un poison que pour les seuls perroquets? Il arrive même que, dans une même espèce ou une même race, la réceptivité varie, suivant les « performances », d'un individu à l'autre. C'est ainsi que les moutons d'Afrique passent pour être absolument réfractaires au charbon. C'est ainsi que les poules perdent leur immunité contre le choléra quand on leur joue le mauvais tour de leur refroidir le tempérament en leur mouillant les pattes.

Et l'homme a beau se targuer d'être le roi de la création, il loge à la même enseigne. Pour lui, comme pour ses « frères inférieurs », c'est le milieu qui fait le virus, et qui fait aussi le remède. Ce qui guérit celui-ci peut parfois tuer celui-là, et faire sur un troisième à peu près autant d'effet qu'un vésicatoire derrière l'oreille ligneuse de l'invalide à la tête de bois. Il n'y a pas de maladies, en réalité : il n'y a que des malades !

Mais c'est surtout dans la phtisie que ces mystérieuses idiosyncrasies jouent le rôle le plus considérable, et qu'il est vrai de dire que chaque tuberculeux a, en quelque sorte, sa tuberculose propre et distincte, sa façon à lui de « s'en aller de la poitrine ». Une dans sa cause première et dans sa genèse, puisque c'est toujours la même moisissure qui l'engendre, la phtisie est, par essence, polymorphe, multiple, ondoyante et diverse dans son évolution. Si, pour l'histologiste et le chercheur de microbes, elle est une maladie qui commence, pour le clinicien elle est une maladie qui finit, le dernier acte d'un drame long et touffu, condensant et exaltant, en une décomposition suprême, toutes les tares héréditaires, toutes les déchéances acquises, et surtout ce délabrement général, né des privations ou des excès, du surmenage ou de l'usure, qu'on nomme la misère physiologique... Si bien que, pour nombre de bons esprits, avant comme après l'invention des microbes et des vaccins, avant comme après Robert Koch et Pasteur, sa prophylaxie et sa guérison se devraient confondre presque avec la solution de la question sociale.

Comment donc croire à la découverte d'une médication spécifique véritablement efficace, avant que des expériences impeccables et décisives, faites, non plus seulement *in vitro* dans le secret du laboratoire, sur d'artificiels « bouillons de culture » ou des animaux sacrifiés, mais au grand jour, à l'hôpital et à la ville, *in vivo*, sur une série de « sujets » de chair et d'os, vingt fois répétées et contre-éprouvées, prolongées, enfin, pendant de longues semaines et de longs mois, soient venues confirmer ce qui ne saurait être au début qu'une fragile espérance ?

Par trois fois, depuis dix-huit mois, on a cru tenir

enfin le mot de la cruelle énigme. Par trois fois, tout s'est résumé en une désespérante déconvenue.

Ce fut d'abord par l'emploi, sous les formes les plus diverses, des balsamiques intensifs, comme la créosote, le gaïacol, l'eucalyptol, etc., qu'on s'imagina posséder la panacée suprême.

Mais voici qu'à l'user, il a fallu en rabattre. A l'encontre, en effet, des autres médicaments, il semble que la créosote — pour ne parler que de la substance type — devient de moins en moins tolérable, au fur et à mesure que s'accentue l'accoutumance. Il s'en suit trop souvent un abaissement de température et une dépression des plus fâcheuses. Sans compter que la créosote coagule l'albumine et peut, en conséquence, provoquer d'irrémédiables accidents.

Quant au vaccin de chèvre, qui fut également pendant quelques mois à la mode, et auquel de vagues succès, insuffisamment étudiés, avaient donné comme un commencement de gloire, il faut que, comme de tout le reste, les pauvres phtisiques se résignent à en faire leur deuil.

A y regarder de près, le vaccin de chèvre, pas plus que son rival, le vaccin de chien, n'a rien donné d'efficace. Il paraît même établi que sa prétendue vertu dynamogéniante ne vaut pas l'espèce de griserie musculaire et nerveuse que tout un chacun peut, chaque matin, se payer à l'abattoir, sous la forme d'un bon demi-setier de sang frais, tiède et spumeux.

Dans la fameuse « lymphe » de Koch, qui fut la troisième — et la pire — désillusion du monde tuberculisable, il y avait probablement quelque chose d'infiniment plus scientifique et d'infiniment plus précieux. Ce virus paradoxal, qui sait, une fois entré dans le torrent circulatoire, reconnaître les tissus tuberculisés et va tout droit s'y fixer, de par une bizarre vertu élective, en épargnant les autres, devait être autre chose que le poison brutal qu'on y a, depuis, exclusivement voulu voir. La meilleure preuve, c'est que s'il n'a pu servir aux hommes, il sert aux animaux, puisque c'est à l'aide d'injections de « kochine » qu'on tâte et contrôle en Allemagne et même à Alfort les animaux suspects de tuberculose...

Seulement, on était allé trop vite et l'on avait surtout escompté trop haut — et trop tôt — des résultats aléatoires. Les faits n'ont pas donné tout ce qu'on avait — sans les consulter — obligé la théorie à promettre, et les initiés comme les profanes ont fini par vouloir mal de mort à ce pauvre Robert Koch, désormais injustement disqualifié et chargé, comme le bouc émissaire de la légende biblique, de tous les désenchantements d'Israël.

Je suis de ceux qui espèrent et qui croient que le docteur Koch — si toutefois son filleul, le bacille, lui prête vie, — prendra un jour sa revanche.

Qui vivra verra, et qui verra vivra !

Mais, en attendant, nous en sommes aujourd'hui au point où nous en étions hier, n'ayant rien oublié peut-être, mais n'ayant rien appris. Il n'y a rien de changé dans le monde où l'on crache ses poumons : il n'y a que quelques centaines de milliers de phtisiques de plus qui dorment l'éternel sommeil sous l'herbe des cimetières.

La question de la tuberculose, en d'autres termes, est demeurée stationnaire et intacte.

Après comme avant la « kochine », le vaccin de chèvre et le sérum de toutou, je ne vois rien encore de meilleur à conseiller aux tuberculeux, avec la suralimentation et l'air pur, que l'acide phénique administré par la voie sous-cutanée, suivant le traitement conçu jadis par le docteur Déclat, le Lister français, et auquel un autre spécialiste — qui a déjà sauvé plus de candidats à la phtisie que Mgr Gouthe-Soulard n'en bénirait, M. le docteur Albert Filleau, doit le plus gros stock de ses relatifs triomphes.

Si vous toussez, dirait Guibollard, *il faut vous faire nickeler l'alène.* C'est peut-être encore préférable aux pastilles Géraudel.

Voilà, certes, qui n'est pas pour rehausser le prestige de la médecine, laquelle joue positivement de malheur.

.˙.

Non seulement elle s'achoppe, impuissante et désarmée, devant les maladies les plus fréquentes et les plus meurtrières, comme le cancer et la phtisie ; non seulement les préjugés de la superstition et de la routine, les obscurités et les contradictions y tiennent toujours autant de place ; non seulement elle laisse encore couler trop de vies humaines entre ses mains maladroites, mais c'est à peine si ses horizons s'élargissent. Hors d'état de synthétiser la moisson de faits que lui apporte quotidiennement, par gerbes, l'observation expérimentale, elle erre deci delà, au hasard, désorientée, pour ainsi dire, par l'abondance de la récolte, sans parvenir à trouver sa voie.

Il serait évidemment excessif d'en conclure à sa stérilité absolue, et de rééditer la fameuse boutade de Van Helmont découragé : « La médecine ne marche pas ; elle tourne sur son axe ! » La vérité est que, chaque jour, la médecine améliore son outillage, grossit le stock de ses certitudes ou plutôt de ses probabilités, et défriche un tout petit coin nouveau de la *terra incognita*.

Mais, aussi boiteuse que la justice, elle ne marche qu'à pas chancelants, loin, bien loin derrière les autres sciences, ses sœurs, dont l'allure est si vertigineusement rapide. Elle n'est pas une science faite, mais une science en gestation, un art empirique, tâtonnant et fallacieux.

Qu'on nous montre donc, de grâce, un seul progrès réel, authentique, inattaquable, et véritablement fécond, réalisé par la médecine depuis vingt-cinq ans !

Sans doute, on est arrivé à démonter aujourd'hui la machine humaine, dans ses moindres rouages et ses moindres mouvements, avec une précision quasi mathématique. Ni la pulpe cérébrale, ni la fibre musculaire ou nerveuse, ni l'étoffe des tissus et des cellules, ni la composition chimique du sang et des humeurs n'ont plus guère de secret pour le chercheur. On a noté les chocs et les murmures du cœur, les frémissements du pouls et les palpitations de l'ondée artérielle, les souffles des poumons et les crépitements discrets des articulations. Pour un peu, l'on entendrait pousser les os et germer la pensée. N'a-t-on pas déjà mesuré la vitesse des sensations, déterminé leur itinéraire, mis leur processus en formules algébriques ? N'a-t-on pas déjà calculé, voire même enregistré graphiquement, le travail fourni, la chaleur absorbée ou dépensée, les réactions chimiques provoquées par le jeu des muscles et des viscères ? Pas un des merveilleux instruments créés en vue d'autres besoins par le génie de la science, depuis le thermomètre jusqu'au phonographe, qui n'ait été appliqué à l'étude de l'organisme mort ou vif. C'est ainsi qu'on a pu faire rentrer les phénomènes de la vie, qui échappaient jadis à toute analyse et semblaient ne relever que de la métaphysique, dans la grande loi, qui domine l'ensemble des connaissances humaines, de la conservation de l'énergie...

Soit ! Mais tout cela, ce n'est point de la thérapeutique, ce n'est que de la physiologie !

Que la physiologie soit éminemment utile à l'art de guérir, auquel elle montre le chemin et prépare les voies, c'est ce dont j'aurais grand tort de disconvenir. Point en effet de bonne thérapeutique sans un bon diagnostic. Et comment faire un bon diagnostic sans posséder le fin du fin de la physiologie ? C'est comme si l'on prétendait faire de l'astronomie sans télescope. Mais, pourtant, la physiologie n'est point la thérapeutique.

Assurément, les diagnostics d'aujourd'hui sont aux diagnostics d'autrefois ce que le fusil Lebel est à l'arquebuse à rouet. Mais il ne s'ensuit pas que chaque pas en avant fait ainsi par la physiologie ait nécessairement doté l'art de guérir d'une puissance nouvelle.

Parlera-t-on des analgésiques, narcotiques et anti-thermiques, des médicaments propres à supprimer ou à calmer la douleur, à couper la fièvre et à ramener le sommeil évadé — la morphine, le chloral, la cocaïne, l'antipyrine — et de tant de spécifiques, dont apparemment les preuves ne sont plus à faire — les bromures, contre la névrose ; le salicylate de soude, contre le rhumatisme ; la digitale et le strophantus, contre les affections du cœur ; le sulfate de quinine, véritable panacée, contre l'impaludisme ? Rappellera-t-on les services rendus par le fer, le mercure, l'iodure de potassium, l'arsenic, l'opium, le goudron, etc. ?

Loin de moi la téméraire pensée de m'inscrire en faux contre l'efficacité relative de tous ces moyens, plus ou moins héroïques. Comment oublier cependant qu'ils ne sont ni toujours sûrs, ni toujours fidèles, ni toujours inoffensifs ? Comment oublier les nombreux accidents dus à la cocaïne et au mercure, à l'antipyrine et au chloroforme, et les troubles, parfois irréparables, engendrés par l'abus du fer ou de la quinine, de la morphine ou du salicylate de soude ? Comment oublier qu'il ne faut pas plus jouer avec le poison qu'avec le feu ?

Un clou chasse l'autre... On ne vous débarrasse guère d'une maladie qu'à la condition de vous en laisser une autre à la place, ou de vous abîmer le tempérament pour la vie. Je sais bien qu'on ne fait pas d'omelettes sans œufs cassés ; mais, en vérité, pour cuire les siennes, la médecine ne met-elle pas un peu trop souvent le feu à la maison ?

Quelles mirifiques espérances n'avait-on pas écha-faudées sur cette étonnante théorie microbienne, dont la découverte restera l'événement scientifique le plus con-sidérable du siècle, et vaudra légitimement à M. Pasteur une gloire immortelle !

Voici qu'il était démontré que la plupart des maladies, le choléra, le charbon, la rage, la tuberculose, la variole, la diphtérie, la septicémie, l'infection puerpérale, l'érysipèle, etc., en attendant les autres, sont dues à des ferments animés et pullulants, exposés à périr quand on les soumet à telle ou telle température, à telle ou telle substance chimique, voire même quand on en oppose les espèces hostiles les unes aux autres, ainsi que l'a tenté déjà l'Italien Cantani, qui prétend guérir les phtisiques en ensemençant leur sang appauvri de spores du *bacterium termo*, supposé être au redoutable bacille des cavernes ce que le furet est au lapin.

On allait donc pouvoir s'attaquer à l'agent pathogène ; on allait donc pouvoir détruire l'ennemi, ou lui rendre, par avance ou après coup, la place intenable. Dès lors, le problème de la thérapeutique et de l'hygiène se posait sous une forme presque naïve, à force de simplicité :

— « Il faut tuer les germes contagieux ! Il faut tuer « les microbes, ou tout au moins mettre l'organisme « en mesure de résister impunément à leurs invisibles « assauts ! »

A écouter même certains fanatiques, on en serait bientôt venu à ne plus manger — de peur de trop bien nourrir les parasites du dedans ou d'ouvrir la porte aux parasites du dehors ; à ne plus boire que des breuvages filtrés ou bouillis ; à ne plus respirer qu'à travers un tampon d'ouate stérilisée. Peut-être même n'aurait-on plus osé lire, le docteur Fox (de Winsford) ayant remarqué que certaines infections, la fièvre scarlatine notamment, se transmettent souvent par l'intermédiaire des livres des bibliothèques publiques et des cabinets de lecture !...

Hélas ! c'était aller un peu vite en besogne.

Sans doute, l'antisepsie paraît avoir réduit la mortalité des blessés dans des proportions fabuleuses (de 20 pour 100 à moins de 4 pour 100 pour les femmes en couches). Mais, en outre que ce triomphe appartient plutôt à la chirurgie, dont, à la différence de la médecine, personne ne conteste les progrès inouïs, ne nous revient-il pas d'outre-Manche qu'un chirurgien de Londres obtient exactement les mêmes résultats avec l'eau de la Tamise, au moins aussi peuplée de germes infectieux et d'ordures vivantes que l'eau de notre Seine ?

Que croire ? Que conclure ?

Quant à l'antisepsie médicale, c'est-à-dire à l'empoisonnement systématique des microbes de l'organisme au moyen de substances antifermentescibles administrées à l'intérieur, elle est encore à l'état d'enfance. Qui oserait nous garantir qu'elle n'est pas simplement, elle aussi, une illusion généreuse ? Trouvera-t-on jamais pour chaque infection le spécifique qui, tout en étant tolérable pour l'organisme malade, tuera sûrement la bactérie visée ?... Voici déjà qu'on prétend avoir constaté que ces infiniment petits Mithridates s'accoutument graduellement aux antiseptiques, au milieu desquels ils finissent par vivre à l'aise comme poissons dans l'eau et par faire souche de races invulnérables, si bien qu'il faudra procéder par doses massives et croissantes, d'autant plus dangereuses que les plus efficaces de ces « microbicides » — le naphtol, par exemple, dont paraît être mort notre cher et regretté Jules Prével — sont en même temps de terribles « homicides ».

Il reste bien la vaccination préventive par les virus atténués, qui paraît avoir réussi pour la rage et le charbon, sinon même pour la fièvre jaune et le choléra, et qui pourrait aussi bien réussir pour la fièvre typhoïde, la syphilis, le croup et le reste... Mais que deviendra l'humanité, quand, sous prétexte de prophylaxie, tout un chacun devra être ainsi préjudiciellement converti en une collection de purulences ?

Qui donc saura finalement arracher au sphinx de la pathologie son redoutable secret ?

Sera-ce le magnétisme animal, sorti d'hier à peine de la phase du charlatanisme et de la fable, pour entrer *pede claudo* dans la phase positive et scientifique ? Ne sera-ce pas plutôt l'électrothérapie, qui déjà s'attaque victorieusement aux névroses, aux paralysies, aux gastralgies, aux rhumatismes, à l'épilepsie, aux tumeurs fibreuses, en attendant que, demain, elle s'attaque au cancer ?

Peut-être !

Qui sait, en fin de compte, si les vicissitudes de la santé et la maladie ne sont pas liées à une simple question de plus ou moins d'influx nerveux — c'est-à-dire de « fluide » électrique ou magnétique (probablement *unum et idem*) — à une infinitésimale modification dans le nombre, l'amplitude ou le rythme des vibrations vitales ?

———

de « fluide » électrique ou magnétique (probablement *unum et idem*) — à une infinitésimale modification dans le nombre, l'amplitude ou le rythme des vibrations vitales ?

LA RESPONSABILITÉ MÉDICALE

Tout n'est pas rose, à ce qu'il paraît, dans le métier de médecin et surtout de médecin novateur — au pays des « crispinades ». Le docteur Bareggi (de Milan) est en train d'en faire, à ses dépens, la fâcheuse expérience.

Il faut vous dire que la ville de Milan possède, à l'instar de Paris, son Institut Pasteur, où, de tous les coins de l'Italie, on envoie se faire vacciner les individus mordus par des animaux enragés ou qui auraient pu l'être. Et c'est mon dit docteur Bareggi qui, depuis trois ans, dirige cet Institut d'après la méthode du Maître.

Au commencement, tout marchait comme sur Déroulède. Le docteur Bareggi vous guérissait radicalement ses hydrophobes, et, de la semelle aux tirants de la botte péninsulaire, on commençait à le considérer comme un petit bon dieu. Mais, après trente-six mois de « pastorales », les choses ont mal tourné. Il y a quelque temps, le docteur Bareggi reçut un lot d'indigènes — ils étaient cinq — probablement plus enragés ou plus contrariants que de raison, auxquels il administra le virus à haute dose, et qui eurent le tort d'en mourir.

Cinq Italiens enragés de plus ou de moins, ce n'est pas cela sans doute qui empêchera le macaroni de filer. Mais, s'il y a des juges à Berlin, il y a des procureurs à Milan. Il y en a au moins un, qui doit être un mauvais coucheur, ou qui aura eu des « histoires » avec le docteur Bareggi. Ne s'est-il pas avisé, celui-là, de prendre la chose au tragique et de traduire, d'autorité, le malheureux vaccinateur, sous l'inculpation d'homicide par imprudence, devant la justice de leur commun pays ?

Si j'en crois mes renseignements particuliers, le docteur Bareggi est à peu près sûr de son affaire. Il sera condamné, sans merci.

Le fait est que, dans la triple alliance, il y a déjà des précédents.

En 1884, un médecin prussien, dont le nom m'échappe, fut condamné, à Berlin, à une forte amende, et même, si je ne m'abuse, à quelques années de prison, pour avoir négligé d'appliquer le pansement antiseptique à un blessé mort depuis d'infection purulente.

Presque à la même époque, il se trouva un tribunal autrichien pour condamner le docteur Spitzer (de Vienne), coupable d'avoir laissé des engelures dégénérer en gangrène, à une suspension de six mois; après quoi, il lui était enjoint d'avoir à reprendre toutes ses inscriptions et à repasser tous ses examens *ab ovo*. Le docteur Spitzer, qui n'était pas le premier venu, puisqu'il comptait vingt-cinq années de pratique médi-

cale, dont huit comme médecin d'hôpital, en fut si douloureusement affecté qu'il se suicida de désespoir.

Les Italiens ayant l'habitude de prendre le mot d'ordre et l'exemple à Vienne et à Berlin, le docteur Bareggi m'a l'air d'être pour le quart d'heure, à moins
que la chute de Crispi ne le sauve, dans de fort vilains
draps.

Quid donc, comme l'on dit en argot de basoche ? Que
devons-nous penser, en toute justice et en toute sérénité, des présentes poursuites et de la condamnation
future ?

A priori, parbleu ! il semble que le ministère public
a bien agi. Tout homme, en effet, fût-il même médecin,
doit être responsable des dommages qu'il cause, volon-
tairement ou non, à son prochain. Et le dommage qui
aboutit au trépas du prochain, sous le fallacieux prétexte de lui apprendre à vivre, ne saurait évidemment
être considéré, au chapitre des responsabilités, comme
un alinéa négligeable.

Ce n'est point, sans doute, parce qu'on est médecin
qu'on doit être dispensé de subir les conséquences de
ses actes, surtout lorsque mort s'en est suivie. Peut-être
pourrait-on soutenir, au contraire, que les fonctions
médicales, qui sont une espèce de sacerdoce, obligent
plus étroitement que les autres. Il n'est pas admissible
qu'un médecin, ayant charge de vies humaines, ignore
son métier comme un simple législateur.

Cette opinion draconienne n'est pas seulement celle
de la chair à expériences, taillable, inoculable et intoxi-
quable à merci. C'est aussi l'avis formel de certains

initiés, et le *Journal de Médecine de Paris*, auquel j'emprunte l'information, se dispose visiblement à applaudir au châtiment qui menace l'infortuné docteur Bareggi. J'ai même comme une vague idée que le *Journal de Médecine de Paris*, qui a créé une rubrique spéciale tout exprès pour tenir à jour la liste des victimes, authentiques ou prétendues, de la vaccination antirabique, ne serait pas fâché de voir M. Pasteur lui-même aller s'asseoir, devant un jury de médecins jaloux et de malades récalcitrants, au banc des criminels.

Ce n'est pas, il est vrai, d'après la méthode de M. Pasteur que le docteur Bareggi a expédié ses cinq « sujets » *ad patres*; c'est d'après la méthode de l'Espagnol Ferran, dont il avait eu la malencontreuse idée d'essayer *in animâ vili* l'efficacité. Mais ça ne fait rien : la méthode Pasteur, fatalement imparfaite, comme toutes les œuvres humaines, a, elle aussi, ses défauts, ses avortements et ses catastrophes.

C'est le cas, au surplus, de toutes les médications nouvelles. Si Bareggi est condamné, si Robert Koch et Pasteur *ipse* courent le risque de l'être tôt ou tard, il est bon de dire que pas un des bienfaiteurs de l'humanité souffrante auxquels la thérapeutique doit ses progrès les moins contestables, pas un, pas même Jenner, l'inventeur de la vaccine, ne s'en fût davantage tiré les grègues ou la peau nettes, s'il avait fallu pousser jusqu'aux limites extrêmes de la logique la doctrine périlleuse de la responsabilité médicale. C'est qu'il n'en est pas un, en effet, qui, pour conquérir droit de cité dans la science, n'a dû exposer et même sacrifier quelques vies humaines !

Reste à savoir où commence et où finit la responsabilité? Reste à savoir comment tracer la ligne de démarcation séparant l'erreur pardonnable de l'erreur délictueuse? C'est ici qu'il faut craindre d'ouvrir toutes grandes les portes à l'arbitraire.

Certes, il est parfois, en chirurgie surtout, des tentatives désespérées et désespérantes, qui équivalent à de véritables assassinats, et à des assassinats d'autant moins excusables qu'ils s'inspirent des motifs les plus bas et les plus odieux, du puffisme, par exemple, ou de la cupidité. Mais les choses ne sont toujours ni aussi nettes, ni aussi simples. Qui tranchera le débat, s'il s'agit d'une de ces hypothèses aventureuses, mais fécondes peut-être, comme il en surgit à chaque pas?

Lorsque le docteur Maillot, honoré depuis, en raison de cet inestimable bienfait, d'une récompense nationale, inaugurait en Algérie la cure de la fièvre paludéenne par le sulfate de quinine, on l'accusait d'empoisonner ses malades, et peu s'en fallut qu'on ne le traitât en conséquence. Lorsque, bien avant Lister, le docteur Déclat s'évertuait à mettre l'antisepsie à la mode, ne prétendit-on pas que les pansements phéniqués engendraient la gangrène?

Comment discerner la vérité, au milieu de ce chaos de contradictions? Où est la règle? où est la loi? où la pierre de touche?

.... *Summum jus, summa injuria*: « Le droit excessif confine à l'excessive injustice ! »

Voilà pourquoi, qu'il s'agisse de Bareggi, de Pasteur, de Spitzer ou même de l'inventeur de la « kochine », je trouve ridicule, pour ne pas dire odieux, qu'on prétende faire trancher par les tribunaux des problèmes sur lesquels les gens du métier eux-mêmes n'ont pas su se mettre d'accord.

La vérité est qu'on ne peut se rendre compte de la valeur d'un nouveau remède qu'à l'user, par l'expérience.

Non pas l'expérience faite *in vitro*, dans la sérénité du laboratoire, sur d'inertes bouillons de culture, sur de piteux mannequins ou des bêtes passives, par cette excellente raison que les effets d'un médicament, qui varient parfois, en vertu de mystérieuses prédispositions héréditaires, d'individu à individu, doivent, *à fortiori*, varier d'une espèce animale à l'autre. Non pas même l'expérience faite par le médecin sur sa propre personne, à l'exemple de Gamaléïa qui s'inocula du vaccin anticholérique.

Ces « machines »-là peuvent être extrêmement héroïques, mais elles ne prouvent rien. D'abord, quand un médecin se prend ainsi pour sujet d'expériences, il y a toujours une part à faire à l'auto-suggestion; en second lieu, le milieu physiologique constitué par un organisme sain n'étant pas comparable au milieu constitué par un organisme malade, il se peut que les réactions diffèrent du tout au tout.

Pour justifier une hypothèse médicale, c'est sur la matière pathologique, c'est sur le malade lui-même, qu'il faut expérimenter, en acceptant d'avance tous les risques et toutes les surprises de l'expérience. Et alors, pourvu que l'expérimentateur ait opéré de bonne foi, sans souci de lucre ni de réclame, après avoir pris toutes les précautions requises, il doit être à l'abri de toute récrimination.

Je sais bien que c'est une loterie ; je sais bien que le malade peut en mourir : mais que voulez-vous que j'y fasse, puisque le progrès est à ce prix ?

Sans cette hasardeuse expérience (qui peut parfois, hélas ! trahir l'opérateur), la science, clouée sans espoir à la glèbe de la routine, tournerait à perpétuité sur elle-même, comme un écureuil en cage.

Possible que ce soit là une fatalité lamentable, mais c'est une fatalité, et, en attendant que la médecine, dégagée de sa gangue de barbarie, ait définitivement appris à se passer de l'acier et du poison, et à influencer sans danger les malades à distance, par l'électricité, le magnétisme, la suggestion — que sais-je ? — peut-être même, tout bonnement, par l'hygiène préventive, il en faudra passer par là.

Cela coûtera sans doute encore la vie à nombre de pauvres diables. Mais qu'y faire ? Point d'omelettes sans œufs cassés...

Combien de fois, d'ailleurs, au jeu fratricide de la guerre, n'a-t-on pas sacrifié, exprès pour sauver l'honneur du drapeau. des légions entières de jeunes hommes robustes — l'élite de la race — qui ne demandaient qu'à vivre ! Pourquoi donc serait-il plus injuste, plus douloureux ou plus criminel de sacrifier, au jeu bienfaisant de la science, pour garantir le soulagement ultérieur de l'humanité souffrante, quelques infirmes ou quelques valétudinaires dont les jours, quand même, étaient comptés ?

Qui jugerait, d'ailleurs, je le redemande ? Serait-ce un jury de profanes, c'est-à-dire de gens n'y entendant goutte ? Un jury de spécialistes, avec leurs passions, leurs préjugés, leurs jalousies, leurs rancunes, heureux peut-être (car l'homme est une sale bête) de jouer un méchant tour à un camarade et à un concurrent ? Un tribunal régulier de légistes ou une haute cour de politiciens, c'est-à-dire une machine à exterminer les mal pensants ?

De quelque façon qu'on se tourne pour sortir de cette impasse, on aura toujours... le séant derrière, et la justice ne saurait être sauve.

La responsabilité civile et pénale des médecins pourrait peut-être s'admettre, à la rigueur, dans les pays comme l'Amérique, où le diplôme n'existe pas, où l'on est médecin comme on serait épicier, et où l'on vend de la mort subite comme on vendrait de la chandelle, sans conditions, aux risques et périls de soi-même et d'autrui.

Mais dans un pays centralisé comme la France, l'Allemagne ou l'Italie, où l'Etat, qui a la haute main sur l'enseignement, ne livre ses docteurs à la consommation qu'après les avoir pétris, dressés, gavés, imbibés *selon la formule*, passés au laminoir des examens universitaires et marqués de son sceau sacro-saint, il semblerait plus logique qu'on s'en prît à lui, Etat, en cas d'erreur ou de tromperie sur la qualité de la marchandise.

N'est-ce pas sur la foi de l'estampille officielle, sur la

foi de la marque de fabrique, que le public accorde sa confiance, parfois un peu aveuglément, aux guérisseurs diplômés ? N'est-ce pas, dès lors, à la maison, au fournisseur, au barnum, que devrait incomber la responsabilité tout entière ?

Qui cautionne paie, que diable !

Autrement, et si le paradoxe semble trop fort, le mieux est encore de s'en rapporter à la sanction justicière de l'opinion publique. On désertera le cabinet du docteur maladroit comme on déserte le comptoir du mastroquet par trop chrétien. Voilà tout !

Il est, au surplus, une foule de questions, plus irritantes, plus délicates et plus complexes, pour lesquelles, en dépit des superstitions du formalisme et des traditions bébêtes du snobisme universel, cette solution si simple et si aisée est encore à la fois la plus légitime et la plus radicale.

Tel est au moins mon humble avis, n'engageant que moi-même.

LES MIRACLES DE LA CHIRURGIE

C'était par un beau soir de printemps. L'Exposition battait son plein. Sous la splendeur lunaire des lampes électriques ruisselant des voûtes en nappes irisées d'argent fluide, une foule joyeuse emplissait le Palais des Machines. Soudain, dominant le brouhaha, un cri déchirant s'élève ; un remous d'angoisse agite le flot vivant des promeneurs : on court, on s'empresse, on pleure... Un morceau de fonte, accidentellement détaché d'un cendrier, venait de tomber, d'une hauteur de trente mètres, au plus épais du troupeau, et de défoncer, à la façon d'un éclat d'obus, le crâne d'un malheureux petit garçon de dix ans, le jeune Schiff, que ses parents avaient eu, ce soir-là — peut-être parce qu'il avait été bien sage — la malencontreuse idée de mener voir les fontaines lumineuses.

On relève le pauvre gamin agonisant ; on le transporte rue de Chabrol, au domicile de sa famille, où quatre médecins, appelés d'urgence à son chevet, diagnostiquent d'un commun accord que tout soin est désormais inutile, et se bornent, pendant une partie de la nuit, à extraire de la plaie les fragments d'os brisés... Le fait

est que la blessure est horrible. Entre le pariétal et l'oc-
cipital, la boîte crânienne, broyée comme par un coup
de marteau, présente un trou béant de la grandeur
d'une pièce de cent sous ; les méninges sont déchirées,
et la substance cérébrale se répand en bouillie au
dehors.

Enfin, à trois heures du matin, survient le docteur
Terrillon, qui déclare que tout espoir n'est pas perdu.
Puis, il commence par enlever gros comme une noix
de la cervelle extravasée et par faire un premier pansement...

Au bout de deux jours, enfin, le petit blessé reprenait
connaissance. A ce moment, l'épanchement de la pulpe
cérébrale formait une hernie du volume du poing, au
sein de laquelle ne tarda guère à germer un abcès. Des
symptômes de paralysie et d'aphasie apparurent. Mais,
une fois l'abcès ouvert au moment psychologique, l'enfant éprouva un soulagement considérable. Puis, on vit
naître, à la surface de la hernie cérébrale, une série de
bourgeons cicatriciels, impuissants cependant à amener
la cicatrisation, en raison de l'absence d'un tissu épi-
dermique protecteur. C'est alors que la mère offrit son
bras, sur lequel M. Terrillon découpa successivement
un certain nombre de petites rondelles de peau vive
qu'il appliqua sur les bourgeons de la plaie.

Ce sacrifice héroïque n'a pas été inutile. La greffe
animale a réussi à merveille ; peu à peu, la cicatrisation
s'est accomplie, pendant que la hernie disparaissait,
partie par affaissement, partie par contraction des tissus, partie par résorption..... Sans doute, la suture os-

seuse ne se fera jamais, et l'enfant devra garder toute
sa vie, plaquée à demeure sur son crâne mutilé, une
petite calotte de cuir pour garantir sa pensée contre la
poussière et les vents coulis. Mais il est sauvé, guéri :
c'est à peine s'il lui reste de la catastrophe un peu de
paresse intellectuelle.

Ceci n'est pas seulement l'un des actes les plus admirables de dévouement maternel qu'ait jamais eu à enregistrer l'histoire. C'est aussi une manière de miracle,
et je ne sais rien qui puisse donner une plus haute idée
de la puissance et de l'ingéniosité de la science moderne.

Décidément, en cette fin de siècle, qui, pourtant,
aura eu des merveilles de toutes sortes à revendre, ce
sont peut-être encore les chirurgiens qui tiennent la
corde !

Le fait est que, grâce à l'anesthésie (par l'éther, le
protoxyde d'azote, le chloroforme, la cocaïne, le chlorure de méthyle, etc.), qui supprime la douleur ; grâce
aux procédés d'hémostase, qui limitent l'effusion du
sang ; grâce surtout aux méthodes aseptiques et antiseptiques, qui préviennent la gangrène et les autres
accidents infectieux, les virtuoses du bistouri vous
entreprennent — d'un cœur léger — des opérations à
faire frémir, et, neuf fois sur dix, les mènent sans en-
combre à bonne fin.

Que nous voilà loin du temps néfaste — datant de
vingt-cinq ans à peine — où Nélaton promettait une
statue d'or massif à qui ferait justice de la pourriture
d'hôpital, et où l'un des plus grands praticiens de

l'ancien régime, Velpeau, pouvait, sans redouter un démenti, formuler cet effroyable axiome :

— La moindre piqûre est une porte ouverte à la mort !

Aujourd'hui, on vous ampute bras et jambes, on vous burine les os, on vous fend la gorge, on vous évide le globe de l'œil, on vous sonde les reins, on vous scie la mâchoire, on tranche, on rogne, on écrase, on coud dans votre chair palpitante, sans que vous éprouviez d'autre sensation que celle d'une douce fraîcheur au passage de l'acier. Tous ces épouvantables supplices, qui feraient pâlir le plus endurci des fakirs, les patients n'en ont même pas conscience... La suppression de la douleur ! N'est-ce pas là une œuvre surnaturelle, quasi-divine ? Que ne peut-on pas attendre d'une science qui l'a su concevoir et parachever ?

Aussi, d'ores et déjà, ne connaît-on plus guère d'obstacles.

On vous lave l'estomac comme on lave une barrique. Pour un peu, on vous l'enlèverait, pour le remplacer par une poche en caoutchouc, sans que le malade — si « estomaqué » qu'il en pût être — s'en portât plus mal.

Je sais, en tout cas, un habitant de Beaune (Côte-d'Or), qui fut présenté, il y aura tantôt deux ans, à l'Académie de Médecine, et qui a subi l'opération, non moins paradoxale, de la gastrotomie. C'est-à-dire qu'on lui a pratiqué une boutonnière de supplément dans la paroi de l'estomac, et qu'on a remplacé son œsophage oblitéré par un sac et un tube de gutta-percha débouchant au dehors, au-dessus de l'épigastre. Et c'est par ce tube, auquel est adapté un entonnoir dans lequel on verse les aliments liquides ou semi-liquides, que le « sujet » se nourrit (1).

On fait mieux. On vous récure le foie avec un grattoir ; on vous casse des cailloux dans la vessie ; on vous réséque l'intestin sur une certaine longueur ; on

(1) A ce propos, il n'est peut-être pas sans intérêt de noter la lettre suivante que j'ai reçue de M. Duthu (c'est le nom du supplicié). Mes lecteurs verront que ce document confirme en tous points les renseignements, si fantastiques et si invraisemblables qu'ils puissent paraître, que je viens de rapporter :

Beaune, mars 1890.

Monsieur Emile Gautier, chroniqueur scientifique du FIGARO.

MONSIEUR,

Je viens seulement de lire un numéro du *Figaro*, à la date du 23 février, contenant un article de vous qui me concerne. J'aimerais mieux qu'un autre eût été à ma place !

Je n'ai jamais été nourri, comme vous le dites, avec un *entonnoir*, mais bien par une *seringue* en gutta-percha, dont la canule s'adaptait à l'extrémité du tube de l'appareil et conduisait la nourriture dans l'estomac.

L'opération a été faite avec une sûreté de main extraordinaire, grâce à l'habileté du chirurgien qui l'a pratiquée.

Ainsi l'œsophage s'est obturé le 30 décembre 1888, et jusqu'au 9 février 1889, il ne m'est pas entré dans l'estomac l'équivalent de *ce qu'il tiendrait d'eau au bout d'une fourchette.* Je n'ai ABSOLUMENT RIEN pris pendant ces quarante-deux jours.

C'est le 9 février, à neuf heures du matin, qu'a été pratiquée l'opération. De cette date au 29 juin, j'ai été nourri ainsi qu'il est dit plus haut ; mais, à partir du 28 juin, M. le docteur Terrillon s'est adjoint le docteur Debove, et après un examen sérieux, es messieurs ont essayé des sondes œsophagiennes, grosses comme une aiguille à tricoter ; le 2 juillet, la sonde a pénétré dans l'estomac, et le 6, enfin, après bien des péripéties, j'ai pu prendre une cuillerée de lait. Le 25, j'en buvais un litre, et, grâce à la persévérance de mes sauveurs, le 15 août, je mangeais un œuf à la coque.

vous disloque les osselets de l'oreille ; on va vous ficeler l'aorte jusqu'au fin fond des cavernes abdominales ; pour vous guérir d'un anévrisme, le docteur Moore, de Middlesex-Hospital, n'hésitera pas à vous introduire dans la veine une corde de piano de 23 mètres de long — ce qui est, on l'avouera, une étrange façon d'administrer le fer...

Quand j'ai quitté la maison des Frères de Saint-Jean de Dieu, rue Oudinot, le 15 septembre, je mangeais *absolument de tout* sans être le moins du monde incommodé. Aujourd'hui je bois et je mange, très sobrement, il est vrai, mais je n'ai jamais été ni grand mangeur ni grand buveur. Je m'occupe de mes affaires, et ce, depuis seize mois, absolument comme avant l'opération, bien que la bouche stomacale existe toujours, mais je n'en souffre pas.

J'ajouterai que pour les douleurs intercostales je prenais de la morphine jusqu'à dix seringuées par jour, morphine préparée au cinquantième, et qu'aujourd'hui je n'en prends plus.

J'ai, du reste, 55 ans, et pas un seul cheveu blanc.

En résumé, M. Terrillon m'a fait une opération qui a réussi au-dessus de toute espérance ; M. Debove a repris avec une persévérance et un courage au-dessus de tout éloge les sondes œsophagiennes qu'avaient essayées nos médecins de Beaune ; mais plus heureux ou plus adroit qu'eux, il est parvenu à me remettre absolument indemne. Je les en remercie tous sincèrement, et du fond du cœur, pour moi et les miens, car j'ai de la famille, et mes enfants ont été heureux de me conserver.

Si je me permets de vous écrire, monsieur, c'est uniquement pour qu'au cas où vous auriez à revenir sur nos célébrités chirurgicales, un jour ou l'autre, vous puissiez éclairer de pauvres diables, qu'une opération chirurgicale peut faire hésiter et qui souffrent en attendant leur dernière heure. Vous pouvez affirmer qu'avec des hommes tels que ceux dont j'ai cité les noms (à moins de complications qu'on ne peut prévoir, mais toujours possibles, il est vrai), ils peuvent sans crainte leur confier leur existence.

Moi, j'avais toute confiance en eux, et, je vous le certifie, ma confiance était bien placée.

Pardon, monsieur, si je suis importun ; mais je désire, dans la mesure du possible, être utile à mes semblables.

Agréez, etc.

DUTHU Auguste.

Il n'est pas pour ainsi dire un seul organe sur lequel la chirurgie moderne craigne de porter audacieusement la main, depuis le larynx jusqu'à l'utérus, depuis la rate et le poumon jusqu'à l'ovaire.

L'ovariotomie ! C'était pourtant autrefois le cauchemar de la Faculté, qui, Velpeau en tête, la proclamait « abominable », « scélérate », « assassine », et la proscrivait sans merci. Le fait est que, sept ou huit fois sur dix, elle était nécessairement, en ce temps, suivie de mort. Or, aujourd'hui, l'ovariotomie — devenue presque banale — donne 90 à 95 pour 100 de guérisons. C'est-à-dire que sur cent femmes « ovariotomisées », on en perd tout au plus une demi-douzaine, celles-là justement qui se sont décidées trop tard.

— « Si votre situation vous obligeait à voyager ou « à travailler pour vivre », disait, un jour, devant moi, à une personne qui me touche de très près, le docteur Lucas-Championnière, « je ne balancerais pas à vous « enlever ça. »

Ça, c'était un ovaire ! Parole d'honneur, le maître n'y eût pas mis plus de désinvolture, de confiance et de crânerie, s'il se fût agi simplement d'une dent de sagesse ou d'un œil-de-perdrix !

Voici que le cerveau, l'organe noble par excellence, qu'on pouvait croire inviolable et *tabou*, le siège et l'instrument de la vie dans ce qu'elle a de plus subtil et de plus sacré, voici que le cerveau lui-même, l'âme matérielle de l'être, se « charcute » impunément comme le reste ! A l'heure où nous sommes, un cerveau, cela se brosse, cela se « rugine », cela se nivelle, cela se sculpte et se pétrit sans plus de cérémonie. C'est à la cuiller que se ramassent les parcelles vagabondes de substance grise, auxquelles on refait ensuite un épiderme factice avec des rognures de cuir étranger.

Pas même besoin d'attendre qu'un projectile égaré soit accidentellement venu crever la capsule osseuse qui enveloppe, comme une coquille de noix, ce fruit si délicat et si tendre.

Sous le moindre prétexte, pour donner issue à un épanchement intercrânien, pour redresser les pièces osseuses mal calibrées, histoire même, simplement, de regarder dans la tête, comme un horloger dans une montre, pour voir ce qui s'y passe, on « trépane » un monsieur, c'est-à-dire qu'on ouvre, à l'aide d'un vilebrequin, un jour de souffrance dans le dôme vivant de sa « sorbonne » !

L'opération date de loin, sans doute, puisqu'on en retrouve des vestiges incontestables sur les crânes fossiles de la préhistoire. Après avoir été pratiquée empiriquement un peu partout, la trépanation survit encore, paraît-il, chez les Kabyles actuels de l'Algérie et du Maroc. Mais, il n'a fallu rien moins que la découverte des pansements aseptiques et antiseptiques, l'étourdissante perfection des instruments de chirurgie contemporains et l'habileté géniale de nos praticiens pour la rendre tout à fait bénigne et inoffensive, au point de pouvoir passer dans la pratique courante.

Brrr ! Rien que de songer à cette façon de découper à l'emporte-pièce des jetons de présence dans l'ivoire vif, j'en ai « la petite mort ».

Cependant, M. Lucas-Championnière (déjà nommé) en parle comme s'il s'agissait tout bonnement de « rafraîchir » les cheveux. Il y voit même l'aurore future d'une médication rationnelle de la folie :

— « Le jour approche », dit-il *expressis verbis*, « où « l'on *desserrera* le cerveau (*sic*), comme on desserre « un écrou. »

Ce jour-là n'approche plus : il est tout venu, et l'on a pu déjà guérir, à la faveur de la trépanation, des épileptiques, dont l'horrible infirmité était due à la présence de tumeurs fibreuses dans l'épaisseur de la masse encéphalique, au beau milieu des centres moteurs.

N'est-ce pas miraculeux?

Et ce qui n'est pas moins miraculeux, c'est la certitude incroyable et l'incroyable précision avec lesquelles, de chic et au jugé, le médecin peut lire ainsi, à travers la triple muraille de chair, d'os et de substance nerveuse qui recouvre le point malade, et dire d'avance, à un centimètre près, où doit s'enfoncer le couteau.

Cette admirable théorie, d'origine exclusivement française, des localisations cérébrales, vaut bien, à ce qu'il semble, les calculs légendaires de Leverrier donnant à date fixe, en un carrefour spécifié des routes célestes, rendez-vous à la planète Neptune, dont aucun télescope n'avait encore permis de soupçonner seulement la vagabonde existence.

..... Sans doute, ces méthodes sanglantes, si raffinées et si précieuses qu'elles soient, ne sont pas l'idéal ; sans doute, il y a quelque chose de barbare à traiter ainsi la viande humaine par le fer et par le feu, et à couper les gens en morceaux pour leur apprendre à vivre ; sans doute, il est peut-être encore trop de friands de la lame, grands ou petits prophètes de la boucherie, qui, par amour du lucre ou de la réclame, voire même par simple dilettantisme, entrent par trop témérairement dans la peau du bonhomme, dont ils hâtent ainsi la fin et qu'ils soumettent sans pitié à des mutilations inutiles... On trouvera mieux tôt ou tard, et, pour ma part, j'ai la conviction que la bonne fée Electricité nous réserve de ce chef plus d'une bienfaisante surprise.

C'est égal ! Il y a tout de même quelque chose de magique et de consolant à voir ainsi émonder un organisme humain comme un vigneron taille sa vigne...

Quelqu'un déjà l'a dit, l'on finira par extirper les cœurs en voie de dégénérescence adipeuse pour les envoyer chez le dégraisseur, si même l'on ne réussit pas, d'ici à la prochaine Exposition, à fabriquer, à l'usage des phtisiques, cardiopathes, gastralgiques, hépatiques, aliénés, etc., des viscères en *toc*, comme l'on fabrique déjà des membres mécaniques, des tympans artificiels, des yeux de cristal, des dents de porcelaine et des nez d'argent !

II

Si la valeur d'une découverte se mesurait exclusivement aux souffrances économisées, l'anesthésie chirurgicale serait, sans contredit, de toutes les merveilles

enfantées par ce siècle si fertile en surprises étourdis-
santes et précieuses, la plus précieuse et la plus étourdissante. La dolente humanité ne saurait, en vérité,
témoigner trop d'admiration et de reconnaissance aux
ingénieux et savants philanthropes qui l'ont amenée
peu à peu — cette merveille — des fondrières obscures
et mouvantes de l'empirisme au degré presque paradoxal de perfection où elle est enfin parvenue, et j'a-
voue, pour mon humble part, que s'il était permis de
choisir, à la tombola de la gloire, son lot d'immortalité, j'aimerais mieux avoir inventé le chloroforme que
gagné la bataille de Dorking ou conquis le Dahomey.

La suppression de la douleur ! On a dit que ce n'était
pas là une œuvre humaine, mais une œuvre divine, et,
nonobstant son outrance métaphorique, le mot n'est
pas trop fort. Il y a là-dedans, en effet, quelque chose
d'occulte, de miraculeux et de surnaturel qui semble
dépasser les limites du génie terrestre — une sorte
d'apanage qu'on pourrait croire réservé à la suprême
Toute-Puissance.

Ce fut le rêve de tous les âges. Il en est vaguement
question dans Homère, et il paraît certain que la Grèce
antique avait essayé d'utiliser dans ce but les propriétés narcotiques et stupéfiantes de la mandragore et
des plantes analogues. N'est-ce pas de cette époque
lointaine que date le mot d' « anesthésie » — *anaisthé-
sis* — qu'on trouve déjà dans Arétée de Cappadoce ?
Peut-être même, pour découvrir les origines premières
de ces tentatives aventureuses, faudrait-il s'enfoncer
plus avant encore dans la nuit des temps. Chez les

Assyriens, à tout le moins, on pratiquait la compression des troncs nerveux et la ligature des vaisseaux sanguins sur les jeunes gens qu'on s'apprêtait à circoncire, afin de leur enlever ainsi le sentiment et le mouvement... Au pied de la tour de Babel, comme à l'ombre de la tour Eiffel, on avait compris que l'anesthésie chirurgicale ne servait pas seulement à insensibiliser le patient et à lui épargner des tortures inutiles, mais qu'elle devait également servir à faciliter la besogne de l'opérateur, ainsi garanti contre les troublantes surprises des mouvements réflexes, des spasmes involontaires et des frémissements spontanés de la chair pantelante...

Il n'est pas jusqu'aux Chinois — nos précurseurs sur tant de terrains — qui n'aient, de temps immémorial, cherché à adoucir les horreurs de l'acupuncture à l'aide des vertus d'une herbe somnifère, une espèce de chanvre du nom de *ma yo*, que Stanislas Julien croit appartenir à la famille des urticacées (*Comptes-rendus de l'Académie des sciences*, t. XXVIII, pp. 195-198, 1849).

On connut même autrefois l'anesthésie locale. C'est ainsi que Pline et Dioscoride mentionnent une « pierre « de Memphis, qui, broyée et délayée dans du vinaigre, « rendait insensible la partie du corps sur laquelle elle « était appliquée ». Cette « pierre de Memphis » était sans doute un marbre calcaire qui, sous l'influence de réactifs, donnait naissance à un violent dégagement d'acide carbonique.

Mais, en dépit de ces recherches et de ces tâtonnements, qui jamais ne s'interrompirent, ce n'est guère qu'au dix-neuvième siècle que l'anesthésie chirurgicale proprement dite, dans toute la splendeur de ses bienfaits, a fini par devenir un art précis et par passer dans la pratique courante. Encore, même au dix-neuvième siècle, cela n'est pas allé tout seul, et l'un des maîtres de l'école française, Velpeau, pouvait encore écrire en 1839 les lignes suivantes, qui nous apparaissent aujourd'hui comme une hérésie, sinon même comme un blasphème :

— « Éviter la douleur dans les opérations est une chi-« mère qu'il ne doit plus être permis de poursuivre ! »

Il est vrai que, huit ans plus tard, de ses propres mains, Velpeau déchirait cet imprudent arrêt, et c'était lui-même qui, avec un courage, une largeur d'esprit et une loyauté malheureusement trop rares dans le monde académique, si réfractaire aux innovations hardies, donnait à l'anesthésie par les vapeurs d'éther, récemment découverte par le docteur américain Jackson, ses lettres de grande naturalisation.

Le progrès a marché depuis à pas de géant. Entre les substances capables de réduire le patient à l'état de loque inerte, où l'on peut tailler et trancher à loisir comme dans une nature morte — *perinde a c cadaver* — depuis le protoxyde d'azote jusqu'à la strophantine, depuis l'éther jusqu'au chloroforme, depuis la cocaïne et la morphine jusqu'au chlorure de méthyle, les *maëstri* du scalpel n'ont plus que l'embarras du choix. Aussi s'en donnent-ils à cœur-joie. Au moindre prétexte, pour un simple *bobo*, en avant le couteau et la scie ! On vous scalpe, on vous râcle, on vous émonde, on vous sculpte, *intus et extrà*, comme si l'organisme avait l'endurance d'un morceau de bois, dont il a l'insensibilité. Rien plus n'est sacré pour les sacrificateurs, avides de pénétrer, le fer au poing, au vif de leur « sujet ». Les organes internes eux-mêmes, sur lesquels personne n'eût autrefois songé à porter une main sacrilège, sont à présent matière de charcuterie...

Grâce aux anesthésiques, s'écrie triomphalement le docteur Paul Reclus, la chirurgie abdominale a pu être créée de toutes pièces. Désormais, il est possible d'inciser, de réséquer, de suturer l'estomac, l'intestin, le foie et la vésicule biliaire, la rate, les reins, le pancréas, d'extirper les ovaires et même l'utérus. N'a-t-on pas même touché aux poumons et au cerveau ? Le cœur seul a été respecté jusqu'ici ; encore commence-t-on à s'attaquer à son enveloppe !

Hic jacet lepus ! C'est là qu'est le danger ! Car l'anesthésie a, comme toutes les choses humaines, même les meilleures, ses périls, ses inconvénients, ses vices. Tout n'est qu'heur et malheur, et l'on est parfois tenté de se demander si ce que nous appelons progrès n'est pas seulement, comme le croit et le professe Tolstoï, une éternelle randonnée inconsciemment exécutée par l'aveugle gibier humain en dedans d'un cercle vicieux où le mal ne fait guère que changer de forme, de place et de nom.

Notez bien que je n'accuse point l'imperfection de l'anesthésie, qui, soumise comme le reste à la loi de l'éternel devenir, n'est pas près sans doute d'avoir dit son dernier mot. C'est à sa trop grande perfection, tout au contraire, que je voudrais m'en prendre. C'est parce que la suppression de la douleur a rendu les opérés trop confiants et les opérateurs trop téméraires, que les abus sont nés.

Ce serait peut-être le moment d'évoquer la vieille thèse philosophique, chère au docteur Pangloss, de l'utilité de la douleur, soi-disant mise par la prévoyante Nature aux portes de l'organisme, comme une incorruptible et vigilante sentinelle, avec la mission de signaler la présence de l'ennemi et de donner — téléphoniquement — l'alarme... Ohé ! les psychologues !... Mais la métaphysique n'est guère dans mes cordes.

Point, d'ailleurs, n'est besoin de la métaphysique ni de la logomachie des abstracteurs de quintessence pour comprendre que, s'ils n'avaient pas les anesthésiques pour tenter leurs victimes et leur servir d'excuse à eux-mêmes, MM. les chirurgiens auraient probablement moins de mépris de la vie humaine, et qu'ils y regarderaient sans doute à deux fois avant d'entreprendre certaines vivisections horribles, dans lesquelles il entre peut-être, hélas ! plus de dédain, de curiosité cruelle ou de vaine gloriole, sinon même de simple puffism e, de convoitise et de spéculation, que de loyauté scientifique et de désir sincère de sauver ou de soulager le supplicié.

Entendons-nous bien ! Loin de moi la pensée de prétendre proscrire l'usage des anesthésiques, dont les services inestimables ne sauraient être mis en discussion : de la part du repris de cocaïne que je suis, ce serait là, en vérité, la plus noire des ingratitudes. Toutes les fois qu'une opération est inévitable, toutes les fois qu'il ne reste plus d'autre moyen de salut que de trancher dans le vif, l'application des anesthésiques est de rigueur.

Mais ce qui m'afflige et m'exaspère, c'est que, sous le prétexte que le patient *endormi* ne va rien sentir, histoire de faire montre de dextérité ou d'empocher la forte somme, on procède sur sa piteuse carcasse à des mutilations barbares mais inutiles ; c'est qu'on fasse de l'art pour l'art ; c'est que le dépeçage scientifique devienne de plus en plus, entre les mains de tels et tels praticiens sans entrailles, un simple « truc » pour égorgiller le pauvre monde sans le faire crier, mais non point sans le faire payer.

Il est, — parole d'honneur ! — telles de ces opérations, dont les victimes ont quatre-vingt-dix chances sur cent de ne pas en réchapper, qui sont de véritables assassinats !

L'ÉLECTROTHÉRAPIE

I

Après avoir célébré les audaces et les triomphes des pères « Coupe-Toujours » de la chirurgie contemporaine, je m'étais, l'autre jour, permis d'insinuer que cette crânerie sanguinaire n'était peut-être pas l'idéal, et j'avais ajouté, en manière de conclusion ou de morale :

On trouvera mieux tôt ou tard, et j'ai la ferme conviction que la bonne fée Electricité nous réserve de ce chef plus d'une surprise.

Je ne m'attendais guère, je l'avoue, à ce que l'événement me donnât si tôt raison. Mais tout arrive, et l'encre où j'avais délayé mes espérances était à peine séchée. qu'une communication, d'un intérêt capital, faite par l'un de nos spécialistes les plus autorisés, M. le docteur Léon Danion, à l'Académie de Médecine, venait, en confirmant mes pronostics, montrer jusqu'où peut aller la puissance médicale de l'électricité.

Il paraît, en effet, que l'omnipotente magicienne des

âges nouveaux est désormais en mesure de venir à peu près infailliblement à bout des tumeurs fibreuses de l'utérus.

Comme nous voilà loin des temps fabuleux où certains médecins romains ou grecs, obéissant à je ne sais quel instinct divinatoire, baignaient leurs paralytiques en compagnie de torpilles vivantes !

Combien même nous voilà loin de cette effervescente fin du dix-huitième siècle, où des légions de savants travaillaient à l'envi à mettre la machine « statique » des laboratoires de physique, qui venait de naître, au service de l'art de guérir !

C'était alors l'époque des vastes illusions... On n'avait pas plutôt découvert l'action étrange de l'électricité sur les membres paralysés et les cadavres raidis, que les enthousiastes y voulaient voir le principe même de la vie, la panacée universelle, sinon même le secret de l'immortalité.

C'était aller tout de même un peu vite en besogne.

Cependant l'électricité statique servait déjà à soulager et même parfois à rétablir nombre d'infortunés malades, pour lesquels cette médication, un tantinet diabolique, était la ressource désespérée et l'*ultima ratio*. Parmi ceux qui contribuèrent le plus à en propager l'usage, il est bon de signaler en passant le fameux Marat, alors médecin des gardes du corps du comte d'Artois, qui, contrairement à la légende, ne fut pas seulement un démagogue à tous crins et un pamphlétaire au vitriol, mais aussi un savant distingué.

... Malheureusement, les foudres artificielles qu'employaient Marat et ses émules étaient encore si précaires et si délicates, que la plus légère humidité, le plus faible courant d'air, la moindre variation de température suffisaient pour faire avorter l'expérience.

Aussi, malgré l'intervention de Galvani (1786) et de Volta (1800), l'électrothérapie ne tarda guère à devenir la proie des charlatans, qui eurent tôt fait de la déconsidérer.

C'est là une sorte de fatalité, et l'on dirait qu'il est écrit que toutes les découvertes fécondes doivent ainsi nécessairement passer par le noviciat préparatoire de l'empirisme et de l'alchimie, et n'entrer dans la science pratique que par l'escalier de service.

L'électrothérapie n'a point échappé à la commune loi; mais comme elle avait la vie dure, le progrès n'y a rien perdu.

Une fois dotée, grâce à la découverte des courants induits par Faraday (1832), de nouveaux appareils plus puissants, plus maniables et plus fidèles, l'électricité médicale, secouant ses langes et ses oripeaux, prit brusquement un prodigieux essor, entre les mains de grands savants, tels que Marshall Hall, Froriep, Remak, etc., et, surtout, entre les mains du plus grand de tous,

uchenne (de Boulogne), auquel on peut s'étonner qu'on n'ait pas encore, en ces temps de fétichisme et de statuomanie, élevé la statue si bien due à sa mémoire.

C'est vraiment, en effet, une admirable figure que celle de ce modeste praticien, qui, sans service d'hôpital, sans chaire de Faculté, sans clinique officielle, dédaigné, excommunié presque par les mandarins, sut pourtant s'imposer à la science orthodoxe, et dont on peut dire qu'il fut le véritable fondateur de l'électrothérapie et de la neuropathologie modernes.

Son influence, qui date de 1850, lui survit toujours.

Cependant, les chercheurs actuels tendent à en élargir le cadre vieilli. Rockwell en Amérique, Althaus en Angleterre, Brenner en Russie, Erb et Bernhardt en Allemagne, Ladame en Suisse, Ziemssen et Benedickt en Autriche, Vizzioli et Semnola en Italie, Onimus à Nice, Tripier, Boudet, Léon Danion à Paris, — j'en passe et non des moindres — s'acharnent avec une ardeur incroyable à creuser le sillon tracé par l'illustre précurseur. Tant et si bien que le champ de l'électricité médicale, attaqué sur tous les points à la fois par tant de laborieux défricheurs, semble avoir, depuis dix années seulement, décuplé d'étendue et... de fertilité.

Il est juste de dire que les médecins ont été singulièrement aidés dans leur tâche par les travaux de toute une pléiade de physiologistes, parmi lesquels M. d'Arsonval occupe sans contredit le premier rang, et par l'infatigable concours des techniciens...

C'est ainsi qu'ils peuvent aujourd'hui disposer d'instruments perfectionnés, subtils et sûrs, permettant de doser le fluide électrique comme un simple médicament. C'est ainsi qu'ils sont garantis contre les fâcheuses surprises de l'ancien outillage, avec lequel on procédait toujours un peu à l'aveuglette et au petit bonheur...

C'est toute une révolution !

Aussi, sans parler de l'électro-diagnostic, sans parler du transport électrique à travers le corps humain des substances médicamenteuses — ce qui est quelque chose comme de la galvanoplastie sur tissus vivants — le domaine de l'électrothérapie comprend aujourd'hui presque toutes les névroses, les paralysies, contractures et convulsions, l'épilepsie (peut-être), les névralgies en tous genres, l'épuisement nerveux, la dilatation de l'estomac, l'obstruction intestinale, l'incontinence d'urine, voire même... l'impuissance génésique. Sauf le respect dû à M. Brown-Séquard, l'un des meilleurs conseils à donner aux hommes affaiblis, ce serait encore de les envoyer chez l'électriseur.

Quant aux rhumatismes, ils ont enfin trouvé à qui parler.

Il y avait bel âge qu'on s'en doutait. En Amérique, notamment, c'était une croyance courante que les ouvriers employés dans les usines d'éclairage électrique ne souffrent jamais ni du rhumatisme, ni de la névralgie, ni de la goutte. A ce compte-là, la généralisation de l'électricité, dont d'aucuns redoutent pour la santé publique et l'équilibre cérébral des peuples et des individus l'action par trop excitante, aurait, par contre, cet inappréciable avantage de débarrasser le pauvre monde d'un tas de diathèses désastreuses. L'heure approche peut-être où l'on enverra les arthritiques et les névrosés faire une saison dans les manufactures de lumière ou de force, pour s'y imprégner d'effluves réconfortants, comme on envoie aujourd'hui les anémiques boire du sang frais dans les abattoirs et les pulmoniques ou les tuberculeux, respirer l'atmosphère suroxygénée des montagnes ou des plages...

Il y a mieux, et, en dépit des restrictions — intéressées peut-être — et des sourires railleurs dont certains médecins soulignent leurs réponses ambiguës quand on les interroge à ce sujet, l'électrothérapie tient d'ores et déjà sous sa coupe la plupart des affections chroniques, ainsi que, dans un autre ordre d'idées, les rétrécissements et les goîtres, les tumeurs fibreuses enfin, en attendant que les expériences entreprises avec elle sur — ou plutôt contre — le cancer, à l'hôpital de Chelsea, par le docteur anglais Parsons, aient dit leur dernier mot.

..... Ceci me ramène, par une transition toute naturelle, à la communication qui m'a servi de thème initial.

Voici donc qu'il est établi que, grâce à l'électricité, les femmes vont pouvoir être soulagées des nombreuses misères qui les guettent, sournoisement tapies dans les profondeurs de cet organe fantasque par lequel elles sont épouses et mères, et qui est comme le grand ressort d e « 'éternel féminin ».

Parmi ces affections protéiformes, contre lesquelles la médecine et la chirurgie elle-même sont trop souvent désarmées, il en est une particulièrement étrange : c'est cette affection qui se caractérise par le développement d'une ou plusieurs tumeurs, accolées comme des sangsues aux parois intérieures de l'utérus, qu'on a baptisées « fibrômes », et qui prennent parfois un développement assez considérable pour faire à vue de nez suspecter une grossesse.

Il n'est que trop facile de se rendre compte des désordres que doit provoquer la présence de ces hôtes incommodes, qui « mangent » littéralement toutes vives un grand nombre de femmes (20 pour 100 d'après Bayle, 33 pour 100 d'après Broca, 40 pour 100 d'après Klob), les épuisent et les torturent au point de leur rendre l'existence insupportable.

Eh bien ! l'électricité a le don de mettre un terme à ce supplice et à cette autophagie, de rétablir l'harmonie des fonctions et des organes, de réduire enfin, de « faire fondre » ces affreuses tumeurs dans des proportions invraisemblables !

Sans doute, avec les anciens procédés, basés sur la méthode galvano-caustique et les hautes intensités, le traitement électrique, en outre qu'il était extrêmement douloureux, n'allait point sans de graves inconvénients, tels que des hémorrhagies, des escharres, des inflammations malignes, etc., bref, une foule d'accidents, parfois mortels. Mais, désormais, aucune de ces redoutables complications n'est à craindre, et le docteur Léon Danion a pu procéder à plus de *six cents* applications sans l'ombre seulement d'un malheur !

Contre les fibromes, on avait toujours, il est vrai, la ressource suprême du bistouri. Mais, il faut bien le dire, en dehors de certains « artistes » d'une habileté géniale, comme Lawson-Tait en Angleterre, et, chez nous, Lucas-Championnière — lequel a pu pratiquer un nombre inouï de laparotomies *sans un seul insuccès opératoire* — les dangers sont toujours tels qu'il est évidemment préférable. ne fût-ce que pour décharger la conscience du chirurgien, de traiter *tout d'abord* les fibromes par l'électricité, devenue *inoffensive*, même dans les cas (qui sont l'exception) où la vivisection est aisément praticable. C'est plus sage, et — entre nous — c'est aussi plus humain, car, en somme, toute opération, eût-elle été merveilleusement « enlevée », laisse toujours derrière elle des mutilations lamentables.

Tel est l'avis formel de l'un des plus illustres praticiens d'outre-Manche, le docteur Keith — un maître cependant, et dont les triomphes ne se comptent plus — qui, dans son enthousiasme, voudrait que, dorénavant, « par devoir d'humanité » (sic), il fût systématiquement sursis à toute opération sanglante.

Tel doit être également l'avis intime d'un autre maître, un Français celui-là, M. Lucas-Championnière, qui a tenu à couvrir de son haut patronage la méthode du docteur Léon Danion, méthode dont l'épreuve, au surplus, a été victorieusement faite, au moins vingt fois, dans son propre service, sous sa direction et son contrôle, à l'hôpital Saint-Louis.

... Voilà, en vérité, une « splendeur » inattendue qui est pour nous consoler quelque peu des « misères » de la médecine.

II

Depuis les temps les plus reculés, peut-être même quelques siècles auparavant, la question de l'épilation a passionné un certain nombre de personnes, surtout du côté du sexe auquel nous devons Thérésa.

C'est une vraie hantise, une obsession, dont la raison est facile à deviner, car plus d'un drame d'amour a dû se cacher à l'ombre orageuse de quelques poils mal placés.

Les « belles et honnestes » dames qu'un méchant destin a maladroitement gratifiées d'un supplément pileux intempestif et importun ne sont pas, au surplus, seules en cause. Il est des pays entiers où le *chic* suprême consiste à raser ou à arracher impitoyablement, sans épargner un seul brin d'ébène ou d'or fauve, les toisons les plus secrètes. « Comme un œuf », telle est là-bas la devise des « genreuses... » et même des autres. C'est la tradition ; c'est la mode ; partant, c'est la loi... Le contraire passerait aux yeux de *tous* pour malpropre, impudique, *improper* et *shocking*.

Ce n'est, en fin de compte, ni plus ni moins ridicule que de s'estropier les pieds comme les Chinoises, ou que de se percer les oreilles et de s'enfermer le torse, comme les Françaises, dans un instrument de torture nommé corset, qui leur fait le foie comme une gourde. À brebis tondue, d'ailleurs, Dieu mesure le vent !

Mais point n'est besoin d'insister longtemps pour faire comprendre combien précieux serait un procédé permettant d'opérer d'un seul coup et pour toujours, sans douleur et sans dommage, cette variété du déboisement des montagnes, et d'épargner, en conséquence, aux patientes, la corvée de soins fastidieux sans cesse à renouveler. Aussi nombre d'empiriques, voire même de grands savants, s'y sont-ils escrimés, mais en pure perte. Quelques-uns ont bien réussi à détruire momentanément les poils. Mais cette végétation animale a la vie terriblement dure. Le « bulbe » — ou racine — du poil est solidement enchâssé dans une gaine — ou « follicule » — très difficile à atteindre au sein de l'abri profond où l'a logé la nature.

Il s'ensuit que, pour le frapper de mort, il faut avoir recours à des substances qui ne sont efficaces qu'à la condition d'être corrosives et toxiques, c'est-à-dire dangereuses et d'un emploi délicat. C'est ainsi, par exemple, que le célèbre *rusma* des Turcs et des Persans se compose d'un mélange de chaux vive et d'orpiment (sulfure d'arsenic) délayé dans de l'eau de savon.

Les autres pommades, pâtes ou solutions épilatoires, ont une composition analogue. Toutes ont leurs inconvénients et leurs périls. Et, par-dessus le marché, toutes sont infidèles et traîtresses ; toutes ont le défaut capital de ne donner que des résultats temporaires.

Aussi, les personnes que la mode, la coquetterie ou d'autres obligations non moins impérieuses mettent dans la nécessité de sarcler telles ou telles parties mal à propos duvetées de leur individu, renoncent-elles, pour la plupart, à l'usage de ces caustiques, pour revenir à l'arrachement classique, mais barbare, à l'aide de pinces ou à l'aide des doigts, c'est-à-dire au procédé chirurgical. Malheureusement, l'arrachement ne donne encore que des résultats partiels, jamais définitifs. Il amoindrit bien la vitalité du « follicule », mais il ne le détruit pas.

Puis, c'est un supplice oriental ! Passe encore quand il s'agit d'extirper trois ou quatre poils follets, égarés çà et là ; mais quand il retourne d'une forêt entière à déraciner, tige par tige... Brrr ! Rien que d'y penser, j'en ai — c'est le cas de le dire — la chair de poule. Et pour recommencer au bout de quelques semaines et ainsi de suite *usque ad vitam æternam !* Grand merci ! Je sais bien qu'on peut, dans une certaine mesure, insensibiliser le lambeau de cuir à dénuder au moyen de vaporisations d'éther ; je sais également que la beauté se paye, et même très cher. C'est égal ! Ce cruel jeu ne me paraît pas valoir la chandelle.

J'ai le plaisir, au surplus, d'annoncer aux hommes-chiens et aux femmes à barbe, que le problème est enfin quasiment résolu, la difficulté à peu près vaincue. C'est encore une fois à la fée Electricité qu'en revient l'honneur. Quel est donc le miracle contemporain auquel l'omnipotente magicienne ne soit peu ou prou mêlée ?

Il y avait quelque temps déjà que j'avais eu vent de la chose. Il m'était vaguement revenu aux oreilles que quelque part, en Amérique, à moins que ce ne fût ailleurs, on en usait couramment. Mais rien de sûr, rien de précis, rien de scientifique. En tout cas, le mécanisme et le processus de l'opération m'échappaient totalement.

Aussi, je me taisais. Or, voici que, naguère, les vicissitudes de la vie m'ont remis en relations avec mon compatriote et vieil ami, le docteur Léon Danion, lequel est passé maître en matière d'électricité médicale.

Donc, j'ai profité de l'occasion pour interroger cet éminent spécialiste, qui a bien voulu me fournir quelques détails du plus haut intérêt. Voici l'histoire :

Le principe de l'épilation électrique repose sur la propriété que possède le courant galvanique de décomposer les liquides, et de produire, aux points mis en contact avec un métal, soit des acides, soit des bases — suivant le pôle. C'est, en d'autres termes, au moyen d'une cautérisation électro-chimique bien localisée, qu'on détruit à la fois le « bulbe » du poil et le « follicule » qui lui donne la vie, de telle sorte que, la racine étant désorganisée, il suffit d'une légère traction pour arracher la plante, qui ne repousse plus.

La destruction de ce « follicule » est des plus rapides : cet organe quasi-microscopique, en effet, dont la résistance aux agents externes et la vitalité tiennent uniquement à ce qu'il est profondément enfoui dans les chairs et très bien protégé, est d'une structure extrêmement délicate.

Quant à la manière d'opérer, c'est tout ce qu'il y a de plus simple. Vous saisissez le poil avec une pince appropriée ; puis, à l'aide d'une aiguille très fine, montée sur un manche léger portant un interrupteur de courant, vous pénétrez jusqu'au « bulbe » du poil, dont vous avez soin de suivre la direction. Fermez ensuite le courant, après en avoir préalablement réglé la force, en appuyant sur l'interrupteur, et laissez-le fermé jusqu'à ce que la moindre traction suffise à détacher le poil. Maintenez encore l'aiguille pendant trois ou quatre secondes en place, et passez à un autre poil.

Ce qui rend l'opération assez scabreuse, c'est que la force du courant doit être suffisante pour détruire le « follicule » sans pourtant dépasser certaines limites ; sinon, il resterait au point d'implantation des poils une petite cicatrice blanche modifiant assez la teinte de la

peau pour nuire considérablement au résultat final.
Pour être, en un mot, simple en soi, l'opération n'en
exige pas moins, pas mal de science et beaucoup de
dextérité. Le choix du pôle, également, ne laisse pas
d'avoir son importance. Aussi n'est-il pas surprenant
que plusieurs praticiens y aient fait fiasco. Mais quand
on s'y prend bien, la destruction du poil est radicale.

L'épilation électrique, — il faut bien le dire, — ne se
fait pas absolument sans douleur. Mais l'accoutumance
vient vite, et dès la seconde ou la troisième séance, les
femmes les plus sensibles la supportent bravement. Les
anesthésiques, au surplus, généraux ou locaux, ne sont
pas faits pour les chiens. Ajoutons que la surface à épiler
et l'habileté de l'opérateur sont, naturellement, fonction
du nombre et de la durée des séances.

Et voilà comment l'électricité, dont les applications à
la médecine prennent de jour en jour un plus merveilleux essor, a sa place marquée dans l'esthétique humaine !

Ne sait-on pas que les électrothérapeutes se sont atta-
qués déjà, non sans succès, aux verrues, cors et duril-
lons, aux angiômes ou tumeurs sanguines, et aux *nævi
materni*, vulgairement baptisés « envies » ou « taches de
vin » ? Ne sait-on pas qu'ils sont parvenus à niveler la
peau, et, sans l'altérer, à lui rendre son aspect à peu
près normal ? Mais, ici, l'électricité n'agit plus comme
dans le cas de l'extraction des poils. Elle obture tous les
vaisseaux qui parcourent la peau comme d'innombrables
canaux entre-croisés ; elle dessèche et draine en quel-

que sorte la tache, en ne laissant à la place qu'une surface cutanée correcte.

Décidément, grâce à la science, toute une chacune pourra bientôt se faire sa propre beauté et corriger la fortune. Aide-toi, Vénus t'aidera !

C'est égal ! J'imagine que Mme Galvani ne se doutait guère de tout ce qu'il y avait, en puissance, entre les cuisses de sa grenouille légendaire !

III

Pour soulager, sinon pour guérir le mal de dents, qui est bien l'une des plus horribles tortures auxquelles puisse être exposé le fils de l'homme, — *expertissimo credite Roberto !* — on connaissait déjà, depuis bel âge, un tas de procédés plus ou moins efficaces, depuis la cocaïne jusqu'aux tenailles, en passant par l'acide phénique, qui tue les microbes de la carie, et par l'aurification qui les scelle, préalablement embaumés, sous un imperméable linceul de métal, au fond des alvéoles éburnées. Mais aucun dentiste, que je sache, n'avait encore songé à fourrer tout simplement dans la bouche de ses clients, en guise de poire d'angoisse, une lampe électrique à incandescence.

Le docteur von Stein (de Moscou) y a songé, lui, et il n'a pas été peu interloqué de voir la douleur disparaître comme par enchantement.

Il est bon d'ajouter que le hasard seul a mis le docteur von Stein sur cette piste singulière.

C'est toute une histoire !

Un docteur Vohsen (de Francfort) avait imaginé, en vue de faciliter le diagnostic et l'examen de certaines lésions, une petite lanterne électrique extrêmement originale. Cette lanterne, qui se compose essentiellement d'un minuscule globe à incandescence, est construite de façon à ce que, introduite dans la cavité buccale et serrée entre les dents, elle éclaire tout l'intérieur de la tête. L'effet obtenu est tout à fait ébouriffant. On voit apparaître, en flamboyants reliefs, à travers la peau, tous les os du crâne ; les pupilles deviennent rouges comme braises, tandis que le palais, les lèvres et les fosses nasales prennent une transparence fantastique. Pour un peu, l'on distinguerait les araignées grouillant au plafond...

Or, ayant expérimenté, dans un but purement diagnostique, ce nouveau mode d'illumination cervicale sur une dame qui se plaignait, à la suite d'un catarrhe naso-pharyngien, de dysphagie, de constriction de la gorge et de vives douleurs dans les os de la face et dans toute la région sterno-mastoïdienne, le docteur von Stein eut une surprise. Il n'y avait pas une minute que la malade tétait ainsi ce biberon lumineux, que, tout à coup, elle déclarait que la douleur avait presque disparu. Et c'était si vrai qu'elle put immédiatement avaler un verre d'eau sans grimace.

Il était plus que probable que cette analgésie miraculeuse et subite était due à l'occulte vertu de la lumière électrique. Le docteur von Stein n'en douta pas un seul instant ; mais, pour en avoir le cœur net, il poussa l'épreuve jusqu'au bout et soumit successivement toutes les parties douloureuses (pharynx, os de la face, muscles du cou, etc.) à l'action de la lumière électrique. Toujours il obtint le même résultat, si bien qu'au bout de quelques séances sa cliente était définitivement débarrassée.

Depuis lors, le médecin russe ne laisse plus passer une seule occasion d'utiliser l'influence anesthésique de la lumière électrique chez ses différents malades, et il réussit couramment à guérir, ou tout au moins à améliorer ainsi les sciatiques, les névralgies, les lombagos, les douleurs rhumatismales ou goutteuses, les migraines, etc. Chez un patient atteint de laryngite tuberculeuse, il a même pu calmer une toux si violente et si tenace que la morphine elle-même n'en avait pas eu raison.... En ce qui concerne les maux de dents, le docteur von Stein ne veut plus d'autre panacée. Il préfère même la poire d'angoisse à l'huile d'acier..... N'arrachez plus, illuminez !

Quand il ne s'agit pas d'opérer à l'intérieur d'une cavité difficilement accessible — au cas d'une sciatique, par exemple, ou d'un lombago — le docteur von Stein se contente de placer sa lanterne électrique (dont la puissance ne doit pas dépasser 3 ou 4 volts pour que la chaleur irradiée ne soit pas trop forte) au fond d'un réflecteur en forme d'entonnoir qu'il applique et promène sur la partie douloureuse.

La lumière pénètre ainsi pro ondément dans la peau, qui, tout autour de l'entonnoir, prend une teinte rougeâtre. La durée des séances est, en moyenne, de dix à quinze secondes pour la tête, et de une à cinq minutes pour les autres régions du corps : on les prolonge, au surplus, jusqu'à ce que le malade accuse une sensation de brûlure.

Dans ces conditions, la cessation de la douleur est parfois instantanée.

Comment expliquer ce bizarre phénomène ? Ma foi ! pour parler franc, je n'en sais rien, et j'ai comme une vague idée que les plus malins d'entre les spécialistes doivent loger à la même enseigne. Aussi, je ne juge pas; je constate.

Tout ce que je puis dire, c'est qu'il ne saurait être question, dans l'espèce, de la suggestion, qui peut cependant, elle aussi, dans certaines circonstances, déterminer l'insensibilité. Il est évident que la première malade sur laquelle le docteur von Stein a fait de l'anesthésie, comme M. Jourdain faisait de la prose, sans s'en douter, n'a pu être suggestionnée d'avance par l'attente d'un fait dont elle ne pouvait, non plus que son médecin, avoir la moindre idée. D'autre part, M. von Stein avait déjà remarqué, à la suite d'explorations électriques intrabuccales pratiquées sur sa propre personne et sur la personne de sa femme, que la lumière électrique provoquait un certain malaise, accompagné de courbature, de lourdeur de tête, d'un irrésistible besoin de dormir, et — chose plus étrange encore ! — de mouvements spasmodiques des membres nférieurs. Pas l'ombre d'auto-suggestion là-dedans, puisque ni M. von Stein ni sa femme n'avaient prévu,

et encore moins recherché, ce résultat — dont ils ne
revenaient pas.

Ce que je puis dire encore, c'est que la lumière et
l'électricité jouent un rôle considérable, aussi considérable peut-être que la chaleur, dans notre existence.
Personne n'ignore que la lumière est indispensable au
fonctionnement normal des cellules vivantes, aussi bien
des cellules animales que des cellules végétales, con-
damnées sans elle à l'étiolement. Les êtres organisés
ne peuvent pas se passer davantage de l'électricité
dont l'influx nerveux — pour ne pas dire la force
vitale elle-même — n'est peut-être qu'une manifesta-
tion subtile et mystérieuse.

Il semble même que ces deux formes de l'universelle
énergie agissent d'une façon identique, et le docteur
Baraduc, qui a si consciencieusement étudié ces délicates
questions, me certifiait un jour que les effets « dynami-
sateurs » d'un bon bain électrique, mesurés au magnétomètre, sont absolument semblables aux effets d'une
promenade au soleil... ou d'un plantureux repas. Ce
ne sont là, au fond, que des façons diverses, mais équi-
valentes, de remettre du charbon dans la machine.

Rien d'étonnant dès lors — en dépit de la difficulté
qu'on éprouve à suivre, chaînon par chaînon, la filiation
des phénomènes — rien d'étonnant à ce que la totalisation de la lumière et de l'électricité à haute dose exerce
sur] l'organisme une action puissante, qui peut devenir
perturbatrice. Il doit en être de la lumière et de l'électricité comme de la chaleur : pas trop n'en faut ! Lorsque la moyenne [normale est dépassée, l'équilibre est

rompu, et les facultés impressionnées, au lieu de s'exal-
ter, peuvent s'éteindre. Mais quand il y a de la douleur
à la clef (à la clef de Garengeot), et que c'est précisément
sur la sensibilité qu'on veut agir — comme pour la
migraine et la rage de molaires — ce résultat, sub-
versif « en soi », peut être quand même désirable.

Il y a longtemps, au surplus, qu'on a remarqué que
l'action prolongée de la lumière électrique engendre une
sorte d'insolation *sui generis*, se traduisant chez l'homme
par la desquamation de la peau, qui se boursoufle, s'en-
flamme et prend une teinte cuivreuse particulière. C'est
donc que la lumière électrique exerce une action moléculaire qui lui est propre — peut-être une action chimique — sur les tissus et sur les nerfs.

On prétend, au surplus, qu'il est impossible de trouver un seul rhumatisant parmi les ouvriers qui travaillent, sous l'œil phosphorescent de la fée des temps
nouveaux, dans les usines d'électricité.

... En vérité, je vous le dis, ce ne sont pas seulement les
habitudes du commerce et de l'industrie, les conditions
du travail et de la guerre, les traditions de la science
et des mœurs publiques, que la généralisation de l'électricité sous ses innombrables formes promet de métamorphoser : c'est notre vie elle-même, c'est la santé
générale, et jusqu'au type essentiel de l'espèce.

Quels drôles de corps tout de même, pour peu que
cela continue, vont faire nos arrière-petits-fils !

SOUS L'ŒIL DE TANIT

La grève des ouvriers des chemins de fer, qui a failli bouleverser le bel ordre et la sécurité de la vie circulatoire du pays, a tenu tout entière — du 15 au 21 juillet — entre le premier quartier et la pleine lune.

La grève des employés d'omnibus (23. 27 mai) avait pareillement éclaté à une date symétrique, vers le 17ᵉ jour de la lune.

Y a-t-il dans ce double fait plus qu'une simple coïncidence, plus qu'un coup de hasard accidentel ?

Peut-être... Si chimérique que cela puisse paraître, telle est au moins l'opinion que, l'autre jour, à mon grand effarement, professait devant moi, en termes explicites et à grand renfort d'arguments captieux, un des gros bonnets de l'une des compagnies les plus menacees... Et ce qui m'effare bien davantage, c'est que je viens de retrouver à peu près la même thèse, avec des allures scientifiques et documentaires singulièrement troublantes, sous la plume autorisée de M. le docteur Gouzer, dans le dernier numéro des *Archives de l'Anthropologie criminelle* (XXXIV, pp. 349-370).

Serait-il donc vrai que la lune, qui fait aboyer les

chiens, réveillerait aussi la bête endormie au fond de notre cœur ? que les astres errants à travers l'azur infini exerceraient une action occulte sur les destinées des hommes ? que l'océan social aurait, ni plus ni moins que le ventre tumultueux de Neptune, ses syzygies, son flux et son reflux ? que Tanit, enfin, la blafarde et sournoise déesse, mènerait effectivement le monde, et nous affolerait tous à la ronde, pauvre Mâthos et Salammbos que nous sommes ?

La question, en tous cas, vaut bien d'être posée.

L'homme a beau se croire le roi de la création, il n'en subit pas moins, comme les autres animaux, dans ses muscles et dans ses os, dans ses moelles et dans ses nerfs, dans son sexe et dans sa pulpe cérébrale, dans son penser et son vouloir comme dans son mécanisme végétatif, la pression modificatrice du milieu. Fils légitime, indésavouable, de la terre où il est né et dont fut pétrie sa chair, ce sont les influences ambiantes — cosmiques, géologiques, climatériques, etc., — qu'il n'a point créées et contre lesquelles il n'est souventes fois ni en état ni en mesure de réagir victorieusement, qui le dominent... Sans doute le progrès, pour lui, consiste à apprendre à s'affranchir de plus en plus de la tyrannie de ces fatalités et à tirer de plus en plus ses ressorts de son for intérieur. Mais, en attendant, cette *ananké* polymorphe l'enveloppe, le sculpte et le gouverne.

Suivant la nature et la configuration du sol, l'aspect des horizons, la forme et la couleur des paysages, la physionomie du ciel, l'altitude, le climat, l'hygrométrie, les vicissitudes de l'atmosphère, la distribution des eaux, etc., la faune, y compris la faune supérieure, varie tout comme la flore, et les hommes diffèrent d'humeur, de caractère, d'instincts, d'appétits, de besoins, de sensations et de mentalité, de même qu'ils diffèrent de constitution et de tempérament. Il n'est pas jusqu'à l'éclairage qui ne doive être considéré comme un élément important du complexe problème, et il est évident que des gens condamnés à vivre à huis clos dans les ténèbres, à la façon des troglodytes de la préhistoire ou des pygmées de *the darkest Afrika,* ne sauraient avoir ni la même « psychie » ni la même moralité que les buveurs de soleil habitués de vivre en plein air et au grand jour...

Ce sont toutes ces influences qui, lentement, ont façonné les races et qui leur ont donné à chacune, avec leur génie propre et leurs mœurs caractéristiques, les institutions et les lois qui en sont l'expression. Elles façonnent également les individus, dans leur corps et dans leur âme, parfois jusqu'au point de détraquer la machine et de transformer ses activités normales en un cas pathologique.

De tout temps, par exemple, depuis Hippocrate et Aristote, on s'est préoccupé des rapports probables des variations de la température et des saisons avec le mouvement des suicides, des commotions politiques et de la criminalité.

C'est à ce point que le savant docteur Lacassagne a pu établir, avec un semblant de rigueur, un calendrier de la malfaisance, d'où il est permis de conclure que les crimes contre les personnes tendent à augmenter pendant l'été — dont les ardeurs, en échauffant le sang, attiseraient ainsi, en quelque sorte, la fermentation passionnelle — tandis que les crimes contre les propriétés tendent à prédominer pendant l'hiver.

Assurément, cette oscillation de la criminalité n'est pas toujours en relation logique avec les modalités thermiques et saisonnières, lesquelles masquent fréquemment d'autres influences, d'ordre social, celles-là, indirectes peut-être, mais plus immédiates. N'est-ce pas ainsi que l'hiver, par exemple, rend la faim plus âpre, la misère plus intolérable, la consommation de l'alcool plus effrénée, et que, par conséquent, les sollicitations aux attentats contre les propriétés — favorisés encore par la longueur des nuits — sont attribuables plutôt à ces conditions dérivées du froid qu'au froid lui-même ?

Mais il n'en reste pas moins un faisceau de faits assez démonstratifs pour qu'on doive tenir grand compte de l'opinion de ceux qui voie une connexion indéniable entre les impulsivités subversives et la courbe de la température.

Ce qui est vrai de la chaleur, doit être également vrai, *à fortiori*, de l'électricité.

Toute impression qui restreint aux dépens de « l'inconscient » le champ de la réflexion, en augmentant l'excitabilité médullaire ou cérébrale, ne saurait manquer de retentir sur les faits et gestes du sujet.

Or, parmi les énergies naturelles, il n'en est peut-être pas une seule qui agisse aussi fortement que la mystérieuse électricité sur la substance nerveuse. Personne n'ignore que la tension électrique rend les hommes plus entreprenants et les femmes moins cruelles. Perçonne n'ignore que l'approche d'un orage énerve les plus glacés. Ce n'est pas sans raison — allez ! — que les Espagnols de Cadix et de Malaga appellent *viento de cuchilladas* (« le vent des coups de couteau ») les rafales sèches, corrosives et brûlantes qui leur arrivent du sud-est, après s'être chargées d'électricité au frottement des sables embrasés du Sahara.

Qui oserait affirmer, d'ailleurs, que l'influx nerveux, ce subtil véhicule de nos pensées et de nos volitions, est autre chose qu'une forme indéterminée de l'électricité ? Qui oserait affirmer que l'électricité n'est pas le réservoir de la vie universelle, et que la force vitale n'est pas tout bonnement de l'électricité animalisée ?

Toute variation du « potentiel » électrique épandu devra donc se traduire par une dépression ou par une exacerbation des cellules nerveuses, et, par contre-coup, déséquilibrer plus ou moins les cervelles instables.

..... Aussitôt apparaît — omniprésent, fatidique, inéluctable — le rôle de Tanit dans l'histoire humaine !

Possible que les phénomènes de l'électricité animale, et même de l'électricité atmosphérique, soient encore trop obscurs et trop mal connus pour qu'il soit permis d'en dégager à ce propos autre chose que de pures et simples hypothèses, plus ou moins spécieuses et plausibles.

Mais il n'en est pas de même du magnétisme terrestre et des courants dits « telluriques » — ⚡ sont un autre avatar de la protéiforme fée Électricité, une nouvelle personne d'un seul et même Dieu. Ce sont là des phénomènes objectifs et précis qui se constatent et se mesurent — mathématiquement — au magnétomètre. Or, il est notoire qu'ils sont influencés, d'une façon régulière, périodique, ondulatoire et rythmée, par les phases de la lune.

Au sein de ce fluide impondérable qui est, en quelque sorte, l'influx nerveux de la planète, tout comme au sein de la mer, tout comme, peut-être, au sein de la masse humorale et sanguine d'un être vivant, il se produit, en vertu de l'attraction sidérale, de véritables marées — des marées magnétiques — dont la hauteur et l'intensité s'amplifient naturellement à certaines époques, vers la nouvelle lune, par exemple, ou vers la pleine lune, et surtout vers l'équinoxe.

Rien d'étonnant, dès lors, à ce que, vers les mêmes époques, l'effervescence gagne, par ricochet, la substance grise, et que, galvanisées et perdant la boussole, les foules (qui sont femmes, en fin de compte) se mettent à bouillonner à leur tour ;

Rien d'étonnant à ce que, sur un total de 125 dates relevées par M. Gouzer dans les éphémérides de la Révolution française, 48 tombent à la nouvelle lune et 31 à la pleine lune ; que sur 146 émeutes, 44 se produisent à la pleine lune et 39 à la nouvelle ; que sur les 105 grèves de l'année 1885, 33 éclatent avec la néoménie et 27 au moment où Tanit achève de relever son voile d'ombre ; que les suicides et les crimes d'une période déterminée affectent sensiblement une distribution analogue...

Tous ces résultats sont, à y regarder de près, beaucoup moins paradoxaux qu'ils n'en ont l'air.

A ce compte-là, les taches du soleil, qui ont aussi leur action certaine sur le magnétisme terrestre, partant sur les orages, sur la pluie et le beau temps, et sur les cyclones intracrâniens, mériteraient peut-être de devenir un appréciable facteur de l'équation politico-sociale.

..... Il n'était peut-être pas si fou (*lunatic*) tout de même, Stanley Jevons, cet Anglais qui prétendait avoir découvert je ne sais plus quelle loi de proportionnalité insoupçonnée entre le nombre des faillites et les moires du front radieux de Phœbus — quoiqu'il semble que ce soit d'ordinaire à un autre astre que, de préférence, les banqueroutiers font leurs trous !

LE VIN VIVANT

Le vin, cette coulée de pourpre ou d'or fluide, à laquelle le peuple de France doit, à en croire Michelet, le plus clair de son génie, le vin n'est pas, comme se l'imaginent les « philistins », une liqueur morte, un jus inerte et passif. C'est bel et bien un être vivant.

Depuis la tumultueuse fermentation de la cuve — ce berceau ! — où il jette ses gourmes, jusqu'à la décomposition suprême qui le résout en une mixture amorphe et bâtarde, en un « je ne sais quoi » n'ayant plus de nom dans aucune langue, le vin ne cesse d'évoluer, ni plus ni moins que la vigne, d'où il procède, et que l'homme, où il aboutit.

Il ne naît que pour mourir, après avoir épuisé toutes les vicissitudes et subi toutes les charges de l'existence.

De même que tous les autres êtres vivants, le vin a son enfance, sa jeunesse, sa maturité, sa vieillesse, sa décrépitude, et sa plus ou moins lente et longue agonie. Il a ses déchéances et ses misères. Il a même ses maladies...

Et, comme pour parfaire et raffiner la comparaison, les maladies dont il souffre sont dues, comme la plupart des nôtres, à l'action perfide d'invisibles parasites, d'infiniment petits champignons, de « microbes », en un mot, qui végètent et pullulent en son sein, de la même façon que les bacilles de la tuberculose ou de la fièvre typhoïde gangrènent nos humeurs et nos tissus.

On connaît au vin cinq maladies principales, toutes éminemment contagieuses et transmissibles par ensemencement ou inoculation d'un récipient à l'autre. Il n'en est pas une seule qui ne soit engendrée par une moisissure *sui generis*, par un ferment spécial, que le microscope, devenu désormais l'instrument indispensable du botaniste, du viticulteur et de l'œnophile, aussi bien que du clinicien et du thérapeute, permet aisément de surprendre et de distinguer.

Soit donc, en fin de compte, cinq germes seulement à reconnaître, cinq ennemis à combattre, à éliminer et à détruire.

Puisque ce sont des microbes qui rendent le vin malade, et puisque les microbes sont, eux aussi, des êtres animés, il doit suffire, à ce qu'il semble, pour guérir la liqueur envahie, pour la purger, pour lui rendre sa vigueur et sa virginité, de trouver le moyen de les tuer, ces cinq damnés parasites ubiquistes et dévastateurs, ou de leur faire l'existence intenable, sans nuire au milieu, également vivant, au sein duquel ils procèdent à leur infernale cuisine.

Le problème est malheureusement plus commode à poser qu'à résoudre.

Sans doute, le chauffage des vins, imaginé, il y a vingt-cinq ans, par Pasteur, qui a donné son nom à la

méthode — « pasteurisation » — a souventes fois
enfanté des miracles. C'était logique, en fin de compte,
puisque tout être vivant doit nécessairement cesser de
vivre dès que la température du milieu vient à dépasser la mesure de son endurance. Mais, hélas ! dans
la pratique, *es otro cantat*. Pour tuer, en effet, tous les
germes, il faudrait une température de 100 degrés au
minimum. Or, à 60 ou 65 degrés, les éthers subtils
qui constituent le bouquet se volatilisent et s'évanouissent déjà, laissant au vin un abominable goût de
liqueur cuite qui ne s'effacera plus jamais.

Après d'innombrables essais, force a bien été à la
science, au moins pour l'aristocratie des grands crus,
dont la supériorité est toute dans le précieux arome,
d'en faire son deuil.

Aussi, désormais, on ne chauffera plus les vins, on
les électrisera... Pourquoi, en effet, l'électricité, qui
tue parfois le pauvre monde, ne tuerait-elle pas aussi
bien les microbes ?

Ce n'est pas d'aujourd'hui qu'on y songe.

Il y a vingt-deux ans, en 1869, la foudre étant tombée
sur une maison de Digne, les futailles se brisèrent et
le vin s'épancha dans une petite fosse voisine, où l'on
fut tout surpris de le retrouver, transformé, éclairci,
avivé, avec un bon fumet de vin vieux.

L'aventure ayant été racontée dans les journaux, un
grand nombre de savants d'Europe et d'Amérique,
parmi lesquels une mention spéciale est due à l'Italien
Mengarini, se mirent à essayer à l'envi de reproduire
artificiellement le phénomène. Mais comme la science

électrique et la microbiologie étaient encore à l'état d'enfance, les résultats obtenus furent en général assez piteux. Quand les effets n'étaient pas nuls, ils étaient peu durables ; parfois même ils étaient pernicieux, et il semblait que l'électricité gâtait le vin, au lieu de le guérir.

Il était réservé à un Français, à M. de Méritens, à qui la navigation internationale devait déjà les machines magnéto-électriques qui alimentent les grands phares des cinq parties du monde, de découvrir le mot de l'énigme.

Voici tantôt trois ans que dans la Gironde, en Bourgogne, à Bercy, partout, on traite les vins les plus divers par l'électricité, suivant la nouvelle méthode, avec le succès le plus complet, ainsi qu'en témoigne surabondamment le monceau de documents, tout plus authentiques et plus officiels les uns que les autres, que j'ai là sous le coude gauche. En Algérie, où M. de Méritens fut envoyé naguère, avec une mission spéciale, par le ministère de l'agriculture, il en a été de même, et les expériences entreprises et poursuivies, sous la direction et le contrôle de spécialistes autorisés, au Laboratoire municipal de Paris, n'ont fait que donner à ces précédents une consécration éclatante et décisive.

C'est une révolution, et si elle n'a pas encore passionné l'opinion publique, c'est uniquement à la modestie de l'inventeur que « soiffards » et gourmets doivent s'en prendre.

Il m'est évidemment impossible d'entrer dans le

détail et de décrire ici, sans le secours du dessin, l'outillage inédit, mais fort peu encombrant, que nécessite
le procédé. Qu'il me suffise de dire que l'opération,
basée sur l'emploi des seuls courants alternatifs, exige
tout au plus le temps d'un soutirage.

C'en est assez pour « fulgurer » les microbes, c'est-
à-dire, sinon pour les tuer tous sans merci, au moins
pour les empêcher de vivre ; et, comme dans le monde
des infiniment petits, non plus que dans l'autre, les
morts ne reviennent guère, la cure obtenue est radicale
et définitive.

L'électricité ne se borne pas, au surplus, à stériliser
et à guérir le vin. Elle le vieillit, encore, par-dessus le
marché.

Rien de plus facile à comprendre.

Du moment que le vin est un être vivant, son histoire
n'est qu'un perpétuel devenir, le jeu sans fin de ce travail ininterrompu de self-création et de self-destruction
qui est la vie elle-même. Réagissant les uns sur les
autres, ses éléments constituants — l'alcool, le sucre,
les sels, les essences, etc., — ne cessent de se transformer, de s'organiser, mettant le vin, au fur et à
mesure, dans des conditions toujours meilleures de
santé, de force, d'équilibre et de vertu, jusqu'à ce que,
toutes les combinaisons étant épuisées et toutes les
affinités satisfaites, il n'y ait plus place que pour le déclin,
la dégénérescence et la mort.

Or, c'est sous l'influence de l'électricité que s'opèrent
toutes ces métamorphoses intimes, qui déterminent le

vieillissement spontané du vin et dont l'achèvement requiert parfois de longues années.

L'électricité, en effet, est partout. Pas un phénomène mécanique, calorifique, lumineux, magnétique, chimique ou physiologique, si menu qu'on le suppose, qui ne soit accompagné d'un dégagement proportionnel d'électricité. Aussi Faraday a-t-il pu dire que si l'on réussissait seulement à recueillir toute l'énergie électrique produite — en pure perte — par la vie des choses, on aurait de quoi réduire la planète en poussière..... Il s'ensuit qu'une barrique de vin en cave est incessamment soumise à une électrisation lente qui ne chôme jamais. Le moindre frémissement du sol, une voiture qui roule sur le pavé, une dépression barométrique, une saute de vent, une oscillation quelconque de la température, la succession des jours et des nuits, les irrégulières alternatives de bruit et de silence, peut-être même — *quien sabe ?* — les affreux airs moulus en haut dans la rue par les orgues de Barbarie... autant de causes engendrant sournoisement de minuscules courants électriques et favorisant le vieillissement. Ce n'est pas d'autre façon que s'explique l'exceptionnelle valeur du bordeaux « retour de l'Inde ».

Toujours est-il que, si l'on enferme du vin dans une amphore de verre hermétiquement fermée par une calotte de caoutchouc, ce vin ne vieillit pas. Au bout de dix ans, au bout de vingt ans, au bout d'un siècle, il a gardé toute sa verdeur, il sent encore le moût. N'est-ce pas parce que le verre et le caoutchouc, qui sont, par excellence, des substances isolantes, sont imperméables à l'électricité ?

En appliquant au vin les courants alternatifs, qui sont des courants *de combinaison*, et qui, changeant à chaque instant de direction, peuvent provoquer jusqu'à des 200 et 300 chocs moléculaires à la seconde, M. de Méritens ne fait donc que copier la nature, à cette dif-férence près qu'il active le mouvement. Tous ces courants électriques alternés qui, sans son intervention, mettraient cinq ou six ans à se produire, il les totalise, il les condense, réalisant ainsi, dans une certaine mesure, le rêve de Faraday ; il en forme un faisceau, un e sorte de bouquet d'artifice, qu'il projette et diffuse dans le liquide en moins de dix minutes.

Mais, pour être plus rapide que s'il s'était accompli *proprio motu*, au hasard des vibrations accidentelles, le vieillissement n'en est pas moins *naturel*, comme le serait la pousse hâtive d'une plante « forcée » en serre chaude. Il s'ensuit que le bouquet, au lieu de s'altérer, s'améliore, et que le vin, débarrassé des germes pathogènes qui l'eussent empoisonné, non seulement garde toute sa saveur et tout son parfum, mais peut encore se conserver intact — *le fait a été officiellement constaté* — sans collage ni soutirage, à perte de vue.

Il va de soi que la méthode s'appliquerait également aux autres liquides vivants, à l'alcool, au cidre, à la bière, au lait, etc., et les premiers essais déjà tentés en vue de la purification des eaux potables semblent d'excellent augure.

Qui sait s'il ne viendra pas un jour où l'on traitera

de même *in vivo* la sève et le sang, et où l'on mûrira les fleurs chétives, les fruits mal venus et les enfants rachitiques, comme on mûrit le chambertin, par courants oscillatoires ?

Avec des gens qui s'appellent Pasteur, Georges Ville, Berthelot, Brown-Séquard, de Méritens, etc., il ne faut jamais désespérer de rien !

PARIS QUI BOIT

I

Donc, les Parisiens, qui jouissent enfin des bienfaits de la lumière électrique, vont encore, par-dessus le marché, avoir leur saoûl d'eau à boire. Qui donc avait osé dire qu'on ne peut pas tout avoir ?

Si l'homme — même civilisé — peut, à la rigueur, se passer d'un éclairage intensif, il ne peut pas se passer d'eau propre. Il pourrait peut-être, comme ses lointains ancêtres, les troglodytes de la préhistoire, se remettre à vivre à tâtons ; il pourrait, en tous cas, en revenir, sans trop souffrir ni trop déchoir, au falot individualiste du Moyen-Age. Mais il ne saurait plus se dispenser de se laver ni de boire, fût-ce même sans soif. Il lui faut, à tout prix, sa carafe et son *tub*.

De tout temps, parbleu ! l'eau fut le suprême souci des associations animales. N'est-elle pas plus indispensable à la vie que l'air lui-même, dont certains infiniment petits — baptisés en conséquence « anaérobies » — peuvent parfaitement se passer ? Partout où l'homme cherche à s'installer, à former groupe avec ses semblables, c'est de l'eau qu'il s'inquiète tout d'abord. Les grands essaimages humains ont toujours et fatalement orienté leur cristallisation autour et dans le sens des cours d'eau. Ce n'est pas sans raison, allez! que la Providence a pris la peine de faire passer les fleuves et les rivières au milieu des grandes villes.... Qui sait, en fin de compte, si le meilleur gage de l'expansion inouïe de la civilisation romaine n'a pas été l'habileté avec laquelle ces maîtres colonisateurs savaient, au moyen d'aqueducs géants, amener, parfois de très loin, une eau claire et limpide partout où le besoin s'en faisait sentir?

Mais, à l'heure où nous sommes, en raison de l'expansion inouïe de telles et telles de nos monstrueuses cités modernes, la situation se fait chaque jour plus difficile et plus délicate. Sans jeu de mots, la question de l'eau met aujourd'hui à la torture administrateurs, économistes, hygiénistes et ingénieurs. C'est une obsession, une hantise, un cauchemar!

Il s'en est longtemps fallu que, même en temps normal, Paris donnât à cet égard la note aiguë du progrès. Alors que Lyon s'apprête à fournir bientôt quotidiennement 400 litres à chaque habitant, que Marseille en distribue déjà 790, New-York 1,000, Rome 1,100, etc., Paris ne dispose pas de plus de 50 à 60 litres par jour et par tête.

Sans doute, Paris reçoit pour sa consommation journalière 440,000 mètres cubes (440 millions de litres). Le chiffre serait respectable s'il n'était un trompe-l'œil. Mais un peu plus d'un quart seulement est représenté par de l'eau de source. Ce volume d'eau pure, la seule potable, correspond bien à la moyenne, enregistrée plus haut, de 50 à 60 litres par vingt-quatre heures et par Parisien.

Or, en soi, ce chiffre n'est déjà pas suffisant, l'extrême minimum exigible étant, au dire des connaisseurs, de 100 litres par tête. Mais, en réalité, il faut encore en rabattre. Ne doit-on pas compter avec la réduction considérable (30 0/0 environ) résultant des déperditions de la canalisation, des ruptures, du service des bouches d'incendie, bornes-fontaines, ascenseurs, etc. ?

Il n'en reste plus guère, on le voit, pour la consommation individuelle, et force est bien de recourir à l'eau de Seine pour combler le déficit. Des arrondissements entiers n'ont pas, toute l'année durant, autre chose à boire que l'eau impure et contaminée du fleuve, et, à la moindre alerte, au moindre accident, à la moindre poussée d'un peu fortes chaleurs, dans les quartiers privilégiés eux-mêmes, les ménagères voient avec stupeur couler des robinets un liquide gluant, jaune et fétide, ressemblant plutôt à une fange innommée ou à des résidus d'égout qu'à un breuvage honnête.

Pendant des semaines, parfois pendant des mois, plus d'un million de Parisiens, qui n'ont pourtant pas tous, j'imagine, à la façon de Socrate, blasphémé les dieux d'Athènes, sont condamnés à boire cette ciguë.

Voilà un fait qui, pour se renouveler, chaque été que Phœbus donne, avec la régularité d'une fièvre putride intermittente, n'en est pas moins d'une exceptionnelle gravité.

Il ne suffit pas, en effet, que les citoyens soient abondamment approvisionnés en tout temps de ce liquide dont on a pu dire qu'il était quelque chose comme la sève et le sang des ruches humaines : il faut encore que la qualité réponde à la quantité.

Or, quoi qu'on dise, l'eau de la rivière où s'épanchent, à flux continu, les déchets du travail et de la vie de Babylone, laisse à ce point de vue énormément à désirer. On a des nausées, en vérité, et la chair d'oie, en apprenant que, dans la traversée de Paris, il a été retiré de la Seine, au cours des douze mois de la seule année 1886 : 2,021 chiens, 977 chats, 2,237 rats, 507 poulets et canards, 3,066 kilogrammes d'abats de viande, 210 lapins ou lièvres, 10 moutons, 2 poulains, 66 cochons de lait, 5 porcs adultes, 27 oies, 27 dindons, 609 oiseaux divers, 3 renards, 2 veaux, 3 singes, 8 chèvres, 1 serpent, 2 écureuils, 3 porcs-épics, 1 perroquet, 130 pigeons ou perdreaux, 3 hérissons. 2 paons, 1 phoque !!! Et encore n'est-il pas question dans cette liste des quelques douzaines de nos congénères des deux sexes qui, de gré ou de force, prennent chaque année par là pour gagner plus vite les dalles de marbre de la Morgue ou les filets de Saint-Cloud.

Pouah ! C'est une macération de choses mortes que cette rivière immonde où s'abreuve inconsciemment la race la plus raffinée de l'univers; c'est en même temps un égout, un cimetière et un pourrissoir !

Si elle n'était que cela ! Mais il y a aussi les microbes, dont la proportion moyenne ne s'élève pas à moins de 5,230 colonies par centimètre cube d'eau prise, *en amont de Paris*, à l'usine de refoulement d'Ivry ! Il va de soi qu'au fur et à mesure qu'on descend, l'impureté augmente : déjà, au pont d'Austerlitz, elle est double ; en face de l'Hôtel-de-Ville, elle est triple ; à la hauteur de la tour Eiffel, à l'usine de Chaillot, elle a quintuplé (46,970 bactéries par centimètre cube). Chose curieuse, et qui va directement à l'encontre d'un préjugé très répandu : le froid ne l'assainit pas. Au contraire. Ce n'est pas en été, mais en hiver, que la pullulation des parasites atteint généralement son maximum d'intensité. Consultez plutôt l'*Annuaire de l'Observatoire de Montsouris* !

Je sais bien que dans ces effroyables procès-verbaux dressés par les spécialistes qui font profession de chercher les petites bêtes, il faut en prendre et en laisser. Je sais bien que si l'on acceptait au pied de la lettre tout ce que les savants nous racontent, l'embarrassant ne serait pas de savoir comment on peut mourir, mais comment il se fait que depuis six mille ans qu'il y a des microbes, et qui pullulent, il ait survécu un seul échantillon du *genus humanum*.

Il est cependant difficile d'oublier que l'eau est le principal véhicule des contagions et des pestilences, et, en particulier, de la fièvre typhoïde et du choléra. De douloureuses expériences et des statistiques méticuleuses ne laissent pas, hélas ! place de ce chef au doute le plus léger. Certains souvenirs, qui ressemblent à de tragiques légendes, sont même devenus quasiment classiques. En 1866, par exemple, le docteur anglais Snow eut un jour l'idée bizarre de pointer sur un plan de Londres les maisons touchées par l'épidémie de choléra, et de comparer ensuite ce plan avec une carte de la distribution des eaux. Quelle ne fut pas sa surprise en constatant que l'itinéraire du fléau coïncidait exactement avec le réseau des conduites d'eau alimentées par la pompe de Broad-Street ! La superposition était parfaite...

N'a-t-on pas également remarqué maintes fois, à Paris même, que, pendant les deux ou trois semaines qui suivent une substitution anormale de l'eau de Seine à l'eau de source, la moyenne hebdomadaire des cas de fièvre typhoïde sautait brusquement d'une vingtaine — c'est le chiffre normal — à 70, 80, 90, 140 même, comme en juillet 1886 ?

On doit voir là, à ce qu'il semble, plus qu'une fortuite coïncidence.

Les plus optimistes devaient nécessairement conclure qu'il y avait lieu d'agir — et d'urgence.

Malheureusement, entre la coupe et les lèvres — c'est le cas de le dire — il y a diablement loin, et cela n'allait pas tout seul.

Non point pourtant que les beaux projets fissent défaut. J'en ai connu, pour ma part, une bonne douzaine, tous plus mirifiques les uns que les autres.

Il en est un, notamment, autour duquel ont coulé des flots d'encre et de salive, et qui pendant des années et des années fut, en permanence, à l'ordre du jour. C'est celui qui consiste à détourner vers la « grand'-ville » les eaux claires de certaines petites rivières qui arrosent les frais vallons de Normandie. C'est le plus simple, le plus rationnel, et probablement le moins coûteux. Mais on avait compté sans les Normands, à qui c'est bien égal, par exemple, que Paris tire la langue. Si les Parisiens ont par trop soif, eh ! morguienne, que ne boivent-ils du cidre ? On ne devait pas leur laisser seulement prendre, même moyennant la forte somme, un verre d'eau dans l'Avre... On devait lapider leurs ingénieurs, recevoir leurs ouvriers à coups de fourches ; on devait empoisonner même, s'il le fallait, au cas où ils se seraient réclamés du principe de l'expropriation pour cause d'utilité publique, les sources à capter. La propriété n'implique-t-elle pas le *jus abutendi* ?

On s'est enfin décidé à passer outre. Mais il n'en est pas moins vrai qu'une poignée de paysans a pu tenir pendant longtemps une population de près de trois millions de citadins le bec — non pas dans l'eau —, mais dans la boue ! Qui donc avait dit qu'en République c'est le grand nombre qui fait loi ?

..... D'autres auraient voulu qu'on établît partout une double canalisation : l'une pour l'eau de Seine, religieusement réservée à l'arrosage et aux services de propreté ; l'autre pour l'eau de source, réservée à la consommation alimentaire et dont il y aurait sans doute assez ainsi pour tout le monde.

Hier, quelqu'un soutenait encore qu'une seule canalisation suffirait, à la condition d'établir une sorte de roulement entre l'eau de Seine et l'eau de source, qui serait distribuée pendant deux heures par jour, par exemple, juste le temps de permettre à chaque ménage de faire sa provision.

Aujourd'hui, l'on prétend que l'eau de Seine, pourvu qu'elle soit convenablement filtrée, peut suffire à tous les besoins. Et l'on invoque l'exemple de Saint-Pétersbourg qui s'abreuve à la Néva...

Mais le moins curieux de tous ces projets n'est pas celui qui consiste à amener à Paris l'eau des lacs de la Suisse ! Ceci n'est ni une plaisanterie ni un paradoxe. Rien n'est plus sérieux. D'ores et déjà les plans sont dressés, les devis établis, les moindres détails prévus ; le Conseil municipal a été officiellement saisi, ainsi que les sociétés savantes. Il n'en coûterait pas, paraît-il, plus d'un demi-milliard pour fournir à Paris — Paris eût-il même cinq millions d'habitants — plusieurs centaines de litres d'eau fraîche et pure par figure et par jour.

Tout arrive, en vérité. Vous verrez qu'on en viendra à nous proposer de faire fondre sur place, comme un morceau de sucre, à l'aide de la chaleur centrale habilement canalisée, les glaciers du Groënland et les *ice-bergs* de l'océan Arctique, pour en amener, par des canaux sous-marins, les eaux, toutes « frappées », au haut de la Butte-Montmartre !

... C'est à la canalisation des sources normandes qu'on s'est enfin arrêté. Il fallait bien en finir d'une façon ou d'une autre. Le Paris d'Eiffel et de Pasteur ne pouvait pas demeurer indéfiniment au-dessous de la Rome des Césars. Il n'était pas admissible que la capitale du monde restât encore à sec un an de plus !

Il n'en coûte jamais trop cher, car, suivant la formule

suggestive et pittoresque du docteur Rochard, « la vie humaine étant encore le plus précieux des capitaux, toute dépense faite au nom de l'hygiène est une économie ».

II

La question de l'eau, qui tient depuis si longtemps les Parisiens en émoi, a fait enfin un pas décisif. Voté haut la main, en dépit de l'opposition acharnée, et parfois éloquente, des représentants du département d'Eure-et-Loir, l'adduction des eaux de l'Avre est d'ores et déjà en voie d'exécution. C'était fatal, députés et « pères conscrits » étant obligés d'habiter Paris pendant la majeure partie de l'année, et, par conséquent, de boire dans son verre. Percherons et Normands auront beau crier, les Parisiens, las de tirer la langue, se boucheront les oreilles : sans scrupule ni remords, ils exproprieront, pour cause d'hygiène urbaine, la jolie rivière cristalline qui faisait la richesse et l'orgueil de cette race, dégourdie mais intransigeante, de ruraux égoïstes.

Aurons-nous bien ainsi la solution définitive que nous avions rêvée ?

Hélas ! pour parler franc, je ne le crois guère, car les objections foisonnent.

Tout d'abord, l'innovation va coûter les yeux de la tête. On n'estime pas, en effet, à moins de *trente millions* les dépenses probables — ce qui ne laisse pas d'être un peu cher.

Je sais bien que les avances faites au nom et au profit de l'hygiène sont, au fond, des économies...

Mais je ne saurais oublier, en revanche, que la ville de Paris est déjà terriblement obérée, et 30 millions, cela ne se trouve pas dans le pas d'un cheval ! Le joli bénéfice, en vérité, pour les contribuables, s'il ne leur reste finalement, l'addition un fois réglée, que de l'eau claire à boire ? L'eau potable est certainement un facteur nécessaire de la santé générale, mais elle n'en n'est pas le facteur unique, et il n'y a guère que les jeûneurs de profession à pouvoir s'en contenter pour vivre, avec ou sans accompagnement d'amour.

Si encore l'Avre devait suffire à permettre aux Parisiens de boire à leur soif !... Mais tel n'est pas le cas. Ce ne sera qu'une goutte d'eau dans la mer.

Le supplément d'eau potable ne dépassera pas, en effet, 1,280 litres par seconde, soit 53,200,000 litres en vingt-quatre heures, soit encore seulement 18 ou 20 litres par jour et par tête. Avec les 50 ou 60 litres d'eau de source dont nous disposons déjà, cela fera donc, en tout, une provision individuelle et quotidienne de 80 litres environ.

Ce n'est pas assez, car la ration normale exigible ne saurait être inférieure à 100 ou 125 litres. En vérité, le jeu ne vaut pas la chandelle !

Force nous est bien enfin de reconnaître qu'il y a quelque chose d'un peu odieux à violer ainsi la liberté et la propriété des provinciaux pour désaltérer la capitale. De ce que Paris est le cerveau de la France, s'ensuit-il qu'il ait le droit d'en pomper à son profit la substance et la sève ? Je sais bien que contre la résistance fanatique de riverains de l'Avre, on a dû faire marcher ce que les Anglais appellent la cavalerie de Saint-Georges. Je sais bien qu'on a dû changer leurs précieux ruisseaux en autant de Pactoles. C'est même pour cela que l'entreprise menace de coûter si cher. Mais enfin, « chacun connaît midi à sa porte », et si les intéressés persistent à soutenir que les indemnités offertes et perçues ne compensent pas les pertes causées par la spoliation, comment et de quel droit s'inscrire en faux là contre ?

Il fallait trouver un autre procédé. Il paraît que c'est chose faite, et la question n'est plus entière.

Pourquoi Paris ne s'abreuverait-il pas aux inépuisables réservoirs de la Seine, de la Marne et de l'Ourcq — voire même du ruisseau, si cher à Corinne, mais par malheur intermittent, de la rue du Bac — qui sont là, sous sa main, sauf, bien entendu, à rendre préalablement à leurs eaux les qualités hygiéniques dont elles sont dépourvues ?

Sans doute, l'expérience antérieure n'est pas de nature à justifier cette thèse aventureuse. N'avons-nous pas dû constater que, chaque été, la substitution anormale, dans certains quartiers, de l'eau de Seine, même *filtrée*, à l'eau de source, détermine fatalement une recrudescence de la fièvre typhoïde et de la mortalité générale ?

Mais peut-être n'en faut-il accuser que la défectuosité des filtres employés jusqu'ici. C'est que les prises d'eau s'alimentent la plupart du temps aux nappes souterraines, qui, provenant de l'égouttement des terres d'alluvion souillées, sont de véritables cloaques de pestilences. C'est encore que les masses filtrantes étant trop hétérogènes, trop irrégulières ou trop tassées, il s'y produit à chaque instant des infiltrations, des espèces de fistules, de telle sorte que, si elles drainent l'eau, elles ne la nettoient pas.

Mais n'est-il pas permis de concevoir un système supérieur de filtrage, garantissant le mélange constant et l'homogénéité de la masse filtrante, régularisant son épaisseur, assurant ainsi une épuration parfaite?

Telle est l'insidieuse question que posait naguère — et qu'il résolvait par l'affirmative — un de nos chimistes les plus distingués, M. Gautrelet, dans une spécieuse communication à la « Société de Médecine pratique ».

Le fait est d'autant plus intéressant que le système proposé peut déjà invoquer en sa faveur un commencement de consécration expérimentale.

On l'a déjà, en effet, essayé à Nantes, avec un succès complet.

Imaginez, au beau milieu du lit de la Loire, une solide tour ronde de maçonnerie, de deux mètres de diamètre, et s'élevant à un mètre environ au-dessus du niveau maximum des plus hautes eaux. Cette tour présente latéralement, sur sa circonférence et à toutes les hauteurs, une série de « barbacanes », ou fenêtres, que des valves mobiles peuvent *ad libitum* fermer plus ou moins complètement. Puis, tout autour, s'élève une autre enceinte concentrique, d'une douzaine de mètres de rayon, formée de blocs rocheux amoncelés. L'espace annulaire entre les deux tours est rempli de sable de rivière bien lavé, de façon à combler le vide et à constituer une sorte d'îlot au milieu du courant. Enfin, le fond de la tour intérieure, transformée en un véritable puits, est mis, par l'intermédiaire d'un pompe d'épuisement, en communication avec la canalisation de la ville.

Aussitôt ouvertes les « barbacanes » de la tour, l'eau se précipite au fond du puits, où elle est immédiatement humée par la pompe. Mais comme elle a dû préalablement s'essayer sur un lit de graviers disposés en chicane de dix mètres d'épaisseur, il s'ensuit qu'elle arrive à destination parfaitement propre et limpide.

Aussi, même pendant les crues, alors que l'eau charriée par la Loire, absolument fangeuse, est d'une vilaine couleur louche de café au lait, les « barbacanes » épanchent un liquide des plus appétissants et clair comme de l'eau de roche.

Le puits de filtration porte, d'ailleurs, en dedans, un escalier métallique permettant un contrôle suivi. Le gardien du poste est ainsi dans la situation d'un garçon de laboratoire de chimie chargé de surveiller une série d'appareils. Selon les circonstances, il augmente ou diminue l'ouverture des « barbacanes », ou les ferme tout à fait, réglant ainsi le débit de chacune avec une précision parfaite, et changeant à son gré la direction du courant.

Voilà comment les Nantais pourront boire de l'eau pure à la dose de 250 litres par jour — ce qui est une ration de luxe, double de la moyenne exigée par l'hygiène. *Un seul* puits placé en amont de la ville suffit, en effet, à fournir 30 millions de litres en 24 heures, et cela, moyennant la bagatelle de 300,000 francs. C'est donné !

Paris n'a qu'à suivre cet exemple. Vingt-cinq puits filtrants suffiraient pour assurer à ses 3 millions de gosiers les 250 litres quotidiens dont dispose chacun des 120,000 gosiers nantais, sans qu'il en coûtât plus de 8 à 10 millions au budget municipal. C'est encore là, certes, un joli denier ; mais il est bon de rappeler que les 20 pauvres litres de supplément qu'on est en train de nous amener de Normandie nous coûteront quatre ou cinq fois davantage !

Ce projet est évidemment séduisant au premier chef. Il ne va pas cependant tout seul, et la critique n'y perd pas ses droits.

On s'étonnera tout d'abord qu'il n'y soit fait aucune allusion à l'analyse microbiologique des eaux filtrées. Ce n'est là qu'un simple retard, sans doute, et M. Gautrelet n'aura probablement rien de plus pressé que de combler cette lacune.

Mais quiconque sait l'importance du rôle joué par l'eau dans la transmission des contagions homicides devra nécessairement, en l'absence de ce renseignement essentiel, réserver son jugement. Je vois bien qu'un filtre de gravier mobile peut arrêter *mécaniquement* au passage la plupart des impuretés, mortes ou vivantes, en suspension dans l'eau, comme un tampon d'ouate arrête la plupart des germes flottants de l'atmosphère.

Mais les arrêtera-t-il toutes ? En diminuera-t-il seulement le nombre dans une proportion appréciable ? Arrêtera-t-il les champignons impalpables et les microscopiques bactéries qui fourmillent au sein des eaux souillées, depuis le *crénothrix polyspora* jusqu'au *bacillus Eberthi* ? Arrêtera-t-il les poisons solubles que ces infiniment petits chimistes distillent à jet continu des immondices où ils vivent ?

Ne sait-on pas que les bougies filtrantes les plus parfaites en porcelaine réfractaire ne sont pas elles-mêmes absolument imperméables aux microbes ? Ne sait-on pas que le lit de gravier des galeries filtrantes de Lyon laisse encore passer 7,000 microbes sur 50.000 *au litre*, et d'espèces si redoutables que MM. Lortet et Despeignes ont pu tuer expérimentalement des douzaines de lapins et de cochons d'Inde, rien qu'en leur inoculant des gouttelettes du limon visqueux recueilli par delà le drain ? Et n'est-il pas à craindre, en conséquence, que le sable de la tour filtrante ne s'encrasse à la longue au point de se transformer en une sorte de serre chaude pour purulences, contaminant ainsi, au lieu de l'assainir, l'eau qui le traversera ?

Comment ne pas rappeler, enfin, que le plus subtil des filtres mécaniques, eût-il reçu la bénédiction antiseptique de M. Pasteur en personne, ne saurait donner à l'eau de Seine la fraîcheur qui, l'été, précisément à l'époque où cette qualité serait surtout nécessaire, lui fait le plus souvent défaut ?

Toutes objections qui ont leur valeur, mais dont

on saura peut-être faire bonne et prompte justice (1).

Ce serait à souhaiter, car l'idée est ingénieuse et point banale. Une proposition qui consiste à offrir aux Parisiens, sans mécontenter les Normands, 200 litres d'eau de plus par estomac et par jour, moyennant 20 millions de moins, cela mérite vraiment qu'on y regarde de près.

III

« C'est probablement à Vienne », écrivait naguère le correspondant autrichien du *Figaro*, « que la phtisie « fait le plus de ravages. A un moment donné, le nombre « de ses victimes atteignit la moitié du chiffre de la mor- « talité. Depuis, *grâce surtout à l'excellente eau de source* « *dont on a gratifié la ville*, la proportion s'est considé- « rablement abaissée : elle n'est plus guère aujourd'hui « que de 14 0/0. »

Est-ce bien à l'eau de source — *surtout* — qu'il faut attribuer cette amélioration ? Pour dire toute ma pensée, je n'en suis pas convaincu...

Assurément, l'eau fraîche peut servir de véhicule, tout comme le bifteck saignant et le lait cru, au bacille de la tuberculose. Mais elle n'est pas, cependant, son

(1) C'est chose faite dès maintenant.

Les analyses bactériologiques de l'eau filtrée dans les puits Lefort faites par M. Miquel, à l'observatoire de Montsouris, par M. Vaillard au laboratoire du Val-de-Grâce, ont en effet démontré que, tandis que le nombre des bactéries était de 24,000 par centimètre cube dans l'eau puisée directement à la rivière, il n'était plus que de 130 environ dans l'eau sortant du puits.

véhicule de prédilection. C'est généralement, en effet, par les voies respiratoires, avec l'air inhalé, que le champignon maudit envahit l'organisme.

Au point de vue spécial de la tuberculose, la substitution de l'eau des *Hoch Quellen* à l'eau du beau Danube bleu n'a donc dû être qu'un facteur secondaire dans l'atténuation signalée.

En ce qui concerne, en revanche, la fièvre typhoïde, c'est tout une autre histoire.

On a pu constater à Vienne, en effet, que, depuis la dérivation des « Hautes Sources », la mortalité, de ce chef, était tombée de 2 à 0,11. Et la preuve que telle est bien la genèse du progrès accompli, c'est que les réservoirs ayant gelé pendant l'hiver de 1876, on vit aussitôt éclater une meurtrière épidémie de fièvre typhoïde, qui tua plus de 25 pour 100 des malades, dont les cinq sixièmes précisément dans les arrondissements qu'on avait remis au régime de l'eau fluviale...

Il n'en faut pas davantage pour établir la supériorité de l'eau de source et pour condamner l'incurie coupable et les préjugés égoïstes auxquels les pauvres Parisiens ont dû de n'avoir jamais encore eu jusqu'ici leur compte d'eau propre à boire.

On aurait grand tort, cependant, de prendre l'eau de source pour le dernier cri de l'hygiène.

On croit volontiers que cette eau, prise à son point d'émergence, est absolument exempte de microbes. Hélas ! il n'en est rien, et son incontestable supériorité n'est qu'une supériorité relative.

Savez-vous bien, par exemple, que les eaux de la

Vanne ne contiennent pas moins de 2,784 bactéries, et les eaux de la Dhuys, pas moins de 1,720 bactéries, innocentes ou pathogènes, par centimètre cube ? Je sais bien que, pour la même quantité d'eau de Seine, prise au pont d'Austerlitz, le nombre des bactéries s'élève à 41,805... Cela fait une différence tout de même, mais il s'en faut que ce soit encore l'ultime perfection.

Qu'est-ce que l'eau de source, en fin de compte, sinon de l'eau filtrée, de l'eau filtrée par la terre, de l'eau qui s'est essuyée lentement sur les sables et les cailloux du sous-sol ? Le filtrage s'est opéré dans des conditions particulièrement favorables : d'accord ! Mais, pourtant, ce n'est qu'un filtrage : rien de moins, mais rien de plus. Or, l'expérience a démontré qu'il n'est point de filtre impeccable...

Les microbes pullulent, en tous cas, au sein de la terre, où ils sont entraînés par les pluies, et où ils président aux mystérieux phénomènes de la végétation et de la décomposition cadavérique, servant ainsi, dans le cycle fermé de l'éternel balancement du Grand Tout, comme d'une sorte de trait d'union entre la vie et la mort.

L'eau de source n'offre donc pas, en soi et par soi, la garantie définitive et complète que la science avait rêvée. Aussi, là même où elle est abondamment distribuée, les médecins ne manquent jamais, en cas d'épidémie, de conseiller à leurs clients de la faire bouillir, ou mieux encore de la remplacer par l'eau minérale.

Boire de l'eau minérale, c'est bien ! Mais ce luxe n'est pas à la portée de tout le monde.

Faut il ajouter que l'eau minérale contient, elle aussi, des microbes, comme l'eau de Seltz et l'eau distillée ? Il n'est pas jusqu'à l'eau de Vichy, qui n'ait son *micrococcus* spécial, dont le métier paraît être de fabriquer des peptones inaccessibles à l'impôt sur les spécialités pharmaceutiques. On en est même à se demander si les bons effets de l'eau de la Grande-Grille, dans la cure de la dyspepsie, ne sont pas liés à la présence de cet infiniment petit droguiste.

Il n'empêche que là où passent les microbes bienfaisants, les microbes morbifiques et léthifères pourraient bien apparemment passer de même, et voilà les eaux minérales mises en suspicion !

Il reste, il est vrai, un procédé commode, à la portée des plus simples comme des plus pauvres, et facile à employer partout, même en voyage, pour *stériliser* l'eau, c'est-à-dire pour la débarrasser de ses ferments, nocifs ou non : c'est l'ébullition.

Il y aurait encore, cependant, imprudence à s'y fier. Certains microbes ont, en effet, la vie singulièrement dure. Il en est qui vivent très bien dans la glace : le bacille typhique et le *staphylococcus pyogenes*, par exemple, survivent gaillardement à une congélation de quatre-vingt-dix jours... Il en est d'autres qui affrontent, sans s'en porter plus mal, des températures de 80, 100 et même 115 degrés.

Non ! l'ébullition n'est pas encore la caution suprême. Sans compter qu'elle a l'inconvénient de priver l'eau de ses gaz et de modifier la proportion des sels dissous, ce qui en fait une boisson lourde, désagréable et indigeste.

Il faudrait trouver autre chose.

Au point de vue théorique — parbleu ! — cet idéal n'est pas difficile à concevoir. Puisque l'eau ne saurait être, sans changer d'état, chauffée à l'air libre au delà de 100°, il devrait suffire de la chauffer *en vase clos*, pour pouvoir porter sa température à 125, 130, 140, 150 degrés, etc., etc. De cette façon, tous les microbes seraient tués, infailliblement, et, comme le liquide n'aurait pas changé d'état physique, il y a lieu de croire que sa composition chimique ne serait pas sensiblement altérée davantage.

Malheureusement, dans la pratique, il n'en va pas tout à fait de même, et l'on ne joue plus sur le velours.

Il ne suffit pas, en effet, pour tuer les microbes, de porter le bouillon de culture à une très haute température : il faut encore pouvoir conserver cette température pendant un temps déterminé. Tel microbe, en effet, qui meurt — sans phrases — s'il reste soumis pendant un quart d'heure à une température de 120°, résiste très bien à une température plus élevée (130°) pendant cinq minutes. Il arrive même que le chauffage vaut aux microbes supérieurement trempés qui survivent une recrudescence de vigueur et de fécondité...

Il fallait donc trouver le moyen, non seulement de surélever la température jusqu'au degré stérilisant, mais encore de la maintenir à ce degré en la réglant avec une précision mathématique. Il fallait aussi stériliser l'appareil lui-même et tous les récipients, qui pourraient constituer, *per se*, autant de nids à foisonnantes colonies microbiennes. Il fallait, ensuite, refroidir le liquide, après l'avoir chauffé, afin qu'il ne fût ni répugnant ni imbuvable. Il fallait, enfin, le filtrer, pour le débarrasser des matières minérales en suspension, qui, sans le corrompre, pouvaient au moins le troubler et l'obscurcir.

Et il restait à savoir encore, après tout cela, si l'eau surchauffée n'aurait pas les vices de l'eau bouillie, et si sa teneur en sels et en gaz n'allait pas en éprouver de trop fâcheuses transformations...

Le problème était délicat et compliqué; mais il n'était pas insoluble... puisqu'il vient d'être enfin résolu.

Tout le mérite de la solution revient à deux industriels parisiens, les frères Rouart, qui, bien connus déjà par leurs machines à souffler le froid, ont tenu à montrer qu'ils étaient également d'humeur et de taille, en cas de besoin, à souffler le chaud. Grâce à d'ingénieux appareils, dont on me dispensera de donner ici la description technique, MM. Rouart se font forts de stériliser une quantité d'eau quelconque — fût-ce même d'eau de Seine — sur le pied d'un kilogramme de charbon par 100 litres de liquide traité, et de livrer immédiatement cette eau à la consommation, à la température ambiante, à un ou deux degrés près.

Avec ce procédé, pas un seul microbe n'échappe au sort fatal. J'ai là sous les yeux des procès-verbaux d'analyses bactériologiques, signés par des spécialistes autorisés, qui le constatent en termes formels.

Assurément, la composition chimique n'est pas sans avoir subi une altération relative : la matière organique est réduite environ de moitié (ce qui est un avantage) ; mais les gaz et les sels dissous ont également diminué dans une mesure appréciable.

Mais n'est-il pas quantité d'eaux naturelles auxquelles le contact de l'air suffit pour enlever autant de gaz, en altérant au même degré la composition chimique, sans qu'on cesse pour si peu de les considérer comme potables !

D'ailleurs, cette eau stérilisée ne contient plus ni microbes ni germes. Et c'est là l'essentiel ! La question est de savoir, en effet, s'il vaut mieux boire une eau légèrement supérieure au point de vue hydrotimétrique, mais peuplée peut-être de légions de Borgias invisibles, ou donner la préférence à une eau vierge de tout virus.

Poser la question, c'est la résoudre.

....Elle n'a l'air de rien, cette petite découverte, et pourtant elle contient peut-être l'embryon d'un progrès incomparable.

Songez plutôt au rôle immense que pourront jouer les appareils à stériliser l'eau dans les hôpitaux, les casernes, les prisons, à bord des paquebots et des navires de guerre, partout où il y a de grandes agglomérations d'hommes sujets à cette intermittente mais impérieuse infirmité qu'on nomme la soif.

Songez aux services qu'ils sont appelés à rendre dans une ville assiégée, ou pour des troupes en campagne. N'a-t-on pas constaté qu'en temps de guerre, il mourait plus de soldats par le fait des maladies infectieuses (c'est-à-dire dans la proportion de 50 à 60 0/0) de l'eau contaminée, que par le feu de l'ennemi ? Et dans les expéditions coloniales, c'est bien autre chose encore ! Aussi, pendant la campagne du Soudan, chaque soldat anglais avait-il été muni d'un filtre de poche, permettant de boire impunément — comme qui dirait à travers un chalumeau désinfectant — l'eau quelconque des ruisseaux et des mares.

Combien de braves garçons, dont les mères portent le deuil, n'auraient peut-être pas laissé leurs os dans les rizières du Tonkin, si l'on avait pu fabriquer là-bas, sur place, en colonne, de l'eau stérilisée !

Même pour les particuliers, même pour les usage courants de la vie ménagère, la chose peut avoir une importance capitale.

Les Viennois attachent tant de prix à l'eau des *Hoch Quellen* — une vulgaire eau de source, cependant — que, quand ils s'en vont en villégiature, sachant ce qu'ils lui doivent et à quoi ils s'exposent en en buvant d'autre, ils ne manquent jamais de se la faire expédier en bouteilles à la campagne, voire même à Gastein et à Carlsbad, comme s'il s'agissait d'eau de Saint-Galmier ou — révérence parler — d'Hunyadi Janos. Pourquoi donc les Français, qui vont pouvoir avoir désormais les *Hoch Quellen* (comme on avait Enghien) chez soi, ne prendraient-ils pas l'habitude d'en faire autant avec l'eau de n'importe où, artificiellement stérilisée ?

On ne saurait jamais, en vérité, avoir trop de souci de la qualité de l'eau, du liquide par excellence, dont le moindre éloge à faire est de dire qu'il nous est indispensable, quelque chose comme l'âme fluide de notre vie individuelle et de notre vie sociale.

IV

C'était l'autre jour, à l'heure verte, j'achevais, en aimable compagnie, d' « étouffer un perroquet », à cette incomparable terrasse du café Riche qu'un boulevardier de mes amis proclame nettement le plus beau paysage du monde civilisé, quand, au fond du verre où, dans un linceul de « purée » opaline, agonisait l'*oiseau* couleur d'espérance, j'aperçus tout à coup je ne sais quel précipité noirâtre, gluant, louche au superlatif.

Je me plaignis au garçon, qui, après avoir, en clignant de l'œil d'un air entendu, « miré » la chose au soleil, comme on mire un œuf suspect, crut devoir, imperturbable, m'adresser quelques bonnes paroles :

—Ah ! Monsieur, vous avez bien tort de vous effaroucher pour si peu ! Ce n'est rien. Ce n'est pas l'absinthe qui donne ça. *C'est la glace* !

J'étais renseigné, et ne pouvais plus guère, raisonnablement, sans me déconsidérer, insister davantage.

— « Ce n'est rien ! Ça vient de la glace ! »

Evidemment ce garçon partageait le préjugé populaire qui veut que l'extrême froid, comme l'extrême chaleur, purifie tout, et que la glace soit, après le feu, le plus efficace des antiseptiques. Un sédiment de boue déposé au fond d'un verre d'absinthe par l'épanchement d'une carafe frappée ou la fonte d'un glaçon n'éveillait dans son âme, compatissante d'ordinaire aux clients pusillanimes, aucune espèce d'inquiétude. Une boue qui a été gelée ne peut être — pas vrai ? — qu'une boue innocente, dont tous les microbes ont péri, comme si le filtre Chamberland y avait passé, ou plutôt comme s'ils avaient passé par le filtre Chamberland.

J'en demande bien pardon aux préjugés populaires et aux garçons de café qui les épousent, mais ma répugnance était parfaitement justifiée.... S'il est vraisemblable que le feu purifie à peu près tout, s'il est, non seulement vraisemblable, mais même scientifiquement vrai qu'il n'est guère de microbes qui résistent à une température supérieure à 100°, à telles enseignes que l'eau la plus contaminée devient à peu près inoffensive après avoir bouilli, il s'en faut que le gel ait les mêmes conséquences.

Je veux bien que l'eau glacée soit, en général, un milieu de culture assez peu favorable à la prolifération des microbes ; mais ce serait commettre une grosse erreur et s'exposer à de fâcheuses désillusions que de s'imaginer qu'ils y périssent tous infailliblement. Notez que ceci n'est point une hypothèse en l'air, mais un fait établi par une série d'expériences décisives instituées tout exprès en Amérique et en Allemagne.

C'est ainsi que les docteurs de l'*Institut hygiénique de Berlin*, ayant fait fondre un certain nombre d'échantillons de glace pris au hasard, n'ont pas constaté la présence de moins de 1,200 à 2,500 bactéries d'espèces variées par centimètre cube d'eau provenant de la fusion.

M. Mitchell Prudhon (de New-York) a, de son côté, recommencé l'expérience, mais en sens inverse. Après avoir reconnu 6,300 bactéries, du genre *bacillus prodi-*

giosus, dans un centimètre cube d'eau, il a soumis cette eau à une congélation prolongée.

Après quatre jours, les bactéries étaient encore au nombre de 2,970 ; après trente-sept jours, on en comptait encore 22, et la race n'en a été définitivement exterminée qu'au bout de *cinquante et un jours* — près de deux mois !

Dans les mêmes conditions, le *staphylococcus pyogenes aureus* donnait encore, au bout de dix-huit jours de congélation, 224,508 sujets par centimètre cube d'eau, 84,320 après cinquante-quatre jours, et 49,280 au bout de neuf semaines...

Le bacille de la fièvre typhoïde — le plus dangereux de tous peut-être — a donné des résultats plus effroyables encore. Après onze jours de congélation, le chiffre de ses représentants dépassait *un million*. Tombé à 336,457 le vingt-septième jour, ce chiffre, fabuleux à donner la chair — et le choléra — de poule, atteignait encore 7,348 *au milieu du quatrième mois*.

Nous voici, n'est-il pas vrai ? édifiés de la bonne façon sur les mérites de l'eau « frappée ».

Et pourtant, aux jours caniculaires, comment ne pas boire, et surtout résister à la tentation grande de boire frais ?

Veuillez songer qu'en la matière, ce ne sont pas les seuls microbes qu'il faut craindre. L'eau elle-même, pour si pure qu'elle soit, ne laisse pas, suivant les cas, de devenir fort dangereuse, soit en raison de sa température trop basse, soit encore qu'on en consomme trop.

L'expérience vulgaire nous enseigne, en effet, quels

inconvénients graves l'on court à ingurgiter des boissons trop froides alors que le corps est en sueur. Sans
compter les coliques, on y risque pour le moins les
dentures les plus solides : demandez aux Américains,
par exemple, qui, victimes de l'usage immodéré des
boissons glacées — *sherry-gobler*, *cock's tail*, etc. — sont
en train, la sélection et l'hérédité aidant, de préparer
aux anthropologistes de l'avenir d'amples dissertations
aussi doctes qu'intéressantes sur les races humaines
édentées.

Ce n'est pas tout, hélas ! et l'estomac ne se trouve
pas mieux que la mâchoire des breuvages trop froids.

Jaworski et Gluzinski n'ont-ils pas démontré expérimentalement que l'eau glacée diminue l'acidité du
suc gastrique et que la transformation des aliments s'arrête tout à fait à la température de 0° ?

Il n'est pas jusqu'à l'eau fraîche ordinaire qui, à l'occasion, n'offre des inconvénients très réels, pour peu
qu'on en boive en quantité : alors, en effet, la transpiration s'exagère et les digestions deviennent pénibles,
le suc gastrique trop dilué n'ayant plus guère l'énergie
suffisante pour agir sur les aliments absorbés.

La morale de tout ceci — car force m'est bien de
donner une conclusion pratique — c'est qu'il faut, en
dépit de la légende, se garer aussi scrupuleusement de
la glace que de l'eau. A l'état solide comme à l'état liquide, cette maudite boisson des méchants est saturée
d'invisibles périls.

Il paraît, cependant, que la glace artificielle est, à
cet égard, supérieure de beaucoup à la glace qui nous

vient de la Suisse, de la Norvège ou des grands lacs de l'Amérique du Nord. Il est à ce fait, paradoxal en apparence, une excellente raison : c'est que, dans la fabrication industrielle de la glace, on fait usage de froids incomparablement plus intenses que ceux qui engendrent la glace naturelle. Or, il n'est pas contradictoire de supposer que tels microbes, qui résistent à un froid de quelques degrés au-dessous de zéro, ne sauraient survivre aux températures invraisemblables, assez basses parfois pour *sirupifier* l'alcool, voire même pour liquéfier les gaz permanents, que développent les appareils frigorifiques.

S'il m'était permis, cependant, sauf le respect que je dois à la compétence professionnelle des « officieux » des cafés du boulevard, de donner un bon conseil aux sybarites qui tiennent quand même à boire frais, je leur dirais que mieux vaut encore mettre la glace, dont on ne connaît jamais exactement la provenance , *autour* du verre que *dedans*.

Il est vrai que si l'on prenait au pied de la lettre tout ce que nous content MM. les chimistes et MM. les docteurs, on ne devrait plus ni manger, ni boire, ni respirer, ni aimer, et la vie ne serait plus tenable !...

Après tout, on ne meurt qu'une fois !

LA FULGURATION

—

I

On a, depuis vingt ans, mis l'électricité à tant de
sauces qu'il était fatal qu'un jour vînt, tôt ou tard, où
l'on confierait à cette fée à tout faire même le rôle de
bourreau. Ce jour-là a fini par venir, au moins pour les
Etats-Unis, où, depuis le 1er janvier 1889, de par une
loi fédérale, les condamnés à la peine capitale doivent
être non plus « suspendus par le cou », mais électrisés
de la nuque aux talons, « jusqu'à ce que mort s'en-
suive ».

A cette date fatidique, ils n'étaient pas là-bas moins
de treize (un mauvais nombre !) à attendre qu'il plût à
l'exécuteur des hautes œuvres de les précipiter congrûment dans l'éternité. La nouvelle loi les a sauvés.
Histoire de démontrer à la gent superstitieuse qu'on
peut avoir de la chance sans corde de pendu. Avec une
subtilité de casuistes, les avocats alléguèrent, en effet,
que, condamnés à la hart, leurs clients ne pouvaient

être « fulgurés » légalement, et que, le gibet étant
aboli, ils ne pouvaient davantage être pendus. C'est
bien la première fois que la « fôôôrme » aura rendu service à quelqu'un ! Voilà pourquoi la fulguration en était
encore, après quinze ou dix-huit mois d'existence théorique, à être expérimentée pour la première fois *in
animâ vili*. Un assassin de Buffalo, du nom de Kemmeler, devait en avoir la tragique étrenne.

On sait comment les choses se passent. La description
en a été trop souvent donnée et avec trop de précision
pour qu'il soit utile d'y revenir. Rappelez-vous seulement que, le « patient » une fois assis sur un fauteuil
ad hoc, les pieds appuyés sur une plaque de métal correspondant avec l'un des pôles d'une puissante batterie
électrique, il suffit que le bourreau, s'armant de pinces
de verre, approche l'autre pôle de la peau du crâne,
préalablement rasée. Couic ! Sans un cri, sans une con-
vulsion, sans douleur même, la secousse justicière
allant plus vite que la sensation, l'homme, foudroyé sur
place et en dedans, a payé sa dette à la société. Le
temps — et l'effet — d'un éclair !

Cet envoûtement occulte et presque incompréhensible est pour séduire les romantiques, tandis que sa
propreté, sa simplicité, sa discrétion sont pour plaire
aux esprits positifs. Les philanthropes eux-mêmes y
trouvent — en cherchant bien — leur compte. Ne soyez
donc pas trop étonnés d'apprendre que feu M. le sénateur Charton ait longtemps gardé en poche un projet
de loi tout prêt, tendant à remplacer en France par
une forte bouteille de Leyde le précieux instrument

d'épuration dû au docteur Guillotin. Ne soyez pas étonnés davantage si j'ajoute que les démocrates du Conseil municipal de Paris n'ont pas hésité naguère, dans leur boulimie d'innovations, à émettre un vœu dans le même sens.

Les Yankees, gens pratiques, avaient rêvé mieux. Ils en étaient à escompter le jour prochain où il n'y aurait plus qu'un seul bourreau pour toute l'Union. Ce bourreau fédéral, siégeant à Washington, n'aurait même pas eu besoin de se déranger : avec un clavier de commutateurs, correspondant, par autant de fils spéciaux, aux différentes *Houses of Justice* du territoire, il aurait pu expédier son monde chez lui, *at home*, au coin de son feu... *Bussiness is business* !

D'aucuns, plus ambitieux encore, songeaient à laisser au juge lui-même le douloureux honneur d'exécuter, séance tenante, sa propre sentence. A cet effet, l'infernale machine aurait été disposée d'avance au-dessous du banc des accusés, transformé en échafaud... Aussitôt prononcé l'irrévocable arrêt de mort, sans même laisser au condamné le temps moral de le maudire, le juge devait saisir un glaive placé devant lui, sur son « comptoir », entre son Code et son encrier, et le jeter dans la balance suspendue à la dextre de la statue de Thémis — ce qui aurait suffi, en provoquant un mouvement de bascule, pour allumer l'étincelle vengeresse. *Væ victis !*

Voilà qui est très bien... en théorie. Malheureusement (ou heureusement), en pratique, c'est une autre chanson.

A l'heure où nous sommes, en effet, l'idéal de la peine

de mort est assez compliqué. Il faut, tout d'abord, que
ce remède souverain — *ultima ratio legum* — possède à
haute dose la vertu intimidatrice et l'exemplarité. Il
faut ensuite que son application soit instantanée, et
réduite au minimum de cruauté, sans l'addition d'aucune torture superflue. Il faut enfin, et surtout, que
cette application soit *définitive*. Ni agonie, ni résur-
rection !

Or, si la fulguration semble, de prime vue, réunir
toutes les conditions requises, il se pourrait bien que ce
ne fût là qu'une illusion.

En premier lieu, dit-on, la fulguration n'est point
exemplaire. Ne laissant aucune trace visible, elle est,
de tous les supplices connus, celui qui se prête le mieux
à la simulation. Rien n'empêcherait la foule sceptique
de supposer une « frime », une comédie menteuse, je
ne sais quelle mystification arrangée d'avance entre la
victime et le bourreau. Rien n'empêcherait une légende
de se créer, éminemment démoralisatrice, puisqu'elle
tendrait à faire croire que, moyennant des protections,
on peut avoir été exécuté publiquement, sans cependant
s'en porter plus mal que si la chose avait eu lieu à la
Bourse.

En second lieu, la fulguration ne laisse pas d'être
cruelle. En soi, sans doute, elle est rapide comme la
foudre et instantanée au point même, assure-t-on, de
devancer la conscience ; mais la mise en scène qu'elle
comporte, les longs préparatifs et le bizarre attirail
qu'elle exige, ce casque et ce carcan de cuivre, ces
tâtonnantes électrodes, cette tonsure préalable, ce

fauteuil machiné comme un affût de canon, ces éponges imbibées d'acide... Pouah !... c'est plus atroce encore que la sinistre toilette du guillotiné !

Voilà qui ne cadre guère avec la conception moderne de la peine de mort, strictement limitée à la pure et simple suppression du coupable.

Mais ce n'est pas là le plus grave !

Qu'on puisse être tué net par le simple contact d'un fil, où circule un courant électrique à haute tension, c'est là un fait acquis, consacré, d'ores et déjà, par trop d'accidents lamentables. Il y a même là, pour nos arrière-neveux, appelés à vivre à une époque où l'emploi de l'électricité s'étant généralisé de plus en plus, le terrible fluide sera répandu pour ainsi dire partout, la menace d'un péril inédit contre lequel ils ne sauront trop se prémunir. Il n'était point si malavisé, l'ingénieur américain qui, escomptant à l'avance ce fulminant avenir, inventait naguère un paratonnerre portatif, sorte de chapeau chinois hérissé de pointes et communiquant à l'aide d'un réseau de fils de cuivre avec le sol, à l'usage des personnes que les incessants progrès de la science condamneront, au vingtième siècle, à circuler sans trève au milieu d'un chaos de volcans.

La cause est entendue ! Il est démontré que l'étincelle électrique qui, par un phénomène d'inhibition, paralyse les centres nerveux et désorganise les tissus, peut vous tuer son homme aussi bien que le souffle d'acier de la guillotine ou que les douze balles du peloton d'exécution.

Mais si elle peut tuer, tuera-t-elle — infailliblement — toujours ? *That is the question !*

Edison, le maître des maîtres, est pour l'affirmative. L'avocat de Kemmeler ayant protesté contre l'application à son client de la fulguration juridique, sous le prétexte qu'un certain Smith prétendait avoir accidentellement subi une décharge électrique d'une violence inouïe sans autre inconvénient qu'une forte contraction nerveuse, on dut consulter le sorcier de Menlo-Park. Celui-ci n'y alla pas par quatre chemins :

— Puisque M. Smith, déclara-t-il, se croit réfractaire à l'action de l'électricité, je lui offre de lui faire passer à travers le corps un courant quinze fois moindre que celui qu'il prétend avoir impunément supporté. S'il en réchappe, je lui promets quatre cents dollars.

Mais, en dépit des séductions de la forte somme, Smith déclina l'invitation... Mettez-vous à sa place !

Les législateurs des Etats-Unis ont été convaincus. Mais leur conviction ne paraît pas avoir été contagieuse, et les adversaires de la fulguration n'en persistent pas moins à lui refuser le caractère essentiellement *définitif* dont ne saurait se passer un supplice « fin de siècle ».

L'action de la décharge électrique varie, en effet, avec la tension et l'intensité du courant, qualités qui dépendent elles-mêmes de la force de la machine et de sa disposition, de la température, de l'état de l'atmosphère, d'une foule de causes mystérieuses ou mal connues. Elle varie également avec les espèces animales ainsi qu'il résulte d'expériences faites naguère sur les différents fauves de la ménagerie de feu Barnum, à Bridgeport : soumis à des décharges égales, les félins ont été violemment affectés, les singes et les loups on

hurlé de douleur, tandis que les hippopotames demeu-
raient indifférents, et que les éléphants, absolument
ravis d'aise, caressaient leurs gardiens avec une solli-
citeuse reconnaissance.

Ce qui se produit d'espèce à espèce ne se peut-il pas
reproduire d'individu à individu ? N'y a-t-il pas là,
peut-être, tout un jeu d'idiosyncrasies inconnues laissant par trop de place à l'*alea* ?

Le fait est qu'on a vu des animaux soumis à des
secousses électriques effroyables revenir inopinément à
eux, comme si de rien n'était.

Le fait est qu'on a vu des hommes, frappés par le feu
du ciel et laissés pour morts, survivre cependant, sans
être trop abîmés, au même coup de tonnerre qui avait
irrémissiblement tué, à côté d'eux, tels de leurs compagnons.

Le fait est que, tout récemment encore, à Evansville,
une bourrasque ayant culbuté les fils conducteurs de
l'éclairage électrique, parmi les personnes atteintes,
quelques-unes seulement sont mortes sur le coup, tandis
que les autres s'en tiraient avec des blessures plus ou
moins graves.

On cite même des cas où la fulguration, loin de causer
le moindre mal au « sujet », l'avait guéri de ses infirmi-
tés. N'a-t-on pas lu l'histoire (ou le conte) de ce mineur
anglais devenu aveugle, et qui, pendant un orage, recou-
vra brusquement la vue de cette originale façon ?

Qui donc nous garantit que tel courant, capable de
tuer net celui-ci, ne va pas se borner à produire des
troubles momentanés chez celui-là, peut-être même —

qui sait ? — débarrasser un troisième d'une névrose héréditaire ou acquise, et, de malfaiteur incorrigible, le transformer en un petit saint ?...

Voyez-vous la tête des représentants de la vindicte sociale, s'ils venaient à apprendre que l'assassin « électrisé » le matin n'a pas plus tôt été couché sur la table de dissection, au moment où les carabins s'apprêtaient à découper dans son cuir un joli porte-cartes, qu'il s'est assis sur son séant et s'est mis à débiter à la docte assistance une édifiante homélie sur l'amour du prochain !

Que pourrait-on bien faire, s. v. p., de ce cadavre récalcitrant ? Poursuivrait-on quand même l'autopsie, devenue vivisection, sous le fallacieux prétexte qu'étant légalement mort, il n'a pas la parole ? Le soumettrait-on à une nouvelle galvanisation plus énergique que la première ? Ou bien lui accorderait-on sa grâce — avec un emploi dans les télégraphes ?

Sans doute, M. Edison se charge de foudroyer le sieur Smith, de telle façon qu'aucune équivoque ne soit possible. Sauf le respect dû au grand homme, il faudrait, pour en être sûr, que ledit Smith se fût prêté à la circonstance. L'eût-il fait, au surplus, et y eût-il perdu sans appel le goût du *cock's tail*, qu'il resterait encore à savoir si l'on pourrait répondre du même succès avec n'importe qui, à toute heure et en tout lieu.

On ajoute, il est vrai, que M. Edison se serait porté fort, non seulement de tuer le patient, mais encore de carboniser son corps en l'espace d'une minute... Cela couperait court assurément à toutes les objections.

M. Edison le fera sans doute un jour comme il le dit. Ce diable d'homme est capable de tout... Mais nous n'en sommes pas encore là, et, en attendant, mieux vaut peut-être encore nous en tenir à la hideuse guillotine, qui a, au moins, le mérite de ne tolérer ni supercherie ni « revenez-y », quel que soit le volume des cous qu'on lui donne à rogner.

On l'a dit justement, quand on est mort, c'est d'ordinaire pour longtemps ; mais quand on est exécuté, les convenances les plus élémentaires, la justice, la loi, l'humanité, la logique et la raison d'État sont d'accord pour exiger que ce soit pour toujours.

II

APRÈS.

Du premier jour où l'on a parlé d'exécuter électriquement les condamnés à mort, au lieu de les raccourcir, de les pendre ou de leur loger douze balles dans la peau, je me suis résolument inscrit en faux contre ce nouveau mode de supplice, si éminemment moderniste, cependant, et si moderne. Et ce que, depuis, j'ai çà et là rompu de plumes, contre l'étincelle expiatoire, en faveur des échafauds vieux jeu, ce n'est rien de le dire !

Je crois même bien avoir effectivement été le premier dans la presse quotidienne de France, à ne point vouloir applaudir au remplacement proposé du couteau, de la corde et du peloton d'exécution par le tonnerre de

Dieu et à blaguer dans les grands prix les vœux « humanitaires » émis en ce sens par feu M. le sénateur Charton et par le conseil municipal de Paris.

Faut-il ajouter que je ne regrette et ne retire rien, la façon lamentable dont les choses se sont passées à Auburn, lors de l'inauguration du système, n'étant point, en vérité, pour m'amener à résipiscence ?

Plus que jamais, je persiste dans cette opinion (taxée par d'aucuns de rétrograde ou même de « philistine ») que jusqu'à nouvel ordre, pour supprimer juridiquement les gêneurs, il n'est encore rien de tel que la vieille et sainte guillotine.

Avant comme après les tragiques et piteux débuts de « l'électrocution », rien n'est changé à l'abbaye de Monte-à-Regret. Il n'y a qu'un barbarisme — et une barbarie — de plus.

Hic jacet lepus ! Jusqu'ici la question a toujours été mal posée. C'est ce que je disais, pas plus tard qu'hier matin, entre la duchesse et le roquefort, à un mien ami, électromane fanatique — ayant au surplus dans son sac toute la compétence professionnelle et toute l'autorité scientifique pour légitimer son fanatisme — féru comme pas un d'innovations originales, et qui s'acoquinait *mordicus* à me démontrer que si les bourreaux américains avaient si monstrueusement martyrisé l'infortuné Kemmeler, la faute n'en incombait pas à la fée Electricité elle-même, mais à l'inexpérience des opérateurs, sinon même à leur mauvaise volonté, et aux défectuosités de l'appareil.

Eh ! parbleu ! qui le nie ? Il paraît établi, aujourd'hui,

d'après les renseignements circonstanciés fournis par les journaux d'outre-mer, que l'abattoir d'Auburn était installé en dépit du bon sens.

Tout d'abord, la dynamo était trop éloignée du fatal fauteuil sur lequel on ligotta le patient. Il devait s'ensuivre à peu près inévitablement de fausses interprétations des signaux. C'est justement ce qui est arrivé, en se compliquant des incidents atroces que l'on a racontés et qui ont fait perdre la tête à tout le monde — sauf, peut-être, à celui qui aurait eu intérêt à la perdre avant les autres, puisqu'il n'était là que pour ça — jusques et y compris le bourreau, blasé cependant sans doute sur les affres des agonisants.

D'autre part, la dynamo était placée à même le sol, sans précautions spéciales pour l'y fixer solidement. Aussi vibrait-elle fortement, avec des déplacements de 12 à 25 millimètres. Ajoutez à cela que l'arbre de transmission intermédiaire était monté sur un bâti en bois simplement posé sur le plancher, sans aucun point d'attache permettant aux poulies de tourner bien rond ; que les courroies de transmission étaient neuves, etc.

Il en est résulté que, en raison de la brusquerie de leur allongement et de la trépidation de l'appareil lesdites courroies ont glissé ; il s'en est même fallu d'un « fifrelin » qu'elles ne sautassent au moment critique...

Certainement, à cet instant-là, le « voltage » dut tomber. On n'a même pas songé, tant l'affolement était intense, à vérifier la tension... ; ou bien on n'a pas voulu le dire..., et les appréciations — purement hypothétiques — aventurées à cet égard varient entre 800 et... 2,000 volts. Comme 2 est à 5 : une jolie marge pour un potentiel qui a la prétention d'être homicide et de foudroyer sans douleur !

On aurait — intentionnellement — cherché à rater le supplicié en poussant à fond l'horreur du supplice qu'on ne s'y serait pas pris autrement.

Eh ! eh ! *Quien sabe?* C'est tout de même bien possible, après tout, qu'on l'ait fait exprès.

C'est, au moins, le soupçon formel de mon électricien, un soupçon que je ne suis pas éloigné d'épouser... en justes noces.

Veuillez noter, tout d'abord, que M. Ch. Barnes, qui a fourni les curieux renseignements relatés plus haut sur l'incorrection de la mécanique, avait été, non pas seulement témoin, mais acteur dans le drame. C'est lui qui était chargé de conduire la dynamo dont, après la lettre, il critique avec tant de véhémence et de candeur le déplorable agencement. Que n'avait-il donc critiqué plus tôt ?

Veuillez songer encore que les marchands de fluide avaient intérêt à ce qu'il fût solennellement établi que les courants alternatifs et à haute tension — *les mêmes qui servent dans la pratique à transporter la lumière et la force motrice* — ne sont pas aussi infailliblement meurtriers qu'on veut bien le dire, et ce, pour ne pas disqualifier leur marchandise.

Veuillez songer enfin que, pour sauvegarder cet intérêt inédit et singulier, ils avaient effectivement déjà remué ciel et terre. C'est ainsi qu'à force d'intrigues, de subtilités procédurières et... de dollars, ils avaient retardé pendant quatorze longs mois — quatorze siècles ! — l'exécution de Kemmeler, sous les prétextes les plus saugrenus.

N'est-il pas possible, n'est-il même pas vraisemblable, que, se voyant acculés et ne sachant plus à quel saint se vouer pour déchaîner l'opinion, ces gens-là aient payé les ingénieurs et le bourreau, comme ils avaient antérieurement payé des avocats, des jurisconsultes, des journalistes et des législateurs ?

N'est-il pas vraisemblable, en conséquence, que, dans d'autres conditions, l'opération, *loyalement* faite, eût pleinement réussi, et que Kemmeler aurait pu et dû être foudroyé sur le coup ?

D'accord ! Mais qu'est-ce que cela prouve ?

Qu'un puissant courant électrique puisse tuer un homme, personne ne le conteste, et moi-même moins que personne. Il est désormais hors de doute que l'étincelle électrique peut faire en un clin d'œil passer de vie à trépas n'importe quel être vivant, qu'il s'agisse d'un microbe impalpable — comme, par exemple, les germes du vin, de l'alcool, du lait, de l'eau, etc., qu'il est question de « faradiser » jusqu'à ce que précipitation et mort s'ensuivent — ou d'un éléphant, voire même d'un mammouth ou d'un *dinotherium*.

- Soit ! Mais il y a autre chose, et pour qu'un instrument de supplice mérite d'être choisi entre tous comme l'exécuteur légal des hautes œuvres d'un peuple civilisé, ce n'est pas assez qu'il soit capable de tuer le pauvre monde... On meurt aussi d'un fort « souffle d'acier » dans le cou, d'une cravate de chanvre brusquement serrée ou d'une indigestion de pruneaux de métal. Pourquoi donc préférer les mécaniques de M. Edison, de M. Gramme ou de M. Westinghouse à celle du docteur Guillotin, à la fusillade ou à la potence ? Pourquoi faire à l'électricité, comme le demandait l'autre jour si drôlement le correspondant anglais de la *Revue internationale de l'Electricité :*

... ou cet excès d'honneur ou cette indignité ?
La chimie n'a-t-elle pas des poisons beaucoup plus sûrs qu'une décharge fulgurante, et qui paralysent l'organisme de façon à épargner au supplicié toute douleur superflue ? L'industrie du gaz ne pourrait-elle pas, elle aussi, être chargée d'éliminer les non-valeurs encombrantes et dangereuses ? une bonne cartouche de dynamite subrepticement glissée dans la poche du condamné l'enverrait également par grande vitesse *ad patres*, et quoique la température du corps humain ne soit pas celle d'un bain de plomb bouillant ou d'acier en fusion, le monsieur — ou la dame — qu'on y « défenestrerait » la tête la première n'aurait guère le temps, m'est avis, de remarquer la différence. Il y a comme cela beaucoup de moyens scientifiques et industriels de se débarrasser d'un criminel et auxquels on ne songe pas. C'est une énigme, en vérité, que le choix qui a été fait de l'électricité, qui est la vie, pour la transformer en instrument de mort.

On ne saurait mieux dire !
A l'époque où nous sommes, il ne suffit pas que la peine de mort — dont je ne discute pour le moment ni la valeur sociale ni la légitimité — soit... la mort. Il faut encore que cette mort satisfasse à certaines conditions. Il faut d'abord qu'elle ne soit que l'abolition

stricte de la vie, rien de moins, mais rien de plus, sans l'addition de tortures surérogatoires. Il faut que cette abolition soit *immédiate*, *définitive*, et enfin *exemplaire*.

Si je répugne à l'électrocution, c'est que ce supplice, en dépit des apparences, ne me paraît satisfaire ni à l'ensemble de ces conditions réunies, ni même à aucune d'elles. Il suffit, à ce qu'il semble, de réfléchir un brin pour s'en convaincre.

CRIMES FIN DE SIÈCLE

Comme toutes les branches de l'activité humaine, le crime a son évolution. L'industrie de la malfaisance n'échappe, pas plus que les autres, à la commune loi de l'éternel devenir. Si le principe déterminant du crime ne varie guère plus que la nature humaine ; s'il s'inspire toujours, en réalité, des mêmes passions qui défrayèrent les tragédiens, les dramaturges et les psychologues de tous les âges ; si c'est toujours la même bête de luxure et de proie qui sommeille au fond des cœurs, en revanche, l'outillage du crime, sa mise en scène, ses procédés, ses méthodes, son *style* se transforment visiblement avec les temps, les lieux et les races.

On vole et on assassine toujours, et pour les mêmes raisons qu'autrefois ; mais les assassins et les voleurs n'opèrent plus de la même façon. Chaque siècle a sa forme de criminalité, comme il a sa littérature et son art. C'est toujours le même air qu'on joue, mais l'instrument et le ton diffèrent.

Le crime, en d'autres termes, comme tout le reste, emboîte le pas au progrès, dont il subit l'universelle influence, et dont il épouse la courbe ascendante. Peut-être même contribue-t-il plus qu'on serait tenté de le croire, à son indéfectible essor. Peut-être même est-ce, en fin de compte, du duel sans trêve entre le génie du mal et le génie du bien que sont nées la plupart des merveilles dont s'enorgueillissent les générations contemporaines.

N'est-ce pas, par exemple, aux empoisonneurs et aux faussaires de profession que la chimie moderne doit la moitié, pour le moins, de ses raffinements miraculeux?

N'est-ce pas un peu beaucoup grâce à la diabolique habileté des nihilistes que la manipulation des substances explosives a fini par atteindre ce degré de perfection qui en fait, d'ores et déjà, pour les œuvres de paix elles-mêmes, des auxiliaires si souples, en attendant le jour où, définitivement disciplinées, elles nous fourniront, au lieu et place de la vapeur et de l'électricité démodées, la plus précieuse et la plus féconde des forces motrices ?

Toute l'expansion de la science tient, en vérité, entre la ciguë de Socrate et la digitaline du docteur Lapommeraye ; entre Caïn assommant Abel à l'aide d'une massue arrachée à un tronc d'arbre de la forêt vierge et ces sectaires farouches écrabouillant les gêneurs à l'aide de machines infernales qui sont, paraît-il, au point de vue de l'art pur, de véritables chefs-d'œuvre de mécanique et de pyrotechnie ; entre l'homme de l'âge de pierre dérobant, par violence ou par ruse, la femme, la hache ou le gibier de son voisin, et les savantes filouteries combinées pour ruiner un peuple par les pirates de la haute flibuste cosmopolite — aussi bien qu'entre les *men-hirs* de la Gaule druidique et le Palais des Machines, le viaduc de Garabit ou les maisons à quinze étages de Chicago.

Dans ces conditions, l'électricité, qui a révolutionné le travail, le commerce, la médecine, l'économie sociale, la diplomatie, l'art militaire, les habitudes, les relations et les idées, ne pouvait faire moins que de révolutionner également le crime.

Elle n'y a pas manqué, et tout en dotant la « vindicte sociale » de moyens de recherche, de poursuite et même d'exécution singulièrement perfectionnés, la perfide magicienne a, par contre, ouvert à l'armée du crime une enfilade d'horizons insoupçonnés, et mis toute une technique inédite et supérieure à sa disposition.

Sans parler du vol au téléphone, inauguré jadis chez nous — avec quelle *maëstria* ! — par le trop fameux Allmayer, et devenu d'usage courant en Angleterre et aux Etats-Unis, si j'en crois les « faits-divers » quotidiens des gazettes d'outre-mer, au même titre que le « vol au poivrier » sur les bancs des boulevards extérieurs, sachez qu'à l'heure où nous sommes, l'électricité n'est plus seulement *instrument*, mais — ce qui est autrement étrange et neuf — *matière* d'escroquerie.

Parfaitement ! On empiète sur le circuit mitoyen ; on vous détourne un courant ni plus ni moins qu'une mineure ou un ruisseau ; bref, on *fait* le fluide, comme on *fait* le mouchoir.

Rien, au demeurant, de plus simple.

On sait l'histoire de ce bohème peu scrupuleux, qui,

profitant de son isolement sous les combles d'une haute maison à six étages, branchait un tuyau de caoutchouc sur le dernier bec de gaz de l'escalier et faisait ainsi sa popote aux frais du propriétaire. Eh bien ! les voleurs d'électricité ne procèdent pas autrement que les voleurs de gaz. Ils établissent tout bonnement, au moyen d'un bout de fil de cuivre, une communication clandestine avec les conducteurs aériens qui véhiculent la lumière électrique, et le tour est joué. Ils ont ainsi, à domicile, et *gratis pro Deo*, l'éclairage et la force motrice.

L'*Electrical Engineer* a même cité le cas d'un fanatique d'électrothérapie, qui, jugeant sans doute que le tonnerre du bon Dieu devait être à tout le monde, comme l'air et le soleil, avait dérivé vers son *home* une ligne téléphonique du voisinage, dans l'unique but de « faradiser » ses rhumatismes ! Aussi roublard que peu délicat, cet amateur pouvait, du même coup, surprendre les secrets des abonnés, et, du coin de son feu, se tenir au *courant* (avec ou sans calembour) des « potins » de la ville. *Utile dulci* !

Il va de soi que les « escarpes » ne sont pas restés en arrière. Eux aussi, ils ont su mettre l'électricité domestique à contribution.

J'ai connu jadis un vieil alchimiste, une espèce de Souvarine visionnaire, fantaisiste et féroce, qui rêvait de rendre la foudre maniable, et de l'individualiser.

— « Supposez », disait-il avec un accent d'enthousiasme digne d'une meilleure cause, « supposez un « homme revêtu d'une sorte de cotte de mailles d'acier,

« d'une sorte d'armature métallique, en communica-
« tion avec de puissantes batteries électriques porta-
« tives. Il sera le maître du monde. Tout pliera devant
« lui, le moindre attouchement suffisant pour amener
« les récalcitrants à composition. Il sera le grand jus-
« ticier et domptera les méchants du geste comme les
« belluaires domptent les bêtes féroces ! »

La science n'est pas encore, que je sache, en possession du moyen pratique d'accumuler assez d'énergie
électrique sous un assez petit volume, pour constituer
ce tonnerre de poche. Cela viendra, sans doute, car
tout arrive, mais nous n'y sommes pas, et jusqu'à nouvel ordre, on me pardonnera de considérer comme un
simple « canard » la légende d'après laquelle la « pè-
gre » du pays d'Edison aurait d'ores et déjà remplacé
le saucisson de sable traditionnel des assommeurs américains, l'os de mouton de nos rôdeurs de barrières,
le *lazo* des *thugs* et le foulard du « père François » par
je ne sais quelle inépuisable bouteille de Leyde.

Mais, en revanche, elle a trouvé presque aussi bien.

On sait combien est redoutable le moindre contact
avec l'un quelconque des gros fils électriques de
lumière et de force. Les malfaiteurs le savaient : n'était-
ce pas l'un des leurs, le *Cow-boy* si piteusement foudroyé naguère à Cotopaxi (Mexique), au moment où il
essayait, pendant la messe de minuit, de couper les
fils conducteurs de l'éclairage électrique de la cathé-
drale, afin de dévaliser plus commodément les fidèles
à la faveur des ténèbres, qui avait eu l'étrenne de ce
nouveau genre d'accident ?

Utilisant la tragique leçon, un ingénieux bandit a immédiatement imaginé une nouvelle application, que M. Marcel Deprez n'avait probablement pas prévue, du transport électrique de la force.

Voici comment il procède. Après avoir attaché un fil parasite sur un conducteur de lumière, il en saisit l'extrémité flottante au moyen d'une substance isolatrice, un gant de gutta-percha, par exemple, ou des pinces de verre, de façon à n'avoir plus ensuite qu'à toucher légèrement, du coin sombre où il se tient embusqué, la victime qui passe à sa portée. Il n'en faut pas davantage pour que le « torpillé » tombe comme une masse, impuissant, paralysé, parfois même tué sur le coup, en tout cas, n'en valant guère mieux.

Pas plus tard que l'année dernière, cette désagréable mésaventure est arrivée à deux pauvres dames attardées dans un faubourg de Chicago. Elles n'en sont pas mortes, le courant n'étant pas, par bonheur, assez puissant ; mais si elles ont recouvré connaissance, elles n'ont pas recouvré leur porte-monnaie...

Ce n'est pas encore tout à fait la foudre portative, mais c'est déjà la foudre maniable, à la portée de toutes les intelligences et de toutes les bourses. Et l'on comprend que ce soit tout d'abord en Amérique qu'on ait prétendu mettre à la mode le paratonnerre portatif pour promeneurs isolés, dont j'ai déjà signalé l'avènement, et qui est peut-être appelé à devenir l'indispensable *vade-mecum* de nos trop fulgurables arrière-neveux.

N'est-il pas curieux tout de même que ce soit précisément dans le seul pays du monde où l'électricité ait su conquérir encore droit de cité dans le code pénal, que le gibier de potence (ou plutôt de dynamo) ait eu l'idée de cette innovation ultra-scientifique ?

Deux ans après le vote par la législation de l'Etat de New-York du *bill* ordonnant la substitution de l'éponge fulminante à la cravate de chanvre dans les exécutions capitales, aucun condamné à mort ne s'était encore assis dans le sinistre fauteuil. Kemmeler, l'assassin de Buffalo, dont l'interminable agonie est devenue classique, dut attendre deux ans — deux siècles — pour payer sa dette sanglante à la société, que les magistrats, les politiciens, les avocats, les docteurs, les journalistes et les compagnies d'électricité se fussent enfin mis d'accord...

Au fond de la controverse, en effet — dans laquelle j'avais pris moi-même parti, en tout bien tout honneur, contre l'électricité justicière — il y avait une question de dollars. Ce qu'il y avait sous roche, ce n'était pas une anguille, mais le veau d'or en personne : *latebat vitulus in herbâ !*

Si Kemmeler fit si longtemps le pied de grue à la porte du tombeau, ce ne fut pas le moins du monde, comme on l'a raconté, à la faveur d'un scrupule de casuistique constitutionnelle, ni parce qu'il subsistait encore des doutes à l'endroit de l'efficacité de l'étincelle vengeresse. Ce fut tout bonnement parce que les marchands de fluide craignaient qu'une « fulguration » solennelle et retentissante ne nuisît à leur « bedid gommerze... »

Il est de notoriété publique à New-York, écrivait un correspondant du *The Electrician* (de Londres), que les frais de l'extraordinaire pression exercée sur le pouvoir législatif, le pouvoir judiciaire et l'opinion publique, non seulement pour sauver Kemmeler — pauvre et sans amis — de l'échafaud, mais même pour faire rapporter la loi qui décrète la peine de mort par l'électricité, ont été payés par la Compagnie Westinghouse.

Sous toutes réserves, dites donc !

Ce qu'il y a de certain, en tout cas, c'est que la Société hongroise Ganz et Cᵒ (de Buda-Pesth), dont la principale affaire est l'exploitation des courants alternatifs à haute tension, faillit intenter un procès à M. Edison, pour lui réclamer la bagatelle de 800,000 dollars de dommages-intérêts, « parce qu'il était avéré « que mondit Edison avait *influé* sur les membres de la « législature de l'Etat de New-York pour enlever le vote « de la loi sur les exécutions électriques, et *par là faire* « *tort au système Ganz* » ! (V. *Revue internationale de l'Electricité*, 10 juin 1890, p. 407.)

Pour un peu, la peau de Kemmeler n'aurait jamais dû mûrir assez pour faire des porte-cartes...

Mais, en attendant, l'électricité n'y gagnait rien, les futurs « électrisés » de Chicago — sur qui le papier timbré de la « firme » Ganz *and* Cᵒ n'a pas prise — s'étant chargés de démontrer, avant et mieux que le bourreau, l'homicide vertu des hauts potentiels.

Il s'est passé pour *les exécutions* électriques ce que réclamait jadis Alphonse Karr pour l'abolition de la peine de mort : ce furent MM. les assassins qui commencèrent !

LES MÉFAITS ET LES DANGERS DE LA FÉE ÉLECTRICITÉ.

I

Je suis positivement enchanté d'avoir à constater que la Ville-Lumière — dont j'ai l'honneur d'être le très obscur citoyen et le très humble serviteur — a fini par être dotée d'une installation, sur une échelle relativement grande, d'éclairage électrique. Il est bien un peu vexant, quand on s'appelle Paris, et quand on pose pour être le cerveau — phosphorescent — de l'univers, de s'être laissé devancer non seulement par de méchantes bourgades de province, mais même par le Japon, les îles Sandwich et l'émir de Boukhara. Mais, pourtant, mieux vaut tard que jamais. Ne récriminons pas ! Les maîtres souverains de la lumière distributive seraient capables de nous ramener — pour nous apprendre — aux clignotantes lanternes, auxquelles, il y a un siècle, on pendait les malcontents.

Le meilleur est encore de prendre les choses comme elles viennent, et, suffisamment satisfaits de ce qu'elles aient fini par venir, d'examiner la question, capitale en la matière, de savoir quelles sont les plus avantageuses dispositions à donner aux câbles métalliques chargés de véhiculer le précieux fluide (si tant est que ce soit un fluide) des usines centrales aux zones desservies.

Vaut-il mieux, en d'autres termes, que ces fils soient aériens ou souterrains ?

A Paris, la question est tranchée. C'est à la canalisation souterraine que, d'après un accord intervenu entre les entrepreneurs et les pouvoirs municipaux, on a résolu de s'en tenir. On ne s'en est aperçu que trop, du reste. Pendant toute la durée de l'Exposition, et même longtemps après, sur presque toute l'étendue des grands boulevards et de telles ou telles rues aussi peu fréquentées que le faubourg Montmartre, par exemple, les trottoirs éventrés montraient sans vergogne aux passants leurs entrailles béantes, où de nombreuses équipes d'ouvriers filaient méthodiquemen d'interminables tresses, plus grosses que le pouce, d'un beau métal jaune.

Cela gênait bien un peu la circulation, juste au moment où Paris, encombré de visiteurs et affairé à outrance, aurait eu plus que jamais besoin d'avoir ses issues libres et ses franches coudées. Mais, en revanche, cela amusait les badauds. Il fallait les voir, arrêtés par douzaines à chaque carrefour, un peu « estomaqués » par le spectacle de cette opération aussi incompréhensible qu'inusitée, et se demandant si ce n'était pas le syndicat des Cuivres qui faisait creuser toutes ces fosses et tous ces trous pour y enterrer son stock — avec ses espérances — en attendant des jours meilleurs...

Quoi qu'il en soit, on a eu grandement raison — toute question d'opportunité mise à part — de donner la préférence à la canalisation souterraine.

C'est en sa faveur, en effet, que plaide l'expérience des pays étrangers, et, en particulier, de l'Angleterre et des États-Unis, où messieurs les électriciens avaient débuté par le procédé contraire.

Dans certaines villes américaines, où l'agglomération est plus particulièrement dense, à New-York et à Chicago, par exemple, l'enchevêtrement des fils en l'air véhiculant silencieusement en tous sens les nouvelles, le son, la lumière, l'heure, la force motrice, etc., est si touffu qu'il éclipse — sans métaphore — la clarté du jour. Demandez plutôt aux touristes qui connaissent le coin de Chestnut-Street et de Third-Street à Philadelphie !

Là, le rôle des arbres de nos boulevards est tenu par des haies de grands poteaux bêtes, nus de la base à la cime, étalant à droite et à gauche, à angles droits, leurs longs bras décharnés, et semblables à des squelettes de sapins, ou plutôt à ces « ifs » de bois qui servent à supporter les lampions dans les fêtes foraines. A la place de ce gai feuillage, dont la gamme des verts, bizarrement mariée aux fonds rouges, blancs, gris, bleus, jaunes, des moellons, des tuiles, des ardoises, du plâtre et du zinc, donne à notre Paris, d'avril à octobre, son incomparable cachet d'originalité pittoresque, ce sont des rangées rectilignes et monochromes d' « isolateurs » de verre ou de porcelaine, avec une toile d'araignée sans fin, rigide, opaque et sinistre, de câbles métalliques de tous calibres. On dirait d'une cage géante ou d'un titanesque garde-manger enveloppant de toutes parts les hommes et les choses... Laissez passer la foudre domestique !

Que nous voilà loin de l'époque où l'ingénieur chargé par le tsar Nicolas d'établir la première communication télégraphique entre Saint-Pétersbourg et Péterhof, ayant proposé d'accrocher les fils conducteurs à des mâts alignés le long des routes, s'attira, de la part des savants membres de la commission qu'on lui avait adjointe, cette apostrophe *ad hominem* :

— Mais, monsieur, vos « fils en l'air » sont tout bonnement *ridicules* !

... A Londres, où les conducteurs électriques ne sont pas moins nombreux, l'effet n'est pas aussi saisissant, parce que le réseau repose non plus sur des perches plantées dans les chaussées, mais sur des supports installés au-dessus des toits des maisons, dont les propriétaires semblent y avoir mis de la complaisance, car toutes les permissions et licences nécessaires ont été accordées aux Compagnies, le plus souvent *gratis pro Deo*, ou moyennant une redevance infime et dérisoire.

On peut voir à Paris même, boulevard Montmartre, au-dessus des bâtiments qui dominent le passage Jouffroy, un spécimen — en petit, oh ! en tout petit — de ce système.

Les canalisations aériennes ne vont point, cependant, sans de sérieux inconvénients.

Tout d'abord, perpétuellement exposées aux injures

du temps et à de multiples avaries, elles sont difficiles
à isoler d'une façon parfaite, et réclament un contrôle
et un entretien aussi pénibles que dispendieux.

Puis, il y a les effets dits d' « induction », qui ne sont
peut-être que les manifestations d'une sorte d'auto-
suggestion de la matière électrisée. C'est en vain qu'on
entre-croise soigneusement les fils : ils sont quand même
trop voisins et leurs charges sont trop inégales pour
qu'il ne s'établisse pas à peu près fatalement de l'un à
l'autre des influences réciproques et des réactions sournoises, de nature à provoquer dans le service les plus
fâcheuses irrégularités.

Ce n'est pas tout, et, en outre de cette action à distance, les conducteurs aériens présentent d'autres dangers. Supposez que, même sans se rompre, l'un de ces
fils de la Vierge — de la Vierge-Torpille — où circulent, à haute pression, en ondes fulminantes, la lumière
et l'énergie laborieuse, viennent par malheur à heurter,
en se balançant, l'un des innombrables conducteurs
télégraphiques ou téléphoniques qui l'avoisinent..... Les
conséquences pourront être désastreuses. Les employés
et les particuliers occupés aux appareils sont alors, en
effet, exposés à recevoir une secousse terrible, sinon
même à être foudroyés net sur place.

— Allô ! allô ! Qui est là ?

— Allô ! C'est la Mort !

C'est la Mort, effectivement, la mort moderniste et
savante... Une étincelle, un souffle, un frisson... *Couic* !
Vous y êtes, en *un decir Jesus*, comme si le couteau de
Deibler y avait passé, et voilà votre communication

6***

téléphonique avec vos semblables définitivement inter-
rompue !

On n'a pas signalé moins de *deux cents* accidents de
ce genre — tous plus ou moins graves — au cours de
l'année 1888, dans la seule ville de New-York !

Mais il y a mieux — ou plutôt pis.

Qu'il survienne un ouragan ou une forte tombée de
neige, et voilà des centaines de poteaux jetés bas, des
kilomètres de fils brisés ! S'il n'y a personne dessous,
tout pourra se borner à une perte matérielle — ce qui
n'est pas, peut-être, un détail négligeable. Mais si la
chute a lieu à un moment où les rues sont pleines de
monde ; si, faisant coup de balai, l'un de ces écheveaux
fulgurants s'abat au beau milieu de la foule — l'accident peut prendre les proportions d'une véritable catastrophe. Il est tel, en effet, de ces gros câbles, le long
desquels galopent, invisibles, des centaines de chevaux-
vapeur, dont le simple contact peut être mortel.

En résumé, si les « fils en l'air » ne sont pas aussi
« ridicules » que le prétendait le Joseph Prudhomme
moscovite dont je viens d'exhumer la boutade saugre-
nue, ils sont au moins tragiques, ce qui ne vaut guère
mieux.

Les Yankees ont beau poser pour faire, quand il le
faut, assez bon marché de la vie humaine et sacrifier
volontiers les exigences raffinées de la sécurité générale
au besoin de faire des affaires — *bussiness is bussiness*
— et d'économiser du temps — *time is money* — force
leur a bien été, à la fin, de s'émouvoir. Dorénavant,
même chez eux, la fée Électricité, convaincue d'être

une personne infréquentable, sera condamnée à chemi-
ner *incognito* sous terre. On ne l'exhumera qu'à de
rares intervalles, pour livrer à ses embrassements
suprêmes les malfaiteurs incorrigibles dont la justice
aura résolu de se débarrasser...

Cette transformation, au surplus, ne se fera pas sans
douleur, car les frais de pose sont beaucoup plus considérables avec les canalisations souterraines qu'avec les
canalisations aériennes. Aussi, nombreux étaient les
Américains qui préféraient, à chaque bourrasque, à
chaque *blizzard*, remplacer toute une série de lignes,
voire même payer la forte somme, lorsque la chute ou
la déviation d'un câble avait entraîné des accidents
mortels. Il s'est même élevé, à ce propos, un conflit des
plus vifs entre la municipalité de New-York et certaines
Compagnies, qui refusaient carrément de faire passer
leur électricité par le chemin des taupes. Le maire dut
recourir à la force et faire abattre poteaux et fils *manu
militari...*

A Londres, également, le *Board of Trade* a résolu de
refuser toutes les demandes de licences présentées pour
l'éclairage électrique. Ces demandes devront être transformées en demandes d'ordres *provisoires...* C'est, apparemment, qu'on s'apprête à ne plus tolérer bientôt
d'autres circuits que les circuits souterrains.

Quant aux Parisiens, ils auront attendu longtemps
l'éclairage électrique ; mais, grâce à ces leçons et à ces
exemples, ils auront au moins l'avantage d'éviter les
surprises et les anicroches. *All's well that ends well !*

II

Vous avez tous lu, l'autre jour, le récit donné par les gazettes transatlantiques de la dernière frasque commise à New-York — où elle tient le haut du pavé, sans métaphore — par « lady Electricity ».

Par hasard, cette fois, il n'y a pas eu mort d'homme ; mais il y a eu mort de cheval, sans parler des blessés, qui ne sont pas moins d'une bonne demi-douzaine.

Tout cela parce qu'un fil téléphonique aérien étant venu à se rompre est tombé sur l'un des gros câbles de lumière électrique qui s'entre-croisent au-dessus des rues de la grande cité américaine, que leur quadrillage transforme en une sorte de volière géante !

Le plus inquiétant de l'histoire, c'est que ce n'est pas là un fait isolé. On ne compte plus là-bas les employés et les simples particuliers qui, au moment où, le cornet récepteur à l'oreille, ils approchaient leur visage de la plaque vibrante, ont ainsi reçu — télégraphiquement — un *gnon*, parfois mortel, de l'invisible main de la fantasque magicienne.

Plus de deux cents en un an, dans la seule ville de New-York, dit la statistique...

Allô ! Allô ! Si nous avons, nous autres tardigrades d'Europe, quelques bonnes raisons de nous plaindre que le téléphone marche mal, les Yankees, par contre, ont le droit de se plaindre qu'il marche trop bien.

Voilà, certes, qui n'est pas pour restaurer le prestige

de l'ingénieuse invention — dont Graham Bell dispute la gloire à Edison — à laquelle certains pessimistes imputaient déjà tout un stock d'autres responsabilités schopenhauerdantes, depuis la multiplication des otites et autres maux d'oreilles jusqu'à l'expansion de la grande névrose.

En tout cas, la canalisation de l'électricité par conducteurs aériens peut être considérée dorénavant comme jugée... et condamnée.

Puisse cette constatation décider les Parisiens à pardonner à leurs édiles l'éviscération inopportune de la rue Montmartre et des rues adjacentes ! Si ces tranchées sournoises, ces fosses béantes, ces pièges à loups brusquement ouverts sous les pas des foules affairées, ces longues tresses de bronze blond où s'empiègent les passants, risquent de faire casser quelques jambes ou de rendre enragés quelques impatients, consolons-nous en songeant qu'en revanche on va nous épargner ainsi le danger d'être, un jour d'ouragan, râflés et sidérés en tas par la chute imprévue, du haut d'un toit, d'un faisceau de fils chargés de foudre.

En vérité, ce péril — éminemment moderne — n'est point un mythe !

Aux Etats-Unis, où l'usage de l'électricité s'est généralisé dans des proportions inconnues au vieux monde, et où, jusqu'ici, les canalisations étaient presque exclusivement aériennes, il est peu à peu devenu la monnaie courante de l'existence, et l'on peut dire que la vie de chaque citoyen y est à peu près perpétuellement menacée.

Pas de semaine, en effet, qu'on n'ait à signaler un nouveau malheur.

Parfois même, ce sont des drames horribles, comme celui qui s'est déroulé, l'autre jour, au coin de Centre-Street et de Chambers-Street, dans l'un des quartiers les plus animés de New-York, pendant plus de trois quarts d'heure, sous les yeux de la foule impuissante à porter le moindre secours à une infortunée victime du devoir.

Un employé du télégraphe venait de grimper sur l'un de ces immenses poteaux à gradins, qui soutiennent les routes d'électricité et remplacent dans les cités américaines, auxquelles ils ne contribuent pas peu à donner leur aspect chimérique, les sycomores et les marronniers de nos boulevards. Arrivé au sommet de son perchoir, en évitant soigneusement de toucher aux câbles qui alimentent les lampes à arc, l'homme s'engagea dans le fouillis des fils placés au-dessus, dont le contact est inoffensif en raison de la faiblesse des courants qui les traversent. Mais le nombre des fils était si considérable et leur enchevêtrement si touffu, que le pauvre diable fut bientôt prisonnier au milieu de cette espèce de toile d'araignée. Tout à coup le voilà happé au vol par un fil où circulait un courant à très haute tension, dont il ne put se dépêtrer... Ce fut alors une scène navrante et tragique !

L'infortuné, que la première secousse n'avait malheureusement pas foudroyé, se mit à brûler vif, à petit feu : des flammes violettes commencèrent à sortir de sa bouche, de ses mains et de ses bottes... Pendant quarante minutes, cinq ou six mille personnes, pétrifiées par l'épouvante, suivirent les phases de cette infernale agonie, et quand, enfin, les secours vinrent de la *Western Union Telegraph Company*, il était trop tard, et l'on ne put retirer qu'un cadavre complètement carbonisé.

Telle est, au moins, l'histoire macabre qui nous était contée, le mois dernier, avec un luxe de détails extraordinaires, par les « papiers » transocéaniens, et que M. René de Saussure, qui en aurait été le témoin oculaire, rééditait encore, depuis, dans la *Nature*.

J'avoue que, de prime vue, j'ai cru à l'un de ces « canards » épiques comme il ne s'en lève que trop souvent de l'autre côté de l'eau. Comment concevoir, en effet, un courant électrique assez puissant, non seulement pour tuer un homme, mais pour carboniser ainsi son corps en cinq sec ?

Les témoignages sont venus cependant, si nombreux, si précis, si concordants, que force m'a bien été d'accepter la chose, à tout le moins sous bénéfice d'inventaire... Ne pouvait-on pas supposer, par exemple, que les fils s'étaient touchés et avaient ainsi déterminé une étincelle qui avait communiqué le feu aux vêtements de la victime ?

Mais voici que des personnes absolument dignes de foi nous affirment qu'il a suffi également du contact d'un mince fil téléphonique accidentellement chargé d'un potentiel énorme, pour, non seulement foudroyer sur place le cheval de Tom Wheelan, mais encore carboniser immédiatement 'ses chairs !... Décidément, je donne ma langue aux chiens. Comment ! une mince tige de métal pourrait véhiculer une pareille quantité de chaleur, à confondre l'imagination, sans se fondre ni se volatiliser !!! C'est comme si vous me disiez qu'un tuyau gros comme le doigt va débiter à la seconde autant d'eau qu'un ruisseau torrentiel de vingt mètres de large et de deux mètres de profondeur !

Ah ! il s'en faut encore que nous sachions à quoi nous en tenir, fût-ce même approximativement, sur le compte de ce capricieux agent que nous mettons cependant à toutes les sauces !

Il se pourrait bien, en définitive, qu'Edison ait eu raison lorsque, naguère, il escomptait l'incroyable possibilité de transformer, par une seule décharge, en une poignée de cendres, le corps d'un supplicié. Il se pourrait bien qu'il y eût encore, au siècle prochain, de beaux jours pour la crémation !

Quoi qu'il en soit, l'avenir est évidemment aux canalisations souterraines.

Il aura fallu longtemps à l'électricité pour élire domicile et conquérir droit de cité dans la capitale du monde. Mais les Parisiens auront eu au moins la compensation de savoir qu'elle leur vient par le royaume des taupes, où elle ne gêne ni ne menace personne, hormis peut-être la vermine.

Les Anglais et les Américains savent à présent ce qu'il en coûte d'être trop pressés. A Londres, aujourd'hui, — chacun sait ça — le *Board of Trade* n'accorde plus pour l'établissement de câbles aériens que des licences provisoires. A New-York, une ordonnance de police, édictée depuis quelques mois déjà, enjoint de faire désormais passer sous terre tous les nouveaux tronçons des réseaux à établir.

Mais les compagnies d'éclairage n'entendent pas de cette oreille. C'est que, avec les canalisations souterraines, les frais sont beaucoup plus considérables qu'avec les canalisations aériennes. Aussi, dans certaines circonstances, a-t-il fallu faire abattre fils et poteaux par la force armée. Et les marchands de lumière de répondre — du tac au tac — en fermant le robinet au fluide et en plongeant tout un quartier dans les ténèbres. Le conflit était encore hier à l'état aigu.

Et voici que, pour mettre le comble au gâchis, M. Edison — Papa Phonographe — en personne commence à se demander si les fils actionnés par certains puissants courants alternatifs ne seront pas plus dangereux encore sous terre qu'en plein air. Il serait même, à en croire la *North American Review*, allé jusqu'à dire qu' « autant vaudrait enterrer dans le sous-sol d'une ville une masse géante de nitro-glycérine... »

Eh bien ! nous voilà propres ! Que diable vont devenir nos arrière-neveux, si la fée Electricité, tout en étant une maîtresse incomparable, vient à être en même temps convaincue d'être la plus mauvaise des coucheuses, aussi redoutable à ses amants que feu Marguerite de Bourgogne ?

La première fois que M. Edison s'avisa de formuler cette menace paradoxale mais inquiétante, ce fut, dans le monde des profanes, une immense clameur de surprise et d'épouvante.

Le fait est qu'il y avait de quoi.

L'expérience avait déjà prouvé qu'il y a danger public à faire passer la foudre, fût-elle domestiquée, par-dessus les rues populeuses, le long de fils aériens. Si, maintenant, il était établi que le danger n'est pas moindre à la faire passer par les ténèbres de l'hypogée, n'était-ce pas à désespérer du progrès et à redemander les reverbères fumeux du bon vieux temps? Décidément la fée Electricité cotait ses bienfaits un peu cher. Sans doute, on ne fait pas d'omelettes sans œufs cassés ; mais s'il faut encore par-dessus le marché, pour les faire cuire, mettre le feu à la maison, ne vaudrait-il pas mieux arrêter les frais ?...

Et, pourtant, ce n'est plus seulement en Amérique, sous la forme platonique d'une théorie spéculative et lointaine, c'est en France, au cœur même de Paris, que la question se pose déjà avec un caractère inattendu d'urgence et d'acuité.

Voici, en effet, la dépêche signée du nom d'un homme aussi compétent (c'est un électricien) qu'honorable, que je recevais il y a trois jours :

MONSIEUR ÉMILE GAUTHIER.

A l'appui de votre « thèse », voici que des fils de téléphones, chargés par *induction* de courants électriques *à haute tension*, par suite du voisinage de câbles souterrains, ont fait fondre les tuyaux en plomb des conduites à gaz, au n° 26 du boulevard des Italiens : il en est résulté une explosion de gaz qui a jeté bas une portion de la devanture de la maison, et, en même temps l'électricité fondait plus loin les tuyaux, enflammait le gaz, cela tout à l'extrémité de la cour de l'immeuble.

Comme électricien, j'ai la conviction que l'avenir nous menace
de plus grands périls, en raison des canalisations qui s'accom-
plissent avec une précipitation mille fois regrettable pour la
sécurité publique.

Agréez, etc.

Emile DUCHEMIN.

Vérification faite, les assertions de mon correspondant étaient de tous points exactes.

La chose est d'autant plus sérieuse que le cas n'est pas
isolé. Il me revient de bonne source que des accidents
du même genre se reproduisent presque tous les jours...
Si l'on n'en parle pas, si l'émotion n'est pas plus vive,
c'est tout d'abord, dit-on, parce que jusqu'ici, grâce à
un concours exceptionnel de hasards heureux, il ne s'en
est encore suivi rien de très grave ; c'est, en second
lieu, parce que trop de gens sont intéressés à faire autour
de ce péril inédit et bizarre la conspiration du silence.

Il n'empêche que, à dire d'experts, les pertes subies
pourraient être évaluées, depuis douze ou quinze mois,
à une trentaine de millions.

Il n'empêche que, pris de panique, nombre d'habitants de la rive droite s'évertueraient, en ce moment,
paraît-il, à résilier leurs baux à tout prix, tant est
grande leur hâte d'émigrer sur la rive gauche, où
l'électricité n'ayant pas encore définitivement élu
domicile, jusqu'à nouvel ordre, les risques sont moins
imminents.

Il n'empêche que les commencements d'incendies
vont en se multipliant au point d'émouvoir les Compagnies d'assurances, qui en sont à se demander si

elles peuvent être tenues, dans le cas, non prévu par les polices, d'un sinistre déterminé par l'électricité, de payer l'indemnité de rigueur.

Il n'empêche qu'il est des propriétaires qui se décident à interdire formellement à leurs locataires d'établir dans leur immeuble des installations d'éclairage électrique.

M. Emile Duchemin (déjà nommé) est précisément de ceux-là, et, en ce moment même, il soutient de ce chef un procès des plus instructifs et des plus curieux contre deux de ses sous-locataires qui prétendent introduire, malgré lui, le redoutable fluide dans une maison du faubourg Saint-Martin, dont il est le propriétaire...

Je veux bien admettre qu'il y ait dans ce pessimisme un peu d'exagération ; mais, cependant, il faut bien le dire, le danger n'est pas niable.

Dans une réponse à M. Edison, que publiait dans un de ses derniers numéros, la *Revue internationale de l'Electricité et de ses applications*, après avoir reproché à « papa Phonographe » de trahir la logique et la science et de mordre le sein qui l'a nourri, M. George Prescott ajoute ingénument :

Je n'ai qu'une seule chose à répondre aux objections de M. Edison, c'est qu'elles s'appliquent également au gaz que nous introduisons dans nos maisons.

« Vous en êtes un autre !... » Ce bel argument n'a qu'un malheur, c'est que, loin de supprimer les dangers *indéniables* du gaz, les canalisations électriques ne font que les aggraver en surajoutant leurs propres dangers. Ce n'est pas une substitution, c'est une addition (ou plutôt une multiplication), une totalisation, un cumul de risques.

Quand le gaz est tout seul, il a déjà ses dangers, qu'on ne prévient qu'à force de précautions. Quand l'électricité est toute seule, ce serait se faire illusion que de la croire absolument inoffensive. Avec les capricieux courants à haute tension qu'il faut employer aujourd'hui, mais qu'on n'a pas encore appris à gouverner sûrement, tout est à craindre, parce que tout arrive.

C'est une résistance inattendue qui s'intercale, déterminant, au moment où l'on se garde le moins, l'échauffement, la fusion et la volatilisation des fils conducteurs; c'est une brusque élévation du potentiel, semblable à la crue dévastatrice d'un cours d'eau torrentiel, due à des causes mystérieuses; c'est un courant d'induction qui se forme dans le voisinage de la ligne, ou des extra-courants, irradiant la foudre à la ronde ou s'épanchant en pluie d'étincelles incendiaires et fulminantes; c'est une « fuite » sournoise de fluide favorisée par la défectuosité des enveloppes isolantes; c'est un contact à la terre, comme il s'en est déjà produit il y a quelques mois, à l'heure de l'absinthe, en plein boulevard des Capucines...

Que sera-ce lorsque les conduites de gaz et les conduites électriques, au lieu de suivre à part chacune son petit bonhomme de chemin distinct, seront associées, juxtaposées, enchevêtrées, comme elles le sont aujourd'hui dans le sous-sol de nos rues, qui finit par ressembler à une pièce d'anatomie, tant est touffu le réseau de fils et de tuyaux entre-croisés qui y charrient le son, la lumière, la force motrice, l'eau, le gaz, l'air comprimé, le chaud, le froid — et l'heure elle-même, qui parfois se perd en route ?

Mettre, comme on le fait, des écheveaux géants de fils et de câbles électriques, point ou mal isolés, non prémunis contre les effets des vibrations, à quelques centimètres de la surface d'un sol instable, crevassé, exposé d'ailleurs à chaque instant à s'imbiber d'eau, dans le voisinage immédiat de conduites de gaz dont quelques-unes sont d'un volume colossal, c'est donc un peu comme si l'on s'amusait à fumer un cigare dans une poudrière.

Supposez que dans un de ces énormes tuyaux à gaz de plus d'un mètre de diamètre, il vienne à se produire une de ces « fuites » qu'il est impossible de prévoir et de prévenir, et dont on n'a connaissance que par l'accident lui-même ; supposez qu'après s'être mélangé à l'air ambiant, le gaz ainsi extravasé s'accumule dans une sorte de poche à grisou en contact immédiat avec une de ces tresses de cuivre blond où circulent invisiblement des courants de 500, 600, et même 700 volts, sinon davantage... Ne voyez-vous pas qu'il peut en résulter une catastrophe auprès de laquelle la trop fameuse explosion d'Anvers, qui a coûté la vie à plus de cent personnes et à M. Corvilain sa fortune et sa liberté, n'aura été qu'une expérience de salon ? Ne voyez-vous pas que ce sera peut-être tout un quartier

— le faubourg Montmartre, les Halles ou la place de l'Opéra — qui va sauter au milieu d'une gerbe de flammes infectes, comme jadis la maison de la rue François-Miron ?

C'est à donner le frisson aux zutistes les plus imperturbables.

Faut-il donc renoncer à l'usage de l'électricité ? Loin de moi cette idée radicale, mais blasphématoire !

Seulement... seulement... nos ingénieurs y mettent peut-être un peu de précipitation et de témérité... Pourquoi donc vouloir toujours aller ainsi plus vite que les violons? Mon Dieu ! le bon public — dont je suis — ne demande pas mieux que d'y voir clair, et l'électricité le séduit fort : il ne tient tout de même pas énormément à ce que ce soit à ses dépens que les spécialistes apprennent la manière de s'en servir.

Casse-cou ! casse-cou !

III

Le fait-divers que voici date déjà de quelques mois. Mais, comme on va le voir, il n'en garde pas moins sa saveur :

C'était par une claire et sèche après-midi de dimanche. Deux dragons, en garnison à Nancy — M. Gomien, maréchal des logis, et son ordonnance — revenaient de faire une promenade à cheval dans les environs de la ville.

M. Gomien n'avait que sa monture; mais, en outre

de la bête qu'il chevauchait, le soldat qui l'accompagnait conduisait un autre cheval par la bride. Soit, au total, trois chevaux et deux dragons.

Le petit cortège descendait la rue du Faubourg-Saint-Jean, lorsque, tout à coup, près la porte Stanislas, le cheval conduit en main, après s'être livré brusquement à des entrechats désordonnés, s'abattit raide mort, comme foudroyé, sur la chaussée, pendant que, pris de peur, son flanqueur désarçonnait son cavalier, lequel, par bonheur, en a été quitte pour quelques contusions.

Que s'était-il donc passé? Ah! mon Dieu, rien que de très simple..... Le cheval tué avait mis le pied sur la plaque en fonte de l'un des « regards » de la canalisation qui sert à la distribution de l'énergie électrique pour l'éclairage de la ville par courants alternatifs du système Ferranti (également en usage à Paris aux Halles centrales et au Palais-Royal). Et comme l'isolement du câble, établi directement en terre, laissait énormément à désirer, une dérivation s'était faite avec la boîte métallique de jonction (qui s'ouvre par une trappe affleurant le pavé), de sorte que le pauvre cheval avait reçu à travers le corps une décharge équivalente à 2,400 volts — de quoi « fulgurer » un iguanodon.

Il va de soi que si c'eût été le cheval monté qui eût passé par là, le résultat aurait été le même, ou plutôt il eût été pire, car il y aurait eu non seulement mort de bête, mais aussi, par-dessus le marché, mort d'homme. On peut affirmer qu'il figure en ce moment dans la garnison de Nancy un cavalier de deuxième classe qui l'a échappée belle, et qui doit une fière bougie Jablochkoff à la madone de son « patelin ».

Je dédie cette anecdote aux spécialistes entendus qui, lorsque j'ai dénoncé les dangers possibles des canalisations souterraines de lumière électrique par courants alternatifs à haute tension, n'ont eu rien de plus chaud que de m'accabler de quolibets entrelardés d'anathèmes, et d'insinuer gentiment que je pourrais bien être vendu à la Compagnie du gaz.

Justement la chose vient à point, et, comme dit l'autre, « tombe à pic ». Le jour même où, par-dessus les toits, me parvenait la nouvelle de l'accident de Nancy, l'un des meilleurs *magazines* et des mieux renseignés, la *Revue internationale de l'Electricité et de ses applications*, publiait une conférence faite par un M. William Mayer (junior) devant l'*American Institute of electrical engineers*, sur « les canalisations souterraines d'électricité », conférence dans laquelle ce péril « fin de siècle » est, sinon nié formellement, au moins présenté comme une plaisanterie excessive ou une quantité négligeable.

Les dangers à redouter des canalisations électriques souterraines, dit M. Mayer, et, parmi elles, des fils à haute tension, seraient multiples, à en croire au moins ceux dont les bons sentiments à l'égard desdites canalisations sont douteux... Seulement, quand on leur demande de spécifier ces dangers, leur réponse se borne à dire ceci : « D'abord que les ouvriers seront tués en touchant des fils nus dans les *regards* ; ensuite qu'il s'établira des dérivations entre les conducteurs et les tuyaux de gaz ou d'eau, enfin que les explosions de gaz dans les canalisations seront nombreuses ».

M. Mayer prend ensuite une à une chacune de ces objections et s'évertue à démontrer que toutes trois sont également peu ou point fondées.

Pour ce qui est des accidents auxquels sont exposés les ouvriers travaillant dans les « regards », nul ne les prétend impossibles. Mais comme on n'en a pas encore constaté un seul de ce genre à New-York, ni *ailleurs*, je crois, il est juste d'admettre que, moyennant une surveillance convenable des fils, les accidents de ce chef ne seront pas fréquents.

« Ni ailleurs » est peut-être un peu risqué. Possible que New-York, où les victimes des canalisations aériennes se sont chiffrées par centaines, soit, au point de vue des canalisations souterraines, une cité privilégiée. Mais il paraît que Nancy est moins favorisée par l'*Ananké* électrique. Il y a deux ans déjà, en effet, un ouvrier attaché aux travaux des installations intérieures y était tué net par le courant à l'hôtel Dombasle. Voici maintenant que les volts enterrés vous y foudroient — « d'un regard » — non seulement les ouvriers, mais les passants, voire même les passants équestres !

J'ajouterai ici, poursuit M. Mayer, que l'innocuité du travail dans les « regards » serait augmentée dans bien des cas, si ces « regards » étaient plus grands, et il y aurait lieu de leur donner des dimensions plus considérables partout où les conditions locales des rues le permettront.

Grand merci, *good fellow* ! Si le « regard » du faubourg Saint-Jean avait été plus large, ce n'eût pas été seulement le cheval démonté qui eût été tué, c'eût été aussi l'autre, avec son dragon, et peut-être M. Gomien lui-même.

... Quant à l'allégation qu'il est à craindre que des courants puissants puissent s'introduire dans les maisons par les tuyaux d'eau ou de gaz, à la suite du contact de ces tuyaux avec les conducteurs souterrains, il serait à peine besoin de la relever devant une assemblée d'électriciens, n'était la persistance avec laquelle elle est répétée, même par des hommes du métier.

Peut-être bien, tout de même, que les « hommes du métier » ont leurs raisons.....

Moi, je ne suis pas un « homme de métier », mais je concède volontiers à M. Mayer que, sous cette forme, le danger n'est ni très immédiat ni très grave. Il ne faudrait cependant pas en conclure qu'il n'existe pas. Il y a, en effet, des exemples : ce n'est pas seulement par le canal des tuyaux de gaz ou d'eau que la foudre a pu parfois violer ainsi le domicile de braves gens qui ne s'attendaient guère à cette visite par effraction, c'est aussi par le canal de simples fils téléphoniques, et rien ne me serait plus facile, sans sortir de Paris, que de citer des lieux et des dates, et de produire des témoins.

Sans compter qu'il n'est non plus ni impossible ni même improbable que le redoutable fluide (si fluide il y a), au lieu de s'amuser à suivre jusqu'au bout le tuyau métallique, préfère s'arrêter en route et le fondre sur place...

Et ceci m'amène, par une transition toute naturelle, au troisième inconvénient signalé : l'accumulation du gaz d'éclairage dans le voisinage des conducteurs d'électricité.

M. Mayer veut bien reconnaître que c'est là le danger le plus sérieux des canalisations souterraines.

Le fait est qu'il serait mal venu à le nier, puisqu'on ne compte plus les accidents, plus ou moins graves, imputables à cette cause.

Aussi, les électriciens ne cessent-ils de rechercher les moyens de se débarrasser de ce cauchemar.

On enferme ces fils électriques dans des cylindres étanches, accessibles seulement de loin en loin par des « regards », si bien que, pour y dérouler leurs rousses tresses de cuivre, il faut d'abord faire passer le long de ce tunnel en miniature une longue corde préalablement attachée soit à une série de gaules emmanchées bout à bout, soit à la queue d'un rat qu'on lâche avec un furet à ses trousses. On empâte ensuite le tout dans un solide massif de ciment. On organise, d'autre part, une foule de systèmes, tous plus ingénieux les uns que les autres, de ventilation souterraine.

Rien n'y fait, et le subtil gaz d'éclairage, dont on ne peut jamais prévoir ni même déceler les fuites, s'infiltre quand même.

On frémit quand on pense à ce qui pourrait s'ensuivre avec certains tuyaux à gaz au calibre géant — 80 centimètres ou un mètre de diamètre ! — comme il y en a sous le pavé de certaines grandes artères.

Je sais bien que, d'après M. Mayer, toutes les fois que, dans ces conditions, des explosions ont eu lieu à New-York, l'électricité n'était pas en cause : tantôt c'était une escarbille enflammée tombée d'une locomotive, tantôt un bout de cigare échappé des mains maladroites d'un fumeur imprudent.... Mais, c'est égal ! quand je songe à la défectuosité de l'isolement de gros fils où circule, invisible et sournois, un tonnerre mal apprivoisé, je ne puis m'empêcher d'évoquer les sinistres paroles d'Edison assimilant les canalisations souterraines à une colossale et rayonnante cartouche de dynamite !

On ne saurait trop rappeler que la science n'est pas encore en possession d'une substance diélectrique assurant d'une façon suffisante l'isolement des fils conducteurs. On a parlé du papier comprimé ; on a parlé de l'amiante ; voici maintenant, si nous en croyons *l'Electricité*, qu'un ancien inspecteur des télégraphes italiens, M. Verardini Prendiparte, prétend que la solution du problème pourrait bien être donnée par la résine, convenablement traitée, du *pinus sylvestris*... Je ne sache pas qu'aucune de ces tentatives ait abouti à des résultats véritablement définitifs et aptes à passer dans la pratique courante.

Or, tant que nous n'en serons pas là, le voisinage des hauts potentiels, qu'ils circulent sous nos pieds ou au-dessus de nos têtes, n'ira point sans de redoutables dangers, d'autant plus effrayants que rien ne saurait, *à priori*, dénoncer leur présence. Et plus l'usage de l'électricité se généralisera, plus ce danger prendra d'extension et d'imminence. La vérité est que, d'ores et déjà, Paris — *fluctuat nec mergitur* — navigue sur un volcan, et que tout un chacun fera bien d'y regarder à deux fois avant de se risquer à mettre le pied sur l'une quelconque des innombrables plaques de fonte qui émaillent, dans certains quartiers, les chaussées et les trottoirs.

Mais M. Mayer s'en console, en songeant que, grâce aux canalisations souterraines, il n'y aura plus de pauvres diables écrabouillés dans les rues, les jours de tempête, par la chute des poteaux des canalisations aériennes, avec leurs flottantes chevelures de métal fulminant... C'est comme si nous nous consolions d'un déraillement tragique ou du « télescopage » d'un train de chemin de fer, en nous disant que, après tout, à l'époque où nous sommes, c'en est fini des détrousseurs de diligences...

Et voilà comment tout est toujours pour le mieux dans le meilleur des mondes !

IV

Je n'ai, je vous le jure, qu'un goût modéré pour le rôle ingrat de prophète de malheur, et le « Je l'avais bien dit ! » de Cassandre n'est pas pour me charmer.

Cependant, quand il s'agit d'une question d'intérêt général et de sécurité publique, j'aurais mauvaise grâce à ne pas mettre les points sur les i, et à ne pas rappeler, au lendemain d'une catastrophe que le hasard seul a restreinte — heureusement — à de simples dégâts matériels, que si les gens qui ont charge de nos destinées municipales avaient daigné prêter l'oreille à mes objurgations documentées, on aurait, peut-être, pu faire l'économie d'un malheur.

Les malins, — j'entends ceux qui ont bonne mémoire — auront déjà deviné que c'est à l'explosion du restaurant Larue que je veux faire allusion.

Il paraît, en effet, établi aujourd'hui, d'après les rapports de police :

1° Que le tuyau du gaz éclairant le kiosque situé de l'autre côté du trottoir, en face le restaurant, était crevé juste à la hauteur du tronçon qui traverse un regard de la canalisation électrique ;

2° Que le gaz s'échappant par cette fuite a dû fuser le long de la conduite électrique amenant les fils d'éclairage dans la cave du restaurant ;

3° Que l'enveloppe — soi-disant isolante — de gutta-percha entourant ces fils était brûlée.

Il n'en a pas fallu davantage pour provoquer une étincelle qui a mis le feu au mélange détonant d'air et de gaz... et tout a sauté. C'est miracle que l'accident soit arrivé au moment opportun, précisément à l'heure de relâche où les dîners étant finis et les soupers n'étant pas encore commencés, l'établissement était vide. Autrement, c'eût été peut-être par douzaines que se seraient chiffrées les victimes.

Combien de fois cependant n'avait-on pas crié : « Casse-cou ! » et dénoncé à qui de droit l'effroyable danger de cette juxtaposition de la foudre filée et du gaz explosif — les allumettes à côté du baril de poudre ! — qui transforme notre sous-sol parisien en un immense volcan ! Mais « qui de droit », trop occupé sans doute à autre chose, n'avait eu garde de prêter l'oreille aux lamentations des profanes.

L'accident de lundi dernier, qui a été de la propagande « par le fait » au premier chef, aura-t-il plus d'action que les arguments théoriques sur l'opiniâtre optimisme de ces routiniers qui ont des oreilles pour ne pas entendre et des yeux pour ne pas voir ? Je le souhaite et je l'espère, mais je n'en suis pas sûr. N'a-t-il pas fallu que l'Opéra-Comique flambât — à la voix prophétique de M. Berthelot — et que deux cents personnes laissassent leurs os dans le brasier pour décider les autorités constituées à décréter d'urgence l'établissement des mesures de précaution de rigueur ? Peut-être faudra-t-il également encore beaucoup d'explosions comme celle qui a failli métamorphoser le coin de la place de la Madeleine en une fournaise et en un charnier, pour qu'on comprenne enfin en haut lieu qu'il y a peut-être de ce chef quelque chose à faire.

Qu'on n'aille pas s'imaginer, au moins, que si je m'appesantis avec tant d'insistance et d'amertume sur ce genre, moderniste mais tragique, de faits-divers, j'aie l'intention de réclamer indirectement ainsi le retour aux canalisations aériennes d'électricité. Non ! non ! Je n'ai rien à retrancher ni rien à ajouter à ce que j'ai dit plus haut à propos de ces « fils en l'air », auxquels on paraît avoir, au surplus, à peu près partout, même en Amérique, définitivement renoncé. Ce qui vient, d'ailleurs, de se passer à New-York, il y aura tantôt trois mois, aurait eu tôt dissipé mes scrupules et mes doutes, s'il avait pu m'en rester encore.

L'histoire mérite d'être contée.

Une épouvantable tempête de neige (*bliz-zard*), comme

on n'en voit guère que là-bas, s'était abattue sur la ville de New-York, raflant par centaines, d'un geste large, les ifs saugrenus, dont quelques-uns portent jusqu'à 200 fils, qui, sur toute la superficie de l'immense cité, servent à soutenir les voies télégraphiques et téléphoniques. En moins d'une heure, tout fut culbuté : dégringolant les uns sur les autres et s'entraînant par une cascade de chutes à n'en plus finir, les poteaux s'abattirent sur la chaussée, brisant les corniches des maisons, crevant les murailles, enfonçant les fenêtres et les devantures, emprisonnant les rues et les boulevards sous un inextricable chaos de pièces de bois et de fils de cuivre. A midi, il ne restait pas, dans toute la ville de New-York, un seul conducteur électrique qui pût être encore utilisé.

Pour éviter les accidents et ne pas laisser s'établir de circuits dangereux dans ce labyrinthe de fils embrouillés, on interrompit l'émission des courants destinés à l'alimentation de l'éclairage, tant à New-York qu'à Brooklyn, de sorte que, pendant deux jours, force fut aux habitants de se passer non seulement du télégraphe et du téléphone, mais encore de la lumière électrique. Une tombée de neige un peu trop forte avait suffi pour ramener la grande cité américaine à l'état de barbarie relative où elle était encore au commencement du siècle.

Heureusement que les gros fils de lumière, où circulent des courants alternatifs à haute tension, ont dû être, depuis quelque temps, à la suite des trop nombreux accidents qui avaient fini par épouvanter l'opinion publique, enterrés dans le sol. Si ces fils, déjà si lourds par eux-mêmes, avaient encore été aériens, comme ils l'étaient autrefois, le désastre aurait pu être immense.

Les pertes ne laissent pas d'être considérables. On n'évalue pas à moins de quatre millions de dollars les seules pertes incombant aux Compagnies d'électricité. Mais il y a lieu de supposer que cet énorme chiffre est encore au-dessous de la réalité. Contrairement, en effet, à ce qui se passe d'ordinaire — les sinistrés étant toujours enclins à exagérer leurs malheurs — les Compagnies new-yorkaises d'électricité doivent être plutôt disposées à dissimuler l'étendue du désastre, par cette excellente raison que leur ambition secrète est de faire rapporter les arrêtés municipaux qui ont irrévocablement proscrit naguère les canalisations aériennes de fluide.

Mais, quoi qu'il en soit, il n'en est pas moins indubitable que si le *bliz-zard* s'était produit un an plus tôt, alors que les hauts potentiels circulaient encore par le chemin des hirondelles, au lieu de circuler comme aujourd'hui par le chemin des cloportes, il y aurait de fortes chances pour que New-York ne fût plus, à l'heure actuelle, qu'un monceau de ruines. *All right !*

— Mais, vont sans doute m'objecter les grincheux, si les canalisations électriques vous paraissent aussi dangereuses en haut qu'en bas, et dans l'air que dans la terre, par où diable voulez-vous les faire passer ? Autant alors renoncer à l'emploi de la lumière électrique, et en revenir, non pas même au gaz, également convaincu d'assassinat, mais aux quinquets clignotants et fumeux du bon vieux temps ?

De grâce, qu'on ne me fasse pas dire plus que je n'ai voulu dire !

M'est avis que je ne suis pas suspect de sévérité ni d'antipathie à l'endroit de la fée Electricité. Je me fais gloire, tout au contraire, d'avoir été, parmi les gazetiers de ma génération, l'un de ceux qui ont sonné le plus de fanfares en son honneur. Il y aurait, de ma part, une sorte de contradiction ridicule à venir aujourd'hui intenter une action en divorce contre une magicienne dont je m'honore de m'être tant de fois improvisé, d'office, le héraut, l'avocat et l'impresario.

Seulement..., seulement..., il faut s'entendre. Il faut s'arranger. Il faut surtout ne pas aller trop vite ni trop aveuglément en besogne, à la façon d'une corneille qui abat des noix.

Peut-être a-t-on trop tôt généralisé l'usage de l'éclairage électrique avant de connaître suffisamment la manière de s'en servir. Si les électriciens ne veulent pas qu'il se fasse contre leur chère déesse aux yeux phosphorescents une excessive et injuste réaction, il n'est que temps pour eux d'aviser.

Quand je songe, en effet, que le sous-sol des quartiers les plus populeux de Paris est sillonné d'autant de conduites à gaz (dont quelques-unes sont colossales) et de conduites électriques entre-croisées qu'il y a de vaisseaux lymphatiques et sanguins ou de fibres nerveuses dans le morceau de chair humaine le plus richement vascularisé ; quand je songe, d'autre part, qu'il est à peu près impossible de prévenir et même de reconnaître les fuites du gaz, qui fuse et s'épanche en nappes sournoises, imprégnant la terre à la ronde, et constituant deci delà, sous les pavés de nos rues et sous les voûtes de nos caves, de redoutables torpilles et d'hypocrites poches à grisou ; quand je songe à tout cela, dis-je, et à bien d'autres choses

Que je ne vous dirai pas —

ma foi ! je me sens pris de l'incoercible tentation de quitter cette fulminante Sodome pour m'en aller avec ma mie planter des choux au fond de quelque province arriérée... ou même encore plus loin.

Caveant consules !

Pour ce qui est de dire comment *consules* doivent *cavere*, ce n'est pas l'affaire d'un monsieur comme votre serviteur soussigné, qui n'est ni marchand ni fabricant de foudre. Représentant du public fulgurable et flambable, — dont j'ai l'honneur d'être — je me borne à signaler et à diagnostiquer le mal. Aux spécialistes, qui sont payés pour ça, de trouver l'efficace remède ! *Amen.*

V

Assurément — il y aurait, à le nier, à la fois ingratitude et sottise — nous sommes redevables à la fée Electricité de bienfaits sans prix comme sans nombre.

Si même, par malheur, elle venait jamais non pas à disparaître — comment concevoir, en effet, la disparition de ce qui est peut-être la condition essentielle du mouvement et de la vie, l'âme profonde du Cosmos, *mens agitans molem* ? — mais à secouer le joug et à se dérober aux indiscrètes familiarités du génie humain, on se demande ce qu'il adviendrait de notre science, de notre civilisation, de tous les raffinements dont cette fin de siècle est si fière. Il semble, en vérité, que nous retomberions du coup en barbarie.

N'a-t-elle point déjà, l'omnisciente magicienne, transfiguré le commerce et l'industrie, les œuvres de paix comme les œuvres de guerre, toutes les relations sociales, la politique même et la Bourse (désormais à la merci d'un télégramme de deux lignes venu du bout de l'univers en deux secondes) — en attendant qu'elle transfigure également l'agriculture, l'hygiène et la médecine ? Qui sait si, dans cinquante ans, elle ne nous aura pas révélé le secret ultime de la fabrication et de la conservation de la matière vivante, et si, substituant ses effluves, enfin disciplinés, à la macédoine de drogues, virus et vaccins qui ne sert guère peut-être aujourd'hui, entre les mains tâtonnantes de l'empirisme, qu'à nous exaspérer les nerfs et à nous corrompre le sang, elle n'aura pas contraint les trois quarts des thérapeutes, apothicaires et chirurgiens — empoisonneurs et bouchers — à fermer boutique ?

Mais cela n'ira pas tout seul. Elle a, comme les camarades, les vices de ses qualités, et même, à s'en tenir à l'étroit domaine de la physiologie, ses services ne laissent pas de coûter assez cher... Tout n'est qu'heur et malheur !

Combien de fois n'a-t-on pas signalé déjà le danger

si original et si neuf qu'allait ourdir, au-dessus de nos têtes et sous nos pieds, en haut, en bas, à droite, à gauche, partout, comme une menace ubiquiste et permanente, l'irradiation des fils conducteurs — ses nerfs à elle ! — dont la redoutable Vierge-Torpille enveloppe de plus en plus étroitement la planète?

Il s'en faut que ce soit là un danger pour rire. Ils pourraient en témoigner éloquemment, s'ils n'étaient pas morts, tous les malheureux qui ont étrenné déjà les canalisations aériennes de lumières et de force. Car ce n'est guère que quand on la charge de « justicier » légalement un condamné, que, par répugnance peut-être pour le métier de bourreau, ou en manière de protestation contre la peine de mort, la capricieuse se permet de faire des façons et de s'y reprendre à deux fois pour foudroyer le pauvre monde.

Ce n'est pas sans motif, ni, comme l'on dit, pour des prunes, que certaines Compagnies d'assurances d'outre-Atlantique, *The Employer's Liability Insurance Corporation*, par exemple, ont pris la peine d'expliquer par le menu et de condenser en axiomes simples, clairs et pré_cis, sous la forme d'un *vade-mecum* — ou d'un catéchisme — qu'elles distribuent d'autorité aux abonnés fulgurables, toutes les précautions à observer pour naviguer impunément sur les volcans où s'emmagasine désormais la foudre domestique.

Il paraît encore que, par-dessus le marché, l'électricité engendre des maladies spéciales qu'on n'avait jamais constatées jusqu'ici et dont l'intégrale responsabilité lui incombe.

Tout d'abord, le délire électrique...

Il n'entre presque plus dans nos asiles, dit un de nos praticiens les plus distingués, de persécutés attribuant leur malheur
au diable ou au mauvais esprit. Presque tous à présent se décla-
rent poursuivis par quelque nouvelle invention électrique, par
quelque machine à éclairs... Il est encore une autre classe d'« é-
lectromanes » qui méritent d'être signalés : ce sont ceux qui
croient avoir reçu une décharge électrique et simulent en conséquence les symptômes apparents les plus variés, convulsions,
tremblements, etc. Leur nombre est grand, surtout en Amérique.
(Cf. l'*Electrothérapie*, juin 1890, p. 65.)

Ce n'est pas là, il est vrai, une aggravation, ni même
une nouveauté. Dans le délire électrique, l'électricité
n'agit guère que par une sorte de choc en retour. Elle
n'augmente pas le nombre des fous ; elle change seulement la forme et le « style » de la folie.

Mais il est d'autres cas dans lesquels l'action morbi-
fique de l'électricité est à la fois moins équivoque et
plus directe.

..... Au dernier congrès du *Sanitary Institute*, qui a
eu lieu fin août 1890, à Brighton, M. W.-H. Preece s'ef-
forçait d'établir, dans une suggestive conférence, la supériorité de la lumière électrique au point de vue de
l'hygiène :

La lumière électrique, s'écriait-il, est un puissant agent de
santé. Non seulement tous ceux qui s'en servent se sentent mieux
qu'auparavant, mais leur appétit augmente, leur sommeil devient
plus calme et plus profond, tandis que les visites du médecin
se font plus rares. Les ouvriers ont plus de cœur à l'ouvrage, et
les absences pour cause de maladies tendent à devenir moins
fréquentes. A la *Savings Bank* de Queen-Victoria-Street, à

Londres, où 1,200 personnes sont employées, la diminution de ces absences a été assez grande pour que l'augmentation du travail fourni par le personnel payât le supplément de frais que comporte ce mode d'éclairage. La même observation a été faite à Liverpool et ailleurs.

Certes, l'éminent conférencier n'avait pas tort. La lumière électrique présente évidemment de sérieux avantages hygiéniques : avec elle, en effet, point de dégagement d'oxyde de carbone ou d'acide carbonique, point de perte d'oxygène, point d'échauffement exagéré..... Il n'empêche qu'elle a bien aussi, au point de vue hygiénique, ses petits défauts.

Sans parler de l'ophtalmie photo-électrique, signalée naguère par le docteur Lubinski (de Kronstadt), n'est-elle pas d'ores et déjà accusée de donner des « coups de soleil », ni plus ni moins que l'astre du même nom, qu'elle a la prétention de remplacer quand il se couche ? C'est au moins ce qui résulte d'une note que M. le docteur Defontaine, médecin en chef des usines du Creusot, communiquait, il y aura tantôt trois ans, par le canal de M. Terrier, à l'Académie de chirurgie.

Sans doute, avec les foyers à arc ordinaires, dont le pouvoir photogénique n'a rien d'exorbitant, le coup de soleil électrique n'est pas trop à redouter. Mais dans les grandes usines où, comme au Creusot, on se sert de la lumière électrique pour la fonte ou la soudure de certaines pièces, on emploie des foyers d'une intensité radiante de plus de cent mille bougies, ramassée sur une surface de quelques centimètres carrés seulement.

Or, dans ces conditions, il se produit parfois des effets étranges... Au bout d'une heure ou deux, les assistants — ou, du moins, tels et tels d'entre eux, car l'électricité a ses antipathies comme elle a ses préférences — commencent à ressentir une cuisson douloureuse au visage, aux mains et au cou, dont l'épiderme prend la couleur de la brique. La vision se trouble, et, pendant un certain temps, on ne voit plus les objets que safran foncé : la vie en jaune ! Les yeux pleurent, avec la pénible sensation que cause la présence d'une escarbille ou d'un grain de sable sous la paupière, et cette irritation désagréable persiste parfois, avec l'inflammation des conjonctives, pendant trois ou quatre jours. La peau tombe bientôt en écailles, en même temps qu'on constate de l'insomnie, de la migraine et de la fièvre...

Le phénomène est d'autant plus curieux que la chaleur, qui joue le principal rôle dans l'insolation classique, ne peut avoir ici aucune influence. Presque toute la chaleur de l'arc électrique demeure, en effet, concentrée au foyer, entre les deux charbons, et l'on ne ressent en aucune façon l'impression d'une température exagérément élevée. Cependant, à douze mètres de distance, le « coup de soleil » se manifeste ! C'est donc la lumière seule, la lumière froide, qui, par une sorte d'action chimique mystérieuse, cousine germaine des sortilèges de la photographie, le détermine. Il ne serait même pas impossible que, avec un foyer suffisamment puissant, l'insolation électrique entraînât la mort.

Qui dira, d'ailleurs, les effets occultes que, lentement, cette fantasmagorique lumière, avec ses splen-

deurs crues, ses reflets irisés et faux, ses ombres spec-
trales, son clignotement maladif et son hypnotisante
brutalité, est en train d'exercer sur notre rétine à tous,
sur nos nerfs optiques, et, jusqu'au fin fond de notre
pulpe cérébrale, sur les intimités mêmes des centres
visuels ? L'expérience ne dure pas encore depuis assez
longtemps, sans doute, pour autoriser la moindre hypothèse un peu plausible ; mais n'est-il pas, cependant,
d'ores et déjà permis de prévoir que c'est une révolution
dans l'ophtalmologie, et, par ricochet, dans l'esthétique,
qui s'amorce, et que, presbytes, myopes ou daltoniens,
nos arrière-petits-fils ne verront pas comme voyaient
nos grands-pères ?

Il n'est pas jusqu'à l'humble et innocent téléphone
qui ne mérite, lui aussi, de figurer — en quelle fâcheuse
posture ! — au dossier pathologique de la sorcière.

On a constaté que les téléphonistes, les amateurs
comme les professionnels, étaient sujets à des névropa-
thies spéciales et typiques. Rien n'est plus exact. Le cré-
pitement des lignes — la « friture » — finit par devenir
intolérable pour le cerveau de certains « sensitifs »,
et par leur rendre extrêmement pénible la pratique de
l' « électroloquie » — qu'il ne faudrait pourtant pas
confondre avec l' « électrocution ». On a même signalé,
chez des jeunes femmes occupées dans les offices téléphoniques, des cas d'un tel agacement nerveux qu'elles
recevaient et percevaient *douloureusement* les communications électriques par le bout des doigts — comme
certains sourds entendent le tambour par le ventre —
sans avoir besoin de porter les récepteurs à leurs oreilles.

Mais voici bien une autre affaire !

Si nous en croyons certains bactériologistes américains et anglais, le téléphone constituerait tout bonnement, en fin de compte, le plus abominable instrument de contagion qu'aurait pu rêver jamais le pire des misanthropes.

D'après nos docteurs Tant-Pis d'outre-mer, ce serait le récepteur téléphonique, cette oreille de Denys par trop banale et par trop démocratique, où s'essuient, sans trêve ni pudeur, de l'aube au crépuscule, des peaux plus ou moins propres et saines, de toutes couleurs, de toutes provenances et de toutes qualités, qui serait particulièrement sujet à caution.

Hic jacet lepus ! « Là gît le lièvre » — ou plutôt le microbe. Imaginez que vous succédiez, dans la perfide cabine, à un syphilitique, à un teigneux, à un pustulard... Voilà que vous approchez de votre cuir, immaculé jusque-là, le cornet-omnibus ; voilà peut-être que, sans souci des ignominies de la promiscuité, dans la fièvre d'impatience rageuse que provoque infailliblement, au bout de trois minutes, le superbe zutisme de ces demoiselles du bureau central, vous vous mettez à vous frotter vigoureusement son métal maculé tout autour de la marge du pertuis de l'entendement ! Il n'en faut pas davantage pour vous inoculer le virus de la lèpre, de la petite vérole (ou même de l'autre), du charbon, du tétanos, du cancer ou de l'hydrophobie... Qui sait si ce n'est pas ainsi qu'on doit expliquer la propagation vertigineuse et l'incroyable extension de l'influenza, qui — notez ceci ! — paraît avoir sévi le plus violemment sur les grandes agglomérations urbaines, et avoir dégénéré plus souvent qu'à son tour en otites purulentes ?

Voilà pourquoi votre fille est muette.

Eh ! mon Dieu ! ne suffit-il pas d'un bistouri mal essuyé pour infecter toute une salle d'hôpital ! N'a-t-on pas vu d'horribles pityriasis, des alopécies abominables, envahir, comme une traînée de poudre, des régiments entiers, en volant de tête en tête, parce que le perruquier n'avait pas assez scrupuleusement veillé sur la propreté de sa « tondeuse » ou de ses ciseaux ! Combien ne pourrait-on pas citer d'exemples de transmission de l'eczéma, de l'érysipèle, de la pelade, etc., par des instruments de chirurgie, du linge, une brosse, un képi, un rasoir, un verre ou une pipe ! N'en est-on pas aujourd'hui à flamber les épées avant un duel, ou à les passer au phénol ?

A nous en tenir simplement à cet épouvantable fléau, que les Français appellent « mal de Naples » et les Italiens « mal français », comme si aucun peuple n'en voulait accepter la répugnante responsabilité, et qui, cependant, hélas ! mieux que l'esprit, court les rues, à nous en tenir à la syphilis, nous pourrions produire un dossier à donner le frisson aux plus impassibles, depuis le sergent de ville, contractant au pouce un chancre malin dont il finit par mourir en trois mois, pour avoir été mordu par un voyou qu'il arrêtait, jusqu'à la malheureuse jeune fille, absolument saine et pure, syphilisée jusqu'aux moelles, pour avoir bu dans le verre souillé par les lèvres inconsciemment virulentes de son frère.

Peut-être n'a-t-on pas constaté de cas formel et précis de syphilis au téléphone ; mais il doit y en avoir, et dans son livre, si effrayant et si suggestif à la fois — *Syphilis et santé publique* — paru l'an dernier chez J.-B. Baillière, l'ancien chef de clinique de l'hôpital Saint-Louis, M. le docteur T. Barthélemy, que préoccupe, lui aussi, ce péril inédit (p. 29), nous rappelle que Martineau avait déjà constaté au moins un cas de contamination par cornet acoustique. *Et nunc erudimini !*

....Bah ! nous nous y ferons bien, que diable ! à ces risques nouveaux, comme nous nous sommes faits aux explosions du gaz et aux déraillements, collisions et « télescopages » des chemins de fer.

Nous prendrons les précautions requises, voilà tout !

Nous mettrons des masques de verre, des casques à pointe et des lunettes noires pour entrer dans les usines électriques ; nous veillerons à ne point effleurer les fils conducteurs dépouillés de leur tunique isolante de soie, d'amiante ou de gutta-percha ; nous nous garerons des courants invisibles et des décharges sournoises, comme on se gare aujourd'hui des fiacres et des courroies de transmission; chacun aura en portefeuille—je vous livre l'idée pour rien, telle qu'elle m'a poussé — sa bague de caoutchouc à soi, calibrée pour s'adapter à tous les récepteurs téléphoniques, comme on a son mouchoir, son porte-cigare, son canif ou son peigne à moustaches...

N'est-ce pas le besoin qui crée l'organe ? Et ne faut-il pas être de son temps ?

Je n'ignore pas que quand je me suis avisé d'écrire que le banal récepteur des téléphones publics pouvait parfaitement, le cas échéant, servir à colporter les microbes pathogènes et les virus infectieux, on en a fait, un peu partout, des gorges chaudes.

De braves gens, nés sceptiques, ont cru à une mauvaise plaisanterie. D'autres m'ont pris pour un alarmiste de profession, une manière de *jettatore* désireux de « schopenhauerder » le pauvre monde. Il en est qui se sont imaginé que je nourrissais sournoisement contre le téléphone je ne sais quelle rancune inavouée... et inavouable. Et, pourtant, s'il est quelque part un Champollion qui sache déchiffrer les hiéroglyphes sur le tronc de pyramide qui me sert de cœur, qu'il dise, celui-là, si je n'étais pas de bonne foi et si ma thèse n'était pas spécieuse et soutenable !

Une fourchette, un couteau, une arête de poisson, une épingle, une casquette, un crayon peuvent — cela est d'ores et déjà de notoriété scientifique — véhiculer les pires purulences. Il est des gens avec lesquels on y regarderait à deux fois — à juste titre — avant de leur emprunter leur pipe. Depuis que la précieuse méthode à laquelle on a donné le nom de l'Anglais Lister, probablement parce que l'idée première en est due au Français Déclat (*sic vos non vobis!*), depuis que l'antisepsie est passée dans les mœurs chirurgicales, il est de règle partout aujourd'hui de désinfecter *secundùm artem*, avant l'opération la plus bénigne, non seulement les instruments, mais encore les mains de l'opérateur et jusqu'aux moindres objets dont le malade pourra avoir à subir le contact. N'a-t-on pas constaté qu'une épidémie de scarlatine s'était propagée par toute une ville, par l'intermédiaire des feuillets malpropres d'un livre mis en circulation par un cabinet de lecture ?

N'était-il pas naturel, dès lors, de supposer qu'il pourrait peut-être y avoir quelque inconvénient à se coller le pavillon de l'oreille — c'est-à-dire une partie du corps où le cuir est autrement tendre et perméable qu'à l'endroit où le docteur Félizet se découpe « sur le vif » des grains de beauté pour Mlle de Marsy — contre une plaque métallique dont la patine suspecte n'est peut-être qu'une grouillante purée de microbes agglutinés?

Mes conclusions étaient donc, n'en déplaise aux « zutistes », absolument fondées en logique et en droit.

Sans compter que je n'en avais pas le monopole, puisque, comme j'ai pris la peine de le mentionner *expressis verbis*, certains hygiénistes d'outre-Manche et d'outre-Atlantique avaient, avant moi, pris souci de la menace de ce péril « fin de siècle ».

Mais j'ai tôt vu qu'il me faudrait quand même mettre les points sur les *i*. Un hasard providentiel m'a justement rendu la tâche excessivement facile.

Tous mes lecteurs, en effet, ne m'ont pas considéré ainsi, de primesaut, comme un fumiste ou un rétrograde. Il en est qui, tout au contraire, y sont allés bon jeu bon argent. Tel est le cas, par exemple, d'un confrère, un Russe, qui a pris la chose tellement au sérieux et à cœur, que pour savoir définitivement à quoi s'en

tenir, il a cru devoir organiser sa petite enquête person-
nelle et réclamer, sur le délicat problème, l'avis motivé
d'une bonne douzaine de sommités du monde médical
de Paris.

Eh bien ! les résultats de cette enquête, que l'intéressé
m'a fait l'honneur de me communiquer, m'apparaissent
comme une éclatante confirmation du prétendu paradoxe dont on a tant ri !

Parmi les consultations ainsi obtenues des spécialistes
les plus autorisés, je prends d'abord celles qui semblent
à priori nettement défavorables.

C'est ainsi, par exemple, que pas un des praticiens
interviewés n'a eu à constater jamais un seul cas précis,
net et formel, de contamination par téléphone...

— « Vous voyez bien ! » va-t-on me dire...

Mais non ! Je ne vois rien du tout... Je vois bien qu'*on
n'a jamais constaté* un seul cas de contamination directe
par téléphone. Soit ! Mais cela ne prouve pas le moins
du monde que ce cas ne se soit jamais produit et même
répété ! Nos docteurs pourraient-ils affirmer, sur leur
parole d'honneur scientifique et professionnelle, que
toutes les fois qu'ils ont eu à soigner des personnes atteintes d'impétigo, d'otite purulente, de rougeole, de
tétanos, de dermatose, d'érysipèle, de syphilis, etc.,
ils ont pu sûrement reconnaître *comment et par où* le
virus était entré ?

Je me permets, à leur place, de répondre : *Non !* —
sans hésitation et sans scrupule. Il s'ensuit que, de ce
chef, leur déclaration n'a rien de péremptoire ni de décisif. Qui donc oserait, en effet, se porter garant que telle

des infections dont ils n'ont pas su pénétrer la genèse n'a pas précisément eu pour berceau l'opercule de nickel d'un récepteur téléphonique, sans que ni le malade, inconscient d'un péril inédit, ni le médecin, dont les idées et les recherches étaient orientées d'un autre côté, aient pu s'en apercevoir, sans même que l'un ou l'autre y aient songé ?

« Cherchez et vous trouverez », dit l'Evangile. Mais, par contre, il est rare qu'on trouve ce qu'on ne cherchait pas. La Faculté n'a pas encore cherché l'infection téléphonique : rien de surprenant à ce qu'elle ne l'ait pas encore trouvée... Mais à présent que, en tout bien tout honneur, je lui ai mis la puce à l'oreille, je gagerais bien que, si elle veut s'en donner la peine, il ne se passera pas longtemps avant qu'elle ne surprenne en flagrant délit le nouveau fléau.

M'est avis que la chose vaut bien qu'on s'en préoccupe et qu'on s'en occupe.

D'autre part, tous les médecins sont unanimes à déclarer qu'on ne court pas le moindre risque de contamination *si la peau de l'oreille n'est pas excoriée...*

En principe, l'observation est fondée. Il est cependant des cas où les microbes pathogènes, et en particulier le *staphylococcus aureus*, peuvent pénétrer sans effraction, à travers la peau, par simple frottement. On connaît à cet égard les curieux travaux de Roth (*Zeitschrift für Hygiene*, IV, 1), de Diecker-hoff et Grawitz (*Virchow's Archiv*, t. 102, octobre 1885), de Babès, etc...

Faut-il ajouter qu'il est bien rare que la peau, surtout la peau des oreilles, ne présente pas quelques écorchures ou crevasses imperceptibles, mortifications, boutons, engelures, etc... ? Beaucoup de ces lésions très minimes (que l'impatience nerveuse, inséparable de l'usage des téléphones parisiens, voire même une simple piqûre d'insecte, peut suffire à déterminer) passent inaperçues, bien que, en réalité, elles puissent avoir de graves conséquences. (*Les Bactéries*, par Cornil et Babès, I, p. 258.)

... Sous le bénéfice de ces réserves, les spécialistes sont entièrement d'accord avec votre serviteur :

Il est certain, dit le docteur Blaise, médecin de « l'Association des Journalistes parisiens », que si une personne atteinte d'une affection parasitaire et contagieuse de la peau s'étant servie de l'instrument, une autre personne en fait usage sans avoir pris soin de l'essuyer auparavant, celle-ci s'expose à contracter l'affection de la personne qui l'a précédée, surtout si elle présente au pavillon de l'oreille une plaie, quelque petite que soit cette plaie...

... C'est à juste titre, dit le docteur Desarènes, que les médecins qui s'occupent des affections des oreilles ont attiré l'attention sur le danger possible d'une contamination par l'application directe contre l'épiderme du récepteur public du téléphone...

... En principe, dit le docteur Jamin, la contamination par récepteurs téléphoniques est chose parfaitement possible. Toutes les maladies parasitaires, et d'autres encore, la syphilis, par exemple, peuvent se transmettre de cette façon...

..... En cas d'ulcérations, d'engelures, d'égratignures, etc., dit le docteur Gélineau, l'infection n'est pas impossible....

..... Tout objet à usage banal, dit le docteur Ernest Besnier (de l'hôpital Saint-Louis), membre de l'Académie de Médecine, qui est mis en contact avec la peau, si celle-ci est accidentellement ulcérée, peut devenir l'origine d'une infection...

Je m'arrête, la cause étant évidemment entendue...
et gagnée !

Si je vous disais que l'État s'est ému et que l'administration des téléphones s'est mise eu quête des meilleurs moyens de prévenir le danger ou de le réduire au minimum, peut-être se trouverait-il encore des malins pour suspecter une « blague » et crier que « ce n'est point à eux qu'on peut *la faire* ».

Rien, cependant, n'est plus exact !

... Le problème, au surplus, ainsi que j'ai déjà eu l'honneur de vous le dire, n'est point insoluble, et les solutions foisonnent.

D'après le docteur Blaise et le docteur de Langenhagen, il suffirait de donner « un coup de cachemire » sur le cornet... Comme s'il suffisait d'essuyer avec un mouchoir les doigts et le bistouri du chirurgien pour prévenir l'infection par piqûres anatomiques !

D'autres conseillent de désinfecter préalablement et le récepteur et le pavillon de l'oreille avec un antiseptique quelconque. Il en est même un qui — la réclame ne perdant jamais ses droits — prend le soin de désigner une spécialité *ad hoc*...

Le docteur Desarènes recommande l'interposition entre l'oreille et le cornet d'une lame de tarlatane phéniquée ; le docteur Besnier déclare que « le mieux serait d'avoir une rondelle mobile *à soi*, calibrée de façon à pouvoir être appliquée sur la plaque auriculaire... ».

C'est précisément ce que j'avais proposé moi-même !

TÉLÉPHONERIES

Il est possible que la conception confuse de la transmission de la parole à distance, dont, avant d'éclore, la hantise a dû obséder l'imagination de tant de rêveurs, date déjà de longues années. Mais il en est des inventions comme des hommes : elles n'ont d'état civil et ne comptent authentiquement dans le monde que quand elles ont pris corps, et se sont incarnées sous une forme tangible, vivante et viable. Il est donc permis de dire que le téléphone est en réalité né d'hier. N'est-ce pas, en effet, en avril 1877, qu'il fut, à Boston, mis pour la première fois en pratique ?

Il n'est même pas encore majeur !

Et cependant, il s'est, en moins de quinze ans, si intimement incorporé à notre vie pratique, nous nous sommes habitués à en user couramment avec une inconscience et une irréflexion si machinales qu'il nous apparaît aujourd'hui comme une institution toute naturelle, sinon même comme une chose due, ayant existé de tout temps... Au moins avons-nous quelque peine à nous remémorer l'époque — « préhistorique » — où l'on ne connaissait pas encore l' « électroloquie ».

Ce n'est rien moins qu'une révolution, à laquelle les mœurs générales, surprises d'emblée et comme par effraction, ont dû s'adapter docilement, et l'on se représente mal, à l'heure où nous sommes, le fonctionnement régulier du commerce, de l'industrie, de la finance, du journalisme, de la politique ou de la diplomatie sans e secours de ce petit appareil banal dont, il n'y a pas seulement trente ans, personne n'eût osé présager les invraisemblables merveilles, de peur de passer pour un fou et d'être traité en conséquence.

Mais l'appétit vient en mangeant, et il est apparemment dans la destinée de l'âme humaine, jamais rassasiée ni satisfaite, de se blaser bientôt sur les plus surprenants prodiges.

Voici déjà qu'on commence à trouver des imperfections au téléphone, des inconvénients et des vices...

Le fait est qu'il en a, comme toutes les œuvres sorties de la cervelle et des mains de l'homme.

D'abord, son usage n'est pas encore assez répandu ; il n'est pas encore mis, aussi complètement qu'il pourrait et devrait l'être, à la portée des couches profondes de la foule anonyme et pauvre ; son service, enfin, qu'il soit fait par l'Etat ou par des entrepreneurs, laisse un peu beaucoup à désirer au point de vue de l'aisance et de la rapidité des communications... Il est vrai que dans tout cela il n'y a pas précisément de sa faute...

Mais, même quand il fonctionne normalement, le téléphone « en soi » n'est point sans défauts... On l'accuse, non sans quelque raison, d'être indiscret, perfide, et surtout agaçant : pour un peu, d'aucuns iraient jusqu'à

le rendre responsable des ravages croissants de la grande
névrose. Ce qui est certain, en tout cas, je le répète, c'est
que les téléphonistes sont plus ou moins sujets à une
surexcitation nerveuse, à des vertiges, à des malaises *sui
generis*, provoqués par le dégagement continu des effluves électriques au milieu desquels ils vivent... Faut-il
rappeler encore que, à la différence de son frère aîné, le
télégraphe, pour lequel les distances n'existent pas, le
téléphone n'a jusqu'à nouvel ordre qu'une portée restreinte ? Faut-il ajouter enfin qu'il a surtout le grave
tort de ne pas laisser de traces, et de ne savoir ni garder ni fixer la parole transmise ?

C'est égal ! Quand on mesure le chemin parcouru,
quand on jette le regard en arrière, vers les jours d'au-
refois, il n'empêche que le téléphone, tel quel, est pour
donner une crâne idée du *genus humanum*, avec la légitime fierté d'en être.

Songez donc ! Pouvoir converser — quasiment en tête-
à-tête — et reconnaître le timbre des voix, à deux, dix,
cinquante ou cinq cents kilomètres de distance ;
échanger des confidences entre amis, comme on en
échangerait des lèvres à l'oreille, de Paris à Marseille,
à Reims, à Bruxelles, à Londres, à Berlin ; se dire que,
pendant l'*interview*, sur le trajet du mince fil le long
duquel volent invisiblement les paroles, les armées entières de l'Allemagne et de la France pourraient s'entre-
choquer, il pourrait tonner à la fois quinze cents bouches à feu de gros calibre et monter, de la terre ébranlée,
déchirant les nues et emplissant l'espace, l'assourdis-
sant tapage de la plus furieuse des batailles rangées,

sans que les épanchements des deux interlocuteurs fussent troublés pour si peu... n'est-ce pas véritablement miraculeux? N'est-ce pas quelque chose comme une légende fantastique, comme un conte de fées en action?

Je suis peut-être un naïf, un philistin, un barbare ; mais, au risque d'être cloué vif au pilori du ridicule, j'avoue tout à trac que, quand je me prends à réfléchir, cela me remue autrement que toutes les iliades, épopées, odes et ballades, lamentations ou rapsodies généralement quelconques des joueurs de lyre de tous les temps.

..... Et nous ne sommes pas au bout! Nous n'en sommes même, à vrai dire, qu'aux humbles et timides tâtonnements du début.

Il vient de paraître à Londres un roman extrêmement suggestif et curieux — *Looking Backward* — en train de faire presque autant de tapage de l'autre côté de l'eau qu'en ont fait de ce côté-ci, mais pour d'autres raisons, les *Coulisses du Boulangisme*, et dans lequel l'auteur, M. Edward Bellamy, appliquant aux transformations sociales les procédés de Jules Verne, s'ingénie à décrire ce que sera la vie en l'an 2000.

En cette bienheureuse époque, où, le socialisme d'Etat ayant définitivement triomphé, toutes les professions seront enrégimentées, les moindres détails de l'existence scientifiquement organisés et réglementés, tous les citoyens déchargés du souci de leur propre bonheur et devenus autant de rouages passifs de la grande machine, le téléphone devra jouer naturellement un rôle considérable. C'est ainsi que chaque appartement aura sa *music-room*, sorte de *buen-retiro* aux cloisons vibrantes et sans tapisseries, dûment isolé dans une acoustique irréprochable, et relié par un clavier de fils électriques aux nombreuses salles de concert où des troupes de musiciens *di primo cartello* — des fonctionnaires publics, bien entendu — se succéderont sans discontinuer jour et nuit pour l'éternel enchantement des mélomanes. Tout un chacun n'aura donc qu'à faire son choix sur le programme varié distribué chaque matin, et à tourner un bouton, pour jouir, *at home*, à table ou même au lit, des auditions de son goût, valses ou marches funèbres, sonates ou polkas, sur l'orgue, la petite flûte, le piano, le trombone à coulisses, la harpe éolienne ou le violoncelle — tour à tour ou même à la fois.

Ce rêve, en vérité, n'a rien d'utopique, et il ne s'agit guère, en fin de compte, que de la généralisation raffinée d'un plaisir dont on nous a déjà, sous les espèces et apparences du théâtrophone, maintes fois servi l'avant-goût embryonnaire.

Point même ne sera besoin peut-être, pour voir beaucoup plus « fort », dans le même ordre d'idées, d'attendre le vingt et unième siècle, ni de quitter Paris. Je sais ici, en effet, une institutrice, « officière » de l'instruction publique, s. v. p., Mme Garnier-Gentilhomme, qui ne se propose rien moins que d'organiser, de compte à demi avec une pléiade de professeurs notables, d'humeur aussi aventureuse qu'elle-même, l'enseignement de la musique — solfège et piano — *par téléphone* !!!

Ceci n'est pas le moins du monde une plaisanterie, ni, comme dirait l'auteur de *Looking Backward*, un *humbug*.

Rien n'est plus sérieux. Mme Garnier-Gentilhomme, qui s'est fait une spécialité des idées originales, n'a-t-elle pas déjà fondé, depuis dix ans, un système d'enseignement par correspondance, comprenant aussi bien la musique, voire même la gymnastique, que l'orthographe, la morale civique et l'histoire, et qui donne, assure-t-on, d'excellents résultats ?

De l'enseignement par correspondance à l'enseignement par téléphone, il n'y avait évidemment qu'un pas, qui devait, tôt ou tard, être franchi. Il paraît que c'est chose à peu près faite. Les adhérents accourent en foule, recrutés dans toutes les classes de la société : on cite même, parmi les futurs élèves de l'Institut téléphonique, des capitaines au long cours et des chefs de musiques militaires. La direction du Conservatoire est au courant, et elle approuve... On peut d'ores et déjà entrevoir et escompter l'époque bénie où les bons principes rayonneront sur un réseau sans fin de cordes à piano, aériennes ou souterraines, du sanctuaire de la rue Sainte-Cécile jusqu'aux extrémités du territoire ; où les petites bourgeoises n'auront plus besoin de quitter le giron maternel pour apprendre à taquiner l'ivoire en mesure et à massacrer *secundum artem* la *Prière d'une Vierge* ou la *Dernière pensée* ; où peut-être même suffira-t-il d'un bureau central dans les sous-sols de l'Opéra, avec un seul et unique chef d'orchestre, pour diriger à la fois tous les orphéons de France.

Ce n'est pas, au surplus, au seul enseignement du piano que Mme Garnier-Gentilhomme entend limiter ses ambitions. Elle rêve d'enseigner également par fil électrique tout le reste, jusques et y compris le dessin, la déclamation et les langues vivantes — à commencer de préférence (au moins je le présuppose) par l'anglais, dont la prononciation, qui comporte naturellement et d'avance comme un grésillement de « friture », ne saurait que gagner à cette méthode.

Voilà ce que, d'ici à quelques mois peut-être, nous sommes appelés à voir.

Mais nous en verrons bien d'autres !

Voici que le « téléphonographe », combinant, comme l'indique son nom saugrenu, le honographe et le téléphone, va permettre d'expédier la parole à distance, tout en la fixant au passage et en en gardant la trace, susceptible de reproductions infinies et simultanées.

Voici qu'on se met à accrocher des câbles téléphoniques aux bouées qui servent à repérer les passes à l'entrée des ports, de telle sorte que le capitaine d'un navire en rade de Cherbourg ou de Marseille pourra, sans quitter son bord, communiquer directement avec le ministère de la marine ou la Bourse de Paris.

Voici que le moment approche où la distance sera devenue, pour la téléphonie comme pour la télégraphie, un facteur négligeable; où l'on pourra téléphoner à Alger, à Buenos-Ayres, à San-Francisco, à Pékin, à Honolulu, comme on téléphone à Auteuil ou à Ménilmontant, et prendre à volonté des nouvelles des chers absents, de leur bouche même, par-dessus les montagnes et les flots, au Tonkin, à la Guyane, sur les rives du lac Tchad ou dans les fondrières pestilentielles du Dahomey.

Voici qu'on communique téléphoniquement avec les aérostats, les bateaux sous-marins, et avec les wagons en marche.

Voici que, si j'en crois les expériences inaugurées naguère sur la ligne *Baltimore and Ohio*, les mécaniciens de deux trains roulant à toute vapeur à la rencontre l'un de l'autre pourront « tailler une bavette » à 2 ou 3 milles de distance, voire même échanger *in extremis* quelques explications bien senties, à l'exemple des héros d'Homère, avant de se mettre réciproquement en capilotade.

Voici qu'un inex.ricable épervier des conduites électriques de voix humaines promet d'envelopper le globe entier sous les mailles serrées de ses « tuyaux »... Il y aura des téléphones partout, comme il y a des becs de gaz, des pendules, ou (révérence parler) des water-closets... Les bêtes elles-mêmes — au moins les animaux domestiques — auront leur part dans la téléphonomanie universelle... Méditez plutôt cette petite anecdote, que je découpe, pour notre édification commune et notre gouverne à tous, dans le dernier numéro d'une revue scientifique des plus graves, la *Nature* :

Un notaire de Dijon a relié par voie téléphonique son étude à sa maison de campagne. Il y a quelques jours, il sort de son cabinet en oubliant d'emmener son chien. Arrivé à Bagatelle — c'est le nom de sa propriété — il se met au téléphone et donne l'ordre à l'un de ses clercs de mettre les cornets de l'appareil aux oreilles de l'animal. Celui ci se laisse faire, et son maître l'appelle : « Fox! Fox! » Le chien hésite un instant, regarde de tous les côtés, puis finit par revenir au téléphone. Son maître l'appelle encore. Il reconnaît la voix, car, après avoir aboyé trois ou quatre fois, il prend la porte et file grand train vers Bagatelle, où il arrive une demi-heure plus tard.

De tous points authentique, à ce qu'il paraît, l'histoire est positivement du meilleur augure pour l'avenir scientifique de la race canine... et aussi de la nôtre !

... Quel dommage, tout de même, d'être né, comme j'ai eu le tort de le faire — Il est vrai qu'on ne m'avai pas consulté — quinze ou vingt lustres trop tôt !

LA PAROLE EN BOUTEILLES

Je ne crois pas me tromper en affirmant que l'une
des plus captivantes attractions de l'Exposition universelle de 1889 — abstraction faite de la tour Eiffel, des
fontaines lumineuses, du Palais des Machines et de la
danse du ventre, dont la grandeur ou l'étrangeté tirèrent si violemment l'œil aux passants — a été le phonographe de Son Omnipotence Edison le Thaumaturge.
J'en appelle aux millions de visiteurs de toute race, de
toute nuance et de tout poil, qui, du mois de mai au
mois d'octobre de l'année défunte, « pèlerinèrent » au
Champ-de-Mars!

En foi de quoi, l'on aurait pu croire que le miraculeux
instrument allait désormais passer dans les mœurs, et
comme le téléphone, aujourd'hui devenu quasiment
banal, entrer d'emblée dans l'outillage normal de la vie
courante.

Hélas! il y a très loin — toute la largeur abyssale de
l'océan — entre la coupe et les lèvres. Au moins, dans
l'ancien continent, et, en particulier, dans notre contradictoire pays de France, qui présente ce singulier

privilège de pouvoir être à la fois initiateur et tardigrade, le phonographe reste toujours à l'état de curiosité de laboratoire, à l'usage exclusif des amateurs de merveilleux.

Peut-être bien qu'au fond, nombre de ceux qui en ont tâté — jusques et y compris les plus instruits et les plus émancipés — ne sont pas éloignés d'y voir, sinon une sorcellerie, à tout le moins un « truc » vaguement suspect, avec lequel il est prudent de ne jouer qu'avec réserve — et en se gardant, comme l'on dit, à carreau... Mon Dieu ! ne nous hâtons pas trop de leur jeter la pierre, à ces timorés ! Ne nous hâtons pas de crier au *snobism*, à l'aveuglement, à la routine ! Les maîtres eux-mêmes n'échappent point à ces faiblesses. Est-ce que, lors de la première présentation du phonographe à notre Académie des sciences, l'un des mandarins de céans n'alla pas jusqu'à pincer le nez de M. du Moncel, sous le fallacieux prétexte qu'il devait y avoir de la ventriloquie sous roche ? On ne peut pourtant pas demander au bon public, dont ce n'est pas le métier, et qui a une peur horrible du ridicule, d'avoir plus de perspicacité que l'un des membres les plus doctes de la plus docte assemblée du monde !

Il est vrai que, par manière de compensation, si le phonographe n'est encore populaire en Europe que platoniquement et en théorie, il n'en est pas de même en Amérique, où il a si bien conquis droit de cité que les maisons géantes dirigées par Edison en personne ont peine, dit-on, à faire face au flot montant des commandes.

Il est éclos là-bas toute une floraison de compagnies puissantes dans le but d'imprimer un formidable essor à l'industrie originale et inédite qui consiste à mettre la parole en bouteilles et à faire des conserves de bruit. On peut apprécier l'importance de ce mouvement, si éminemment moderniste, par ce simple fait que les principales de ces compagnies, au nombre de *trente et une*, se sont tout récemment réunies à Chicago, et y ont jeté les bases d'un vaste syndicat, en vue de la défense des intérêts communs et d'une entente relative à l'uniformisation des appareils, des méthodes et des messages phonographiques, afin d'en généraliser l'usage... Il va de soi que pour l'enregistrement *ab impromptu* des procès-verbaux des séances, on a mis une sorte de coquetterie à laisser la plume —ou plutôt « le style » — au héros de la fête, je veux dire au phonographe lui-même, à l'exclusion de MM. les sténographes de profession, à qui cette paradoxale expérience a dû mettre d'autant plus violemment la puce à l'oreille qu'elle a réussi à ravir.

Aux États-Unis, au surplus, il n'est pour ainsi dire plus un homme d'affaires, industriel, négociant, financier, avocat, *politician*, etc., qui ne se serve du phonographe pour dépouiller et expédier sa correspondance. Au lieu de griffonner ses observations sur chaque lettre et de résumer la réponse à faire — opération qui, pour si succincte qu'on la suppose, ne laisse pas d'être longue et fastidieuse — il parle dans le cornet récepteur. Les secrétaires n'ont plus ensuite qu'à emporter les phonogrammes et à écrire sous leur dictée. *Time is money!*

On se sert même parfois du phonographe pour

donner à certains contrats, à certains documents, un cachet irréfutable d'authenticité. C'est le cas des testaments, qui ne se font plus « olographes », mais *olophones*, de telle façon que c'est le *de cujus* lui-même qui, du fond de son cercueil, à l'aide de sa propre voix, demeurée vivante, avec son timbre, son rythme, son expression fidèle, reflétant sans erreur possible les moindres nuances, les plus subtiles intentions de son humeur et de sa pensée, saura signifier à ses héritiers ses dernières volontés. *Verba manent !* Quel est donc l'acte notarié qui prévaudrait jamais contre cette sommation d'outre-tombe ?

Inutile d'ajouter qu'on a dû se mettre à correspondre ainsi phonographiquement non seulement avec les trépassés, mais aussi avec les vivants. Ce service a même pris un tel développement que le département du Trésor public (ministère des finances) a dû naguère promulguer certaines mesures en vue d'assurer et de garantir à ces correspondances « fin de siècle » le bénéfice du secret postal...

On le voit, ce n'est plus seulement la froide traduction, sur un insensible chiffon de papier, d'un morceau de musique ou de poésie, d'une déclaration d'amour, d'une plaidoirie, d'une tirade tragique ou dramatique, c'est l'âme même du musicien ou du poète, de l'artiste, de l'avocat, ou de l'orateur, le cœur palpitant de l'amoureux, la voix d'or de Sarah ou la voix d'airain de Paulus qui vous arrivent ainsi sous les espèces et apparences d'un méchant tube de cire, de paraffine ou d'étain...

Encore un peu, et ces veinards de Yankees pourront

collectionner, comme ils feraient de vulgaires timbres-poste, fragments de harangues politiques et morceaux d'opéra, bruits de coulisses diplomatiques ou parlementaires et rumeurs de la savane; on leur détaillera du Bismarck de conserve et du Castelar en « tuyaux », comme on détaille les pommes frites ou le sucre d'orge; la publicité commerciale se fera, chez eux, sans frais ni fatigue, par *speeches* phonographiques expédiés à la grosse à domicile...

Point même ne sera besoin, pour goûter toutes ces jouissances inédites, de s'appliquer contre l'oreille un cornet acoustique. La phonographie est, en effet, sur le point de cesser d'être un plaisir solitaire. Grâce aux ingénieuses dispositions imaginées par un certain Emile Berliner (de Washington), la voix du phonographe va pouvoir emplir une salle de théâtre et se faire entendre de plusieurs centaines d'auditeurs à la fois...

Voyez-vous l'effet produit à la barre d'un tribunal, au cours d'un procès à sensation, par une déposition testimoniale de ce genre, contre laquelle personne n'oserait s'inscrire en faux — personne, pas même le témoin lui-même, trahi par les accents, surpris et fixés au vol, de sa propre voix !

L'expérience n'a pas encore été faite — que je sache — nulle part, pas même en Amérique. Mais elle se fera... Cependant, le phonographe a déjà été utilisé, mais pour d'autres services, par la justice américaine. Il aurait été employé, par exemple, en qualité d'espion... de « mouchard »... automatique. On aurait pu dérober ainsi — et fixer — certaines confidences compromettantes faites à leurs avocats ou à leurs visiteurs par de candides prévenus, qui ne se doutaient guère que les indiscrètes murailles de la cellule ou du parloir avaient non seulement des oreilles, mais encore une langue...

Que dites-vous de cette façon diabolique d'entrer, par effraction vibratoire, je ne dirai pas seulement dans la peau, mais jusque dans le cœur et le cerveau du bonhomme ? Et comme le voilà dépassé, ce juge d'instruction auquel on reprochait si furieusement, lors de l'affaire Wilson, de voler au téléphone les secrets des pauvres concussionnaires ! Au téléphone ? Mais c'est l'enfance de l'art ! C'est au phonographe qu'on capture aujourd'hui les aveux, *ipso facto* devenus irrétractables. *Go ahead !* Autrefois, le silence était d'or : après Edison, c'est de diamant qu'il devra être !

Un autre emploi judiciaire du téléphone est un emploi préventif... On s'en sert, en effet, pour rendre à l'avance impossibles les surcharges, grattages et autres falsifications d'écritures en matière de comptabilité commerciale... Oh ! mon Dieu ! c'est bien simple !... Chaque fois qu'il reçoit une certaine somme, le caissier doit l'annoncer à haute et intelligible voix. Dès lors, quand il veut vérifier ses comptes, le patron n'a qu'à faire répéter devant lui les chiffres enregistrés par le plus incorruptible des témoins — le cylindre ! — et à faire l'addition. Le total doit alors nécessairement concorder avec la somme encaissée.

Si cela continue, le métier de faussaire, que serraient déjà de si près les chimistes et les photographes, est un métier fichu.

... La médecine, elle aussi, a trouvé le moyen de tirer parti du phonographe.

Un professeur de pathologie — encore un Américain, naturellement ! — n'a-t-il pas eu l'ingénieuse idée d' « illustrer » son cours à l'aide d'une série de phonogrammes enregistrant, sur le vif et d'après nature, les bruits du cœur, les souffles des poumons, les crépitations des os et des muscles, les râles des viscères, etc. ?

Faut-il parler de l'imprimerie, révolutionnée par le phonographe, en ce sens que le typographe, au lieu d'être obligé de déchiffrer lettre à lettre une copie manuscrite, parfois à peu près illisible, compose directement sous la dictée du « parleur », dont il peut régler à son gré le débit, au moyen d'une pédale, comme cela s'est déjà fait au *World* (de New-York) ? Faut-il escompter l'époque — prochaine sans doute — où les journaux auront cédé la place aux publications phonographiques, à tirage indéfini, dont tout un chacun pourra se payer le luxe moyennant le dépôt préalable d'un gros sou dans l'une de ces tirelires automatiques qui, pour le même prix, vous disent aujourd'hui votre poids ou vous glissent dans la main au théâtre une jumelle Flammarion ?   ...

Mais, en voilà assez !

Ce qu'il y a de triste et d'humiliant pour nous dans tout cela, c'est que, dans le vieux monde, nous ne connaissons encore toutes ces merveilles que de réputation. Elles ne nous reviendront que quand en Amérique il y aura déjà bel âge que, comme l'esprit chez nous, elles courront les rues, et c'est tout au plus si nous pouvons espérer d'être initiés bientôt aux miracles de la phonographie sous la forme d'un jouet d'enfants !

L'une des grosses affaires d'Edison, en effet, à en croire le *Scientific American*, ce serait la fabrication des poupées parlantes, des poupées qui, grâce à un joli petit phonographe dissimulé dans leur ventre de son (avec ou sans jeu de mots) et qu'on remonte au moyen d'une clef, disent non seulement « papa » et « maman », comme des personnes naturelles ou des phoques apprivoisés, mais vous chantent un petit air ou vous débitent au choix une fable ou un compliment de circonstance.

La poupée phonographique est évidemment destinée à faire le tour du monde, ni plus ni moins que le cri-cri, d'étourdissante mémoire. Toutes les Amériques en sont déjà inondées ; ce sera bientôt le tour de l'Europe.

Est-ce que cela ne vous fait pas un peu l'impression d'une fille, déjà grandelette, amusant, avec d'ingénieux joujoux de son invention, sa pauvre vieille bonne femme de mère en train de retomber en enfance ?

... Et dire pourtant qu'il est encore des idéologues qui s'entêtent à demander, sur un ton dédaigneux, en parlant du phonographe, à quoi pourra bien servir cette « amusette » !

Mais quand ce ne devrait être qu'à transmettre cette inepte question aux générations futures, afin de leur permettre de mesurer le chemin parcouru depuis l'époque barbare — la nôtre, hélas ! — où Joseph

Prudhomme, Guibollard et Calino tenaient le haut du pavé, cela, parole d'honneur ! suffirait amplement à sa gloire.

II

Il n'est bruit, paraît-il, tout le long du beau Danube bleu, que du discours prononcé par Kossuth à l'occasion de la fête commémorative célébrée naguère à Arad en l'honneur des martyrs de l'indépendance.

Le fait est que ce n'était point là un *speech* ordinaire. En outre, en effet, de sa valeur intrinsèque et de la contagieuse émotion qui l'inspirait, il a eu ceci de particulièrement original, que *l'orateur n'était pas là*. Ne pouvant quitter l'Italie, où il cuve silencieusement sa gloire en ruminant les souvenirs de sa tragique jeunesse, Kossuth avait envoyé là-bas, en effet, à sa place, non pas, comme il serait naturel de le croire, une harangue écrite, peinte à l'encre sur un froid chiffon de papier, et qu'aurait estropiée peut-être un lecteur maladroit, mais sa voix même — c'est-à-dire son âme — enveloppée, vivante et vibrante, dans un cornet de cire. '

C'est, en d'autres termes, par l'organe d'un phonographe que le célèbre tribun a parlé aux pèlerins d'Arad qui, à défaut de Kossuth frais, auront eu, au moins, du Kossuth de conserve.

La boîte à musique dans laquelle le vieux révolutionnaire a ainsi versé ses pieux épanchements a depuis été transportée à Buda-Pesth, où les simples curieux, tout comme les patriotes qui n'ont pas pu assister à la cérémonie, sont admis, moyennant un faible droit d'entrée, à entendre la bonne nouvelle, aussi souvent qu'ils le désirent — car ces larynx artificiels ne connaissent ni l'usure ni la fatigue — non pas précisément de la bouche même de l'apôtre, mais c'est tout comme, le phonographe étant un écho nasillard, mais fidèle.

Un siècle après que Kossuth aura définitivement quitté cette vallée de larmes pour s'en aller rejoindre le comte Batthyani dans une Hongrie meilleure, les derniers Magyars pourront, pour le même prix, l'entendre encore, à Buda-Pesth, à Arad ou à Vienne, voire même peut-être à Tombouktou, probablement devenu le Paris équatorial, et le *terminus* des Transsahariens futurs.

L'effet produit est très grand, dit-on, et l'enthousiasme indescriptible... Il faut avouer qu'il y a de quoi... Est-il, en effet, rien de plus fantastique et de plus merveilleux que cette désinvolture avec laquelle la magie de la science vous capte au vol, vous fixe et vous emmagasine ce qu'il y a de plus intangible, de plus fugace et de plus subtil au monde, la parole et la pensée, ressuscitant à son gré la voix morte, la transportant à travers le temps et l'espace, et la faisant, s'il est besoin, survivre au cerveau qui l'a conçue, aux lèvres qui l'ont enfantée ?

En vérité, je vous le dis, ceux-là mêmes qui savent le plus pertinemment à quoi s'en tenir sur la genèse, si simple en fin de compte, du soi-disant miracle, ceux-là mêmes qui, six grands mois durant, l'autre année, au Champ-de-Mars, ont pu se familiariser avec sa pratique, ceux-là doivent avoir cependant encore quelque peine, à chaque nouvelle surprise de la phonographie, à défendre la petite bête fétichiste et superstitieuse, sournoisement tapie au fond du plus sceptique, de l'effarement qui nous remue les entrailles en présence de l'incompréhensible et du surnaturel !

Au surplus, l'expérience d'Arad n'a pas été la première application du phonographe à la politique.

Sans rappeler indiscrètement qu'un journaliste bien connu, mon collaborateur et ami Gaston Calmette, sut jadis faire sortir ainsi de Clairvaux et rapporter dans sa poche à Paris la voix réviviscente d'un jeune prisonnier d'Etat, ne sait-on pas que, plusieurs mois avant Kossuth, M. Gladstone faillit avoir la primeur de cet évangélisme à longue portée ?

Au cours d'un grand *meeting* tenu pendant l'hiver de 1888 à Birmingham en faveur des revendications irlandaises, les *home rulers* avaient projeté de placer un phonographe sur la tribune même, afin d'enregistrer au fur et à mesure les paroles tombées de la bouche d'or du *Great Old Man*. Les phonogrammes (d'ores et déjà le néologisme est passé dans la langue) ainsi obtenus devaient être expédiés en Irlande et promenés de ville en ville, afin de répéter pour le plus d'auditeurs possible la parole consolatrice. On n'en devait conserver qu'un, qui eût été placé au musée de Birmingham, et livré à la publicité seulement après la mort du célèbre homme d'Etat, afin de donner une idée de son éloquence à la postérité.

A la dernière heure, M. Gladstone se déroba. Les bûcherons d'âge ont de ces scrupules...

Il n'empêche que tout était prêt. L'appareil était commandé, les tubes de cire vierge parés pour recevoir et cristalliser le verbe du grand orateur, toutes les dispositions prises.

Si, finalement, la pièce n'a pu être jouée, c'est uniquement parce que l'acteur principal n'y a pas mis de complaisance. Mais elle n'en peut pas moins compter pour un précédent...

Qui sait si ce ne sera pas de cette façon, je le répète, que se feront, sans danger ni surmenage, les campagnes électorales de l'avenir ?

Les phonogrammes, expédiés à la grosse de Paris, ou même de Saint-Brelade, remplaceront les affiches polychromes, les polémiques de presse, les tournois oratoires et ces circulaires à domicile, qui sont comme les prospectus et les prix-courants des trafiquants de la politique. Au lieu de fonder d'éphémères feuilles de choux pour les besoins de la bataille, les comités locaux feront l'acquisition de moulins à paroles chargés de seriner leurs boniments au peuple souverain. Peut-être même, grâce à une autre étonnante invention d'Edison, — le *mégaphone*, — qui est au son ce que le microscope est à la lumière, et permet à la voix phonographique d'emplir l'Hippodrome ou la place de la Bastille, pourra-t-on moudre, à tous les carrefours, sur des orgues de Barbarie nouveau modèle, les déclarations et promesses du bon candidat, en attendant le « téléphote », qui doit nous mettre bientôt à même de *voir* les gens, comme déjà nous les entendons, à distance. Joignez à cela un exact et fidèle mannequin, savamment articulé, sorti des mains habiles d'un émule quelconque de Vaucanson, qui fasse les gestes, et voilà le suffrage universel en possession de son homme tout entier.

Vous représentez-vous l'effet produit par de mystérieuses mécaniques déposées partout, sur les tables des restaurants et des cafés, au-dessus du zinc des mastroquets, sur les cheminées des salons, dans les églises, dans les gares et les bureaux d'omnibus, au coin de toutes les bornes, et jusque dans les fiacres et les chalets de nécessité, cornant jusqu'à l'obsession aux oreilles assourdies le dernier manifeste du brave général Boulanger — la voix de l'exil ! — avec son timbre vrai, son accent authentique et le trémolo de l'émotion ?

... Chaque âge, voyez-vous, a sa forme de propagande, d'apostolat et de publicité, comme il a son outillage, sa mise en scène, son costume, son style, ses modes et ses mœurs. Nous ne pensons plus de la même façon que nos pères : nous ne pouvons davantage agir, travailler, vivre, solliciter l'opinion, ensemencer l'idée comme eux. Nos descendants, plus profondément transfigurés encore, auront, à leur tour, des procédés et des méthodes ne ressemblant en rien aux nôtres.

Pourquoi ne serait-ce pas au phonographe qu'au siècle prochain les grands meneurs d'hommes — capitaines ou poètes, artistes ou rhéteurs — fascineront les foules ?

La fascination par phonographe !

Si paradoxale qu'elle ait l'air d'être, la formule n'est ni impropre, ni même excessive.

Il me souvient, en effet, de certaine conférence sur l'origine du langage et les localisations cérébrales, au cours de laquelle M. le docteur Pinel réussit à endormir publiquement, par phonographe interposé, un sujet hypnotisable. L'appareil avait été préalablement préparé de façon à répéter trois fois, sur le ton du commandement, le mot : « Dormez ! » A la troisième injonction, le patient tombait en léthargie, absolument comme s'il avait été directement influencé par une personne naturelle, tant et si bien que, pour le réveiller, il fallut une seconde fois recourir à la suggestion phonographique.

Il y a bel âge qu'on nous affirme qu'il n'est pas impossible de magnétiser les gens, non seulement de près, par la parole, l'attouchement, le regard, au doigt ou à l'œil, mais même de loin, par l'intermédiaire d'un objet inanimé — de l'eau, par exemple, une bague, un mouchoir, un talisman quelconque, — dans lequel s'est, en quelque sorte, incorporée la vertu magnétique. Que sera-ce s'il s'agit d'un cylindre vibrant où le magnétiseur aura projeté sa pensée *olophone* et sa volonté ?

Entre l'hypnotisme et la suggestion, en fin de compte, il n'y a qu'un pas... ou qu'une nuance.

Nous verrons qu'au vingt et unième siècle on ne s'y prendra pas autrement pour galvaniser les traditions agonisantes, renouer la chaîne des temps, faire revivre les leçons des ancêtres, perpétuer le génie de la race, évoquer et consulter les esprits, sans faire tourner les tables.

Peut-être sommes-nous nés trop tôt pour voir ces merveilles. Mais ce qui nous doit consoler, c'est la pensée qu'il nous est d'ores et déjà permis, en parlant dans un cornet, de diriger par anticipation la conscience et les actes de nos coquins d'arrière-petits-fils. Quelle aubaine pour les utopistes incompris !

Ce n'est plus seulement la parole, c'est la suggestion, que désormais on va mettre en bouteilles !

CHARLES CROS

A l'occasion de la note sur la photographie des couleurs que M. Lippmann adressait dernièrement à l'Académie des Sciences, on a rappelé fort à propos le nom de Charles Cros.

Si paradoxal, en effet, que cela puisse sembler aux *snobs*, la vérité est que, dès 1867, *vingt-quatre ans avant M. Lippmann*, Charles Cros avait non seulement entrevu, mais surpris et capté le secret de la photographie des couleurs.

Ceci, c'est de l'histoire, et, mieux que personne, le secrétaire perpétuel de l'Académie des Sciences, M. Joseph Bertrand, en pourrait témoigner.

Je ne discuterai point la méthode. La matière est vraiment trop abstruse pour être ainsi traitée de chic, au pied levé. Je n'ai d'ailleurs, jusqu'à nouvel ordre, souci que des seuls résultats.

Or, ces résultats, ils existent ; ils crèvent les yeux des incrédules... Ils ont figuré, pendant l'Exposition, au Palais des Arts Libéraux... Grâce à l'obligeance de MM. Antoine et Henry Cros, qui gardent si religieusement le culte de leur frère, ils ont été soumis, dans la

Salle des Dépêches du *Figaro*, au jugement souverain
de la rue.

On a pu mesurer ainsi l'abîme qui sépare ces reproductions, si esthétiques et si vivantes, de tableaux, de
portraits, de fleurs et d'étoffes polychromes, des essais
de M. Lippmann, qui ne semblent pas devoir s'élever au-
dessus de la projection plus ou moins nette des sept
couleurs du spectre..... Et l'on a fini peut-être par comprendre que dans le vrai Charles Cros, si différent du
bohème de la légende, il n'y avait pas seulement le
délicieux aède de l'*Archet* et du *Fleuve* et l'humoriste
falot du *Hareng Saur*, mais aussi un savant hors pair...
D'aucuns disent même : « Le plus grand physicien du
siècle » — et je n'y contredirai point.

C'est, en tout cas, un fait singulièrement suggestif,
qu'il ne puisse surgir une seule de ces miraculeuses
découvertes qui sont en train de changer la face du
globe, sans que le besoin s'impose d'évoquer cette
étrange figure.

N'est-ce pas Charles Cros, par exemple, qui, bien
avant MM. Verneuil et Frémy, avait conçu et *réalisé* la
synthèse artificielle des pierres précieuses ? Demandez
plutôt à Charles de Sivry — ce musicien exquis, doublé,
lui aussi, d'un chimiste ignoré — qui fut son collaborateur et son ami, d'où lui viennent les menus rubis,
d'une perfection à faire loucher les lapidaires, qu'il
garde comme autant de reliques !

N'est-ce pas le même Charles Cros qui, dans sa *Mécanique cérébrale* — cette étonnante algèbre des « rythmes »
et des « formes », qui suffirait, à elle seule, à lui faire

une place à côté des psychologues les plus subtils — avait le premier imaginé, décrit, précisé toutes les conditions du « radiomètre », avec lequel William Crookes jauge le vide et mesure l'impondérable, et aussi du « photophone », avec lequel Graham Bell fait parler la lumière et recueille les échos du soleil ?

On doit le savoir dans le monde académique, car cette page prophétique et magistrale a été lue sous la coupole. Je me suis même laissé dire que Graham Bell était là, et que, le premier effarement passé, il s'en alla loyalement serrer les mains de Cros, en lui disant, non sans émotion :

— « C'est une admirable chose, monsieur, que vous avez faite là ! »

... N'est-ce pas enfin Charles Cros qui, avant Edison, inventa le phonographe ?

Plus qu'à d'autres peut-être, il m'appartient de le dire...

Maintes fois, en effet, au *Chat noir* — où, sous un vernis de fumisterie féroce, battent des cœurs fidèles — on m'avait affirmé que c'était bien à Charles Cros que revenait l'honneur d'avoir mis le premier la parole en bouteilles... Mais, blasé par métier sur la valeur des revendications de ce genre, je soupçonnais, je l'avoue, l'illusion d'une piété trop partiale... Il n'a pas fallu, pour me désabuser, moins du monceau de documents irrécusables dont on a souffleté mon scepticisme.

Mais à présent que je suis converti, n'est-ce pas pour moi un devoir de le proclamer tout haut, et de faire amende honorable à la mémoire du précurseur méconnu ?

...... C'est le 30 avril 1877 que Cros déposait sur le bureau de l'Académie un pli cacheté (qui devait être lu le 3 décembre suivant) contenant la description détaillée d'un appareil destiné « à enregistrer et à *reproduire* les vibrations acoustiques », et qu'il avait baptisé du nom pittoresque de *paléophone* — comme qui dirait « voix du passé ».

Or, c'est seulement le 15 janvier 1878, *huit mois et demi plus tard*, qu'Edison faisait breveter, sous le nom de « phonographe », un appareil absolument semblable, point pour point et trait pour trait, au « paléophone », à cette différence près qu'au lieu de s'y inscrire sur du noir de fumée, les sons s'y inscrivaient sur du papier d'étain.

Telle est la simple et stricte vérité.

A ce compte-là, le seul mérite d'Edison serait d'avoir matérialisé la théorie, d'avoir, en un mot, fait le premier enfant à l'idée à laquelle Charles Cros s'était contenté de faire une cour heureuse, mais platonique.

Il n'en fallait pas davantage, en cette fin de siècle où les plus hautes spéculations n'ont chance de séduire les foules qu'à la condition d'être immédiatement monnoyables, pour faire pencher la balance du côté du *businessman*. Dans ce *match* inégal, le dédain natif de Charles Cros pour les étroitesses de l'actualité, son souci presque mystique de l'impérissable, et l'aristesse un peu hautaine de sa chevalerie scientifique le vouaient d'avance à la défaite. Croyant, quand il avait déchiffré quelque formidable énigme, avoir assez fait ainsi pour sa gloire, il se hâtait d'enfourcher un autre hippogriffe :

c'est ainsi que, l'un après l'autre, les chefs-d'œuvre s'ensevelissaient, inconnus et stériles, au fond de ses tiroirs. Pendant ce temps-là, ses rivaux et ses plagiaires bâtissaient des usines, fondaient des sociétés financières et violaient la Renommée. Ainsi va le monde !

Sans doute, il faut aboutir, il faut donner un corps au rêve. Mais comment aboutir, comment cristalliser le rêve, quand il faut lutter pour le pain et qu'on n'a pas un sou vaillant ? Si même l'on songe que toutes ces merveilles, conçues *à priori*, par une sorte de double vue divinatoire, sont sorties d'expériences rudimentaires, hâtives, bâclées de bric et de broc, sans outillage, sans argent, dans des mansardes d'étudiants en dèche, on se sent pénétré d'une plus grande admiration encore pour ce voyant génial, auquel on ne saurait comparer peut-être, dans toute l'histoire de l'esprit humain, que Bernard de Palissy, Léonard de Vinci et les grands hommes *complets* de la Renaissance.

A quoi, d'ailleurs, lui eût-il servi d'aboutir?...

Ce n'était pas seulement une *théorie* du phonographe que Charles Cros avait donnée ; c'était, en outre de la théorie complète, *une description totale, définitive, impeccable, de l'appareil futur*, description d'après laquelle tout mécanicien-constructeur aurait pu, sans tâtonnement préalable, « établir » l'instrument. Il n'empêche que quand il se présenta chez Bréguet avec ses plans et ses dessins, après l'avoir berné longtemps sous le fantastique prétexte que « des gens de première force (*sic*) « étaient en train de poursuivre des recherches dans le « même sens », on finit par l'évincer comme un gêneur.

Défectueux peut-être et grossier encore, faute d'un entraînement suffisant, son procédé de photographie des couleurs avait si bien cependant franchi déjà les frontières de la pratique industrielle, qu'on n'a jamais depuis rien fait de supérieur. Il n'empêche que pas un seul des journaux scientifiques qui mènent si grand fracas autour de cette question n'a daigné seulement citer son nom... si ce n'est pour l'estropier.

C'est que le pauvre grand homme avait d'autres tares inexpiables. D'abord, c'était un indépendant, et il est de règle que les mandarins de l'orthodoxie laissent en fourrière les savants sans collier qui s'avisent d'avoir du génie. Puis, cette vivante encyclopédie était reliée en peau de poète : Charles Cros faisait des vers, il les faisait même — circonstance aggravante ! — harmonieux et superbes, et parfois il les mettait en musique... Cela ne se pardonne ni en Sorbonne ni en Bourse. Pouvait-il donc rien sortir d'officiellement scientifique du *Coffret de Santal* ?

Je pourrais rappeler encore les études de Charles Cros sur l'électricité, dont il déplorait si drôlement « la constitution sirupeuse » et « les agaçantes lenteurs », son sténographe musical, réalisé depuis par d'autres, sous le nom de « mélotrope », son télégraphe autographique, son chromomètre, son étonnant projet de télégraphie optique interplanétaire, etc , etc...

Mais j'en ai dit assez pour montrer non pas ce que Charles Cros, mathématicien, physicien, chimiste, philosophe et poète, *aurait pu être*, mais *ce qu'il a* réellemen été.

De bonne foi, je crois avoir fait œuvre de justice, et travaillé pour l'honneur de la patrie française, dont Cros ne fut que le Pic de la Mirandole, alors qu'il aurait pu en être le Gœthe. Peut-être cela fera-t-il comprendre aux philanthropes de profession que la protection des hommes de génie, condamnés trop souvent à mourir avant l'heure, cervelle pantelante et cœur crevé, de la bêtise et de l'injustice ambiantes, n'est peut-être pas d'un moindre intérêt social que la protection des idiots, des infirmes, des nègres, des filles publiques, des repris de justice et des animaux.

LE SIÈCLE DE L'ALUMINIUM

Chacune des étapes successives de l'histoire, depuis le commencement des temps, a toujours tiré son caractère distinctif et son symbole de la matière qui servit alors à la confection des outils et des armes. Telle est la loi.

C'est ainsi que nous avons eu tour à tour les deux âges de la pierre (taillée et polie), l'âge du cuivre, l'âge du bronze, l'âge du fer enfin, dont l'avènement a marqué l'apparition de la science et de l'industrie proprement dite... Autant d'époques ayant chacune son type, sa physionomie, son art, ses traditions, ses lois, ses mœurs, son mode de travailler, de combattre, de penser et de vivre, son évolution propre et ses possibilités irréductibles.

Aujourd'hui, nous en sommes encore à l'âge du fer... Mais quelle sera l'étoffe de l'âge prochain ? De quoi demain sera-t-il fait ?

La question a son importance.

Savez-vous, par exemple, que le fer, sous ses innombrables formes, est facteur essentiel de notre civilisation intensive et de tous les prodiges dont cette fin de siècle est si fière ?

Sans doute, la possession du fer n'implique pas nécessairement pour une race un état avancé de civilisation : les peuplades de l'Afrique centrale en sont la preuve collective et vivante. Mais en revanche, sans le fer, il n'est point de civilisation supérieure.

Supposez que le fer n'ait point existé, qu'on n'ait pas découvert le secret de sa fabrication, ou que ce secret vienne à se perdre... N'en serait-ce pas fait *ipso facto* de presque tout ce qui constitue notre richesse, notre puissance et notre gloire ? L'agriculture serait encore dans l'enfance, car pour que Triptolème parût, qu'il fît école, transfigurât le globe, et finît, sous le nom de Georges Ville, par surprendre et maîtriser les lois de la production végétale, il fallait que Tubalcaïn fût son aîné. Quant à l'industrie, elle serait encore à naître. Nous n'aurions ni la tour Eiffel, ni la Bourse, ni Notre-Dame, ni la lumière électrique, ni le télégraphe, ni le gaz, ni la guillotine, ni la boussole, ni la jumelle Flammarion, ni le fusil Lebel, ni les chemins de fer, ni les paquebots transatlantiques, ni les bateaux cuirassés, ni la machine à vapeur, ni même aucune des autres machines, petites ou grandes, qui composent l'arsenal de l'ingéniosité contemporaine, depuis l'aiguille à coudre et le rasoir banal de Figaro, jusqu'aux marteaux-pilons cyclopéens. Nous logerions toujours dans des « gourbis » de branchages ou dans des huttes de terre battue, où, faute de montres et d'horloges, nous ne saurions même pas l'heure qu'il serait. Et comme tout se tient, force nous

eût été de faire notre deuil, « avant la lettre », de tout
ce qui, de près ou de loin, ressemble à un art ou à une
science. Nous croupirions en barbarie.

Mais tout casse, tout lasse, tout passe. L'heure approche
où le fer, vieilli et démodé, ne pourra plus suffire aux
grandissantes exigences qu'il aura lui-même engendrées,
et où les industriels, las de tourner toujours dans le
même cercle, s'étonneront de ce qu'on ait pu si longtemps attacher tant de prix à un métal aussi grossier et
d'aussi peu d'usage. Déjà, il a dû passer la main à son
héritier légitime et direct, l'acier. Mais bientôt l'acier,
qui n'est, en fin de compte, qu'un fer quintessencié,
plus subtil et plus souple, l'acier va être, lui aussi, au
bout de son rouleau. Bientôt l'acier sera détrôné sans
merci, comme il a détrôné le fer, et comme le fer lui-
même, sous la pression des besoins nouveaux, avait
détrôné le bronze, par quelque concurrent supérieur,
lequel donnera son nom aux siècles futurs.

Or, si j'en crois les bulletins des séances de l'Académie des sciences, il existerait déjà, ce concurrent ; on
le connaîtrait ; il aurait enfin livré son secret ultime à
MM. les chimistes ; il ne lui manquerait plus que quelques sacrements industriels d'importance secondaire
pour régner sur le monde.

C'est l'aluminium !

Qu'est-ce donc que ce nouveau venu ?

L'aluminium est, au pied de la lettre, un métal artificiel. Il n'existe, en effet, dans la nature, ni à l'état natif,
ni même à l'état de minerai directement transformable.
Pour révéler seulement son existence, il a fallu que la

chimie eût réalisé déjà des progrès inouïs, et pour le produire pratiquement à bon compte, il a fallu qu'elle fît des miracles.

C'est positivement le génie de l'homme qui le crée de toutes pièces. A ce titre, l'aluminium est bien, sans métaphore, cette fantastique pierre philosophale dont l'obstinée recherche affola jadis tant de générations d'alchimistes.

Par contre, cependant, on peut dire de lui qu'il est, de tous les métaux, le plus abondant, celui dont les minerais sont le plus communs et le plus riches. On marche littéralement dessus, et il n'y a qu'à se baisser pour en prendre. Il s'extrait, en effet, de l'alumine, qui est, avec la silice et la chaux, la plus répandue des substances constituantes de la croûte terrestre.

L'alumine, et, par conséquent, l'aluminium, existe en proportion considérable dans la plupart des feldspaths, des micas, des granits, et surtout dans presque toutes les argiles, depuis la terre de pipe jusqu'à la porcelaine et à la faïence de notre vaisselle de table : cette proportion va même, dans certaines espèces, jusqu'au quart du poids total.

Pour en épuiser les réserves géantes et inaccaparables, il faudrait avoir, pour ainsi dire, usé la planète.

Ce fut en 1854 que Henri Sainte-Claire Deville parvint à isoler l'aluminium.

Déjà, sans doute, en 1827, le savant Wöhler en avait bien entrevu l'existence. Mais la poudre grise qu'il avait ainsi préparée, au prix de sacrifices et d'efforts inouïs, n'était guère autre chose qu'une curiosité de laboratoire. Le volume des plus gros globules ne dépassait pas, en effet, la taille d'une tête d'épingle. Quant au prix de revient, il atteignait des hauteurs fabuleuses.

Ce fut effectivement Henri Sainte-Claire Deville qui réussit le premier à fabriquer industriellement l'aluminium, en quantités respectables, à l'aide de procédés vraiment manufacturiers. On en vit des lingots à l'Exposition universelle de 1855.

Malheureusement, le prix en était encore absolument prohibitif, et il est resté tel jusqu'à ces derniers temps. D'après des documents officiels que j'ai là sous les yeux, l'aluminium, en 1854, ne valait pas moins de *trois mille francs le kilogramme !*

En raison des incessants progrès de la science et de l'industrie, ce prix exorbitant avait fini peu à peu par descendre successivement à 300 francs, 140 francs, 100 francs, et enfin 93 francs le kilogramme, ce qui était beaucoup trop cher encore pour permettre à l'aluminium d'entrer dans la pratique usuelle. Mais voici que, grâce à l'introduction de l'électricité dans la métallurgie, un chimiste, un français — tout comme ce grand Sainte-Claire Deville dont il est en train de parachever l'œuvre, — M. Adolphe Minet, se fait fort de réaliser le but inutilement poursuivi par tant d'industriels et de savants étrangers, et de fabriquer couramment l'aluminium pur au prix (*à volume égal*) du cuivre, voire même à un prix inférieur (Cf. *Comptes rendus de l'Académie des sciences,* séances des 17 février, 9 juin, 27 octobre 1890, 19 et 26 février 1891).

Ceci — notez-le bien — est plus qu'une promesse,

plus qu'une espérance. C'est un fait accompli, et les incrédules qui ne s'en rapportent qu'au témoignage de leurs yeux, n'ont, pour se convaincre, qu'à faire le voyage de Creil, où, dans l'usine que MM. Ernest et Myrthil Bernard ont mise obligeamment à sa disposition pour ses curieuses expériences, M. Adolphe Minet leur fera toucher du doigt sa méthode en action.

N'attendez pas de moi que je vous explique cette méthode — qui est un tour de force délicat et complexe — par le menu. Ce sont là sujets trop arides pour intéresser les profanes. Qu'il me suffise de dire, pour l'édification des amateurs, qu'il s'agit essentiellement de la décomposition électrolytique, par fusion ignée, dans un récipient de charbon inaltérable, d'après des formules mathématiquement déterminées, d'un bain de fluorure d'aluminium...

Ouf !... Mais je n'ai cure que des résultats, résultats tels, que, d'ores et déjà, nous avons le droit de nous demander si le règne du fer ne serait pas à la veille de toucher à sa fin.

C'est qu'il n'est point de métal, en vérité, qui possède au même degré que l'aluminium autant de qualités supérieures et en apparence contradictoires. Aussi malléable que l'argent, dont il a presque la couleur, inoxydable à l'air à toute température, l'aluminium brave impunément la morsure de tous les acides, à l'exception du chlorhydrique ; il résiste même au mercure et à l'hydrogène sulfuré. Il fond à moins de 1,000 degrés centigrades, et se coule, se moule ou se lamine avec une grande facilité. Il est aussi plastique et ductile que l'or, et le cède de très peu au fer en dureté. Sa conductibilité pour la chaleur et l'électricité l'emporte même sur celle du cuivre. Il est, enfin, d'une légèreté telle qu'on peut, avec un kilogramme d'aluminium, fabriquer le même nombre d'objets qu'avec quatre kilogrammes d'argent et qu'avec huit kilogrammes d'or. Ajoutons qu'il peut former avec le cuivre, le nickel, le zinc, etc., des bronzes et des laitons d'un lustre superbe, susceptibles de se forger à chaud et à froid, et doués de qualités de résistance supérieures à celles du fer et de l'acier.

On a peine à se représenter la portée de la révolution provoquée par la substitution de l'aluminium au fer dans les usages courants du travail et de la vie. Il ne s'agit de rien moins, en effet, que de la transformation radicale de la science pratique, de l'art de l'ingénieur, du constructeur et du mécanicien, sinon même de toutes les conditions normales de notre existence. Songez plutôt à toutes les applications probables ou possibles d'un métal noble et tenace, inaltérable, aussi léger que le verre, et dont l'abondance confond l'imagination, depuis les objets de quincaillerie, de serrurerie, d'orfèvrerie et de bijouterie, les instruments de musique et la batterie de cuisine, les cloches, les canons, les obus et les diapasons, les gamelles et les casques, les cordes à pianos et les conducteurs téléphoniques, jusqu'aux traverses de chemins de fer (pour lesquelles nos forêts éclaircies et nos montagnes pelées n'auront bientôt plus assez de bois disponible), câbles sous-marins, plaques

de blindage (1), hélices, locomotives, chaudières, car-
casses, coupoles et charpentes, torpilles et torpilleurs,
etc. — voire même jusqu'aux enveloppes rigides des
aéronefs de l'avenir.

Voyez-vous d'ici quel bouleversement dans les principes et les règles qui président aujourd'hui à la construction des machines-outils et des instruments de précision, des navires de guerre et de commerce, des ponts
et des railways, à la navigation, à la carrosserie, à
l'architecture, à l'industrie des monnaies ? Voyez-vous
quelles immenses et mirifiques échappées sur tant de
problèmes réputés insolubles, sinon même inaborda-
bles ?

Salut à l'âge de l'aluminium !

Il marquera peut-être la suprême revanche de la
patrie française, la consécration de sa fortune, et comme
qui dirait son apothéose économique.

Ce qui constitue, en effet, la puissance d'une nation,
c'est, avant tout, la possession sûre et facile des instruments de travail par excellence, des combustibles et
des minerais usuels, c'est-à-dire, jusqu'à nouvel ordre,
de la houille et du fer. Ni le nombre des citoyens, ni
leur ressort, ni leurs vertus, ni leurs aptitudes labo-
rieuses, ni leur entente des affaires, ni leur génie, ni la
force de leurs armes ne sauraient absolument suppléer

____

(1) Il est bon d'observer, cependant, que l'aluminium étant altéré
par le sel (chlorure de sodium), on ne peut guère l'appliquer dans
la navigation que pour des bateaux destinés à circuler exclusivement en eaux douces. Un certain nombre des paquebots qui font
le service des lacs de la Suisse sont déjà construits en aluminium.

au défaut ou à l'insuffisance de cet essentiel et primordial outillage.

Ce n'est pas pour d'autres raisons que la perfide Albion, suzeraine du marché international, fait depuis cent ans la loi à l'univers. La France, au contraire, si privilégiée à tant d'autres égards, est, en ce qui concerne les ressources minérales, dans un état évident d'infériorité. N'est-elle pas obligée d'importer chaque année de l'étranger le tiers au moins du charbon qui est le pain quotidien de son travail, et la majeure partie des minerais qu'elle manufacture en vue de sa propre consommation ?

Mais voici que, sans parler des surprises que demain peut-être nous réserve l'Auvergne, dont le sous-sol serait comparable, affirme-t-on, à une immense éponge saturée de pétrole, le transport électrique de la force à distance, en utilisant les agents naturels, depuis les chutes d'eau jusqu'aux marées, et en faisant galoper invisiblement sur fils des escadrons entiers de chevaux-vapeur improductifs, va nous permettre, non pas de nous passer de charbon, mais d'en réduire considérablement la consommation industrielle.

Voici, d'autre part, que l'aluminium, dont la France paraît posséder, en gisements inépuisables, les minerais les plus faciles et les moins dispendieux à traiter, et, en particulier, l'argile dite « bauxite » (oxyde d'aluminium hydraté), qui compose à peu près exclusivement le plancher des vaches de départements entiers, tend à se substituer aux autres métaux !

Lorsque l'évolution sera accomplie, lorsque l'aluminium, électriquement pétri par les torrents de nos montagnes, aura définitivement détrôné le fer, ce seront les rôles intervertis, le monde économique retourné, Germania, John Bull et l'oncle Sam lui-même devenus tributaires de la France...

Hodie mihi, cras tibi : chacun son tour !

LE ROMAN DE LA MOMIE

Il n'est bruit, en ce moment, dans les mondes où l'on dissèque, où l'on inhume, où l'on incinère, et surtout dans le monde où l'on embaume — autant de mondes où l'on s'ennuie — que d'un nouveau procédé, qui date d'hier, pour métalliser les cadavres.

C'est à un jeune médecin des hôpitaux, au docteur Variot, auquel nous devions déjà le détatouage des gens illustrés sur cuir vif, et le rajeunissement (en collaboration avec le professeur Brown-Séquard) des vieillards épuisés, que revient tout le mérite de l'originale invention. M. Variot prend, en d'autres termes, un cadavre, et il vous rend en échange une statue — d'une ressemblance frappante — en bronze, en cuivre, en nickel, en argent, en or... ou en « toc » — suivant le prix que vous aurez voulu y mettre.

Vous me direz peut-être que cela n'est pas malin, le premier sculpteur venu pouvant en faire autant, d'après un moulage ou une photographie... D'accord ! Il y a pourtant une petite nuance. L'effigie sortie des mains de statuaire pourra être une œuvre d'art, une merveille d'esthétique, de mouvement et de finesse. Mais ce ne sera cependant jamais qu'un vain simulacre, un symbole vide, tirant exclusivement sa valeur impressionnante d'illusions subjectives. Ce que vous donne, en revanche, sous forme de statue, le docteur Variot, c'est le cadavre lui-même, c'est le « macchabé » en personne. Les effigies qu'il fabrique sont des urnes ou des cercueils, dissimulant réellement dans leurs flancs de métal tout ce qui fut le *de cujus*, sa chair et ses os, son cœur et sa cervelle, ses nerfs et son sang, tout, vous dis-je, moins l'âme et la vie. Statuaires, médaillonistes, bustiers et mouleurs auront beau dire : ça fait tout de même une différence.

On sait que la viande se peut conserver à peu près indéfiniment fraîche quand on a pris soin de l'enfermer, à l'abri de l'air, dans une boîte de fer-blanc hermétiquement close. M. Variot a pensé que ce qu'on réussissait à faire pour des gigots ou des côtelettes, pourrait également être tenté pour la viande humaine, même non détaillée par morceaux. Il met donc également les cadavres en boîtes de métal ; seulement il emploie des boîtes assez exactement calibrées pour se modeler avec la plus rigoureuse fidélité sur leur contenu, dont elles épousent tous les contours, les moindres dépressions et les moindres reliefs.

C'est la galvanoplastie — on l'a déjà deviné sans doute — qui lui permet de réaliser ce miracle.

Quand on fait passer un courant électrique à travers une solution d'un sel métallique, en y plongeant séparément les électrodes d'une pile, le sel métallique se décompose. Il se sépare en ses éléments constitutifs, et, tandis que le reste se transporte au pôle positif, le métal va se fixer au pôle négatif. Il s'ensuit que si l'on attache à ce dernier pôle un corps naturellement bon conducteur ou rendu artificiellement tel, le métal de la solution se dépose peu à peu sur toute la surface de ce corps en une couche adhésive qui va en s'épaississant de plus en plus.

On arrive ainsi à revêtir d'un vernis de métal résistant, sans en altérer les formes, les objets les plus divers, des balcons et des fleurs, des fourchettes et des candélabres à gaz, d'énormes pièces d'orfèvrerie et de fragiles ailes de papillons. On réussit également à nickeler, bronzer, cuivrer, argenter ou dorer des statues représentant des animaux ou des hommes de grandeur naturelle.

De là à songer à galvaniser les corps eux-mêmes et à en faire « électrolytiquement » des conserves incorruptibles, il n'y avait qu'un pas. Ce pas, bien d'autres, avant le docteur Variot, avaient essayé de le franchir. C'est ainsi que, dès 1854, M. Soyer avait tenté de métalliser le corps d'un enfant. Plus tard, M. Oré (de Bordeaux) avait appliqué le procédé, non sans succès, à la momification des pièces anatomiques.

Mais tout cela était encore bien défectueux, bien embryonnaire et bien grossier.

S'il s'agissait simplement de fragments de petites dimensions, d'un cerveau, par exemple, d'une main, d'un lambeau de peau, etc., la chose irait toute seule. Mais, quand on entreprend la métallisation d'un cadavre

entier, le problème, si simple au point de vue strictement
scientifique, se hérisse de difficultés techniques dont on
n'avait pas encore pu avoir pleinement raison jusqu'ici

Un cadavre, en effet, dont les muscles sont déten-
dus ou contracturés, et dont les articulations flottent en
quelque sorte, n'a pas la rigidité, la cohésion et la stabilité d'une statue. Il faut, par des moyens factices, remédier à tout cela... Il est à craindre, d'autre part, que les
préparations préalables destinées à rendre la surface
cutanée suffisamment conductrice ne modifient la consis-
tance du derme, ne le racornissent ou ne le boursou-
flent, n'en altèrent, en un mot, à la fois la plastique et
la plasticité. Un autre danger, non moins grave, tient à
l'expansibilité des vapeurs et des gaz contenus dans les
cavités viscérales, et dont le travail des décompositions
posthumes peut précipiter l'épanchement avec une force
assez grande parfois pour faire éclater, non seulement
une mince pellicule de cuivre ou d'or, mais même la
triple enveloppe d'une bière de sapin, de plomb et de
chêne. Il faut, enfin, prendre garde à ce que ce *processus* putride ne provoque, en vertu des poussées intérieures, ni déformation de la pièce, ni répugnantes
émanations filtrant ou transsudant à travers le suaire
métallique.

Grâce au précieux concours d'un praticien hors pair,
M. Charpentier, mécanicien attaché au laboratoire
d'histologie de la Faculté de Médecine, M. le docteur
Variot a fini par triompher de tous ces obstacles — au
prix de quels tâtonnements et de quels efforts ! — d'une
façon magistrale.

Le jour — mon Dieu ! c'était l'autre dimanche — où il me mit entre les mains la principale des pièces à conviction présentées par lui à la « Société de biologie », en me priant de lui dire mon avis, j'avoue que j'étais à cent lieues de croire que ce que je touchais là, c'était le cadavre cristallisé d'un enfant nouveau-né, mort depuis plus de six mois à l'hospice des Enfants-Assistés. Je fus sur le point de lui demander le nom de l'artiste dont l'ébauchoir à la fois naïf et puissant savait enfanter des œuvres d'un réalisme aussi intense... Mais l'artiste, c'était lui-même, le docteur, en collaboration avec cette fée à tout faire qu'on nomme l'Électricité.

... L'enfant de bronze portait encore au cou son billet de décès, en manière de certificat d'état civil. Pas trace d'empâtement dans les traits, dont on aurait reconnu les plus imperceptibles détails : c'était à croire qu'on avait simplement remplacé la peau par une écorce métallique dont l'épaisseur, réduite au minimum, aurait été réglée de façon à respecter jusqu'aux ombres elles-mêmes. C'était bien un cadavre, sans doute, mais il fallait être prévenu pour s'en apercevoir, car c'était en même temps une statue d'où l'horreur de la mort — horreur qui tient surtout au souvenir des convulsions de l'agonie et à l'évocation anticipée des ignobles déliquescences ultérieures — aurait été pieusement effacée.

Une autre pièce, un pauvre petit bras d'avorton recroquevillé, moins suggestive peut-être dans son ensemble, est peut-être, pour le fini du détail, d'un effet plus saisissant encore... En vérité, je vous le dis, c'est la vie même — ou plutôt la mort — surprise au vol et figée dans son frisson !

Pas la plus faible odeur, pas la plus petite fermentation n'est à redouter. Une momification préalable, en desséchant et en stérilisant le cadavre, lui garantit une imputrescibilité et une stabilité quasiment absolues, irrévocablement sanctionnées enfin par un long étuvage dans un four chauffé à cent degrés.

On pourrait même, s'il le fallait, pousser l'étuvage jusqu'à l'incinération. Ne sait-on pas, en effet, que les substances organiques deviennent combustibles à une température sensiblement inférieure à la température de fusion de cuivre (100°) ? La métallisation peut ainsi suppléer non seulement à l'embaumement, si précaire, et à l'inhumation, si navrante, mais à la crémation elle-même, que les ultra-modernistes prétendaient nous offrir comme le dernier cri de l'art d'accommoder les restes. Et ce sera la crémation sans la hideur des rôtissoires rudimentaires et tragiques que vous savez, puisqu'elle s'opérera, sans transbordement des cendres, dans l'urne même, et que l'image du cher défunt devra survivre aux flammes du bûcher suprême !

On peut donc dire que la cause est gagnée, au moins devant la science. Reste à savoir si elle se pourra aussi bien gagner devant les mœurs. Reste à savoir si la piété des générations futures ne se fera pas un peu prier pour s'habituer sans trop de répugnance à se commander ainsi chez Christofle une galerie d'ancêtres, qu'on pourrait dorer avec l'or — refondu — des bijoux de l'héritage, et à remplacer les pourrissoirs traditionnels par un peuple de statues égrenées le long des routes. Reste à savoir si cette façon de perpétuer la race en effigie n'a pas un peu trop les défauts de ses qualités. La pauvre petite fille dont j'admirais l'autre jour, dans le cabinet de Variot, la physionomie calme et reposée, ne saurait être, en fin de compte, qu'une exception. Rares, bien rares, sont les Cléopâtres qui savent descendre avec leur sourire intact et leur intégrale beauté dans la nuit de la tombe. Neuf fois sur dix, l'anthropoplastie ne saurait reproduire, avec son impassible et impartiale fidélité, que les ravages du mal suprême, tantôt l'émaciation spectrale, tantôt la monstrueuse bouffissure, les crânes éburnés, les traits racornis, les chairs rongées, le cruel coup de pouce de la Mort, toutes les convulsions et toutes les affres de l'agonie. Ce serait l'obsession du deuil, le navrement et l'horreur en permanence, la perpétuation du cauchemar.

Il y a encore autre chose. Sans mettre trop complaisamment l'agriculture en cause, sans parler des bons engrais ammoniacaux et phosphatés que l'anthropoplastie déroberait indirectement ainsi aux faméliques générations futures, où pourrait-on, dans un siècle ou deux, si jamais elle venait à se généraliser, caser tous ses chefs-d'œuvre ? Quand on aurait mis des aïeux « variotisés » un peu partout, en guise de becs de gaz, de distributeurs automatiques, de bornes-fontaines, de dessus de pendules, de cariatides ou de pilastres de balcons, il finirait tout de même — car la Camarde ne chôme guère — par ne plus rester assez de place pour les vivants. Force serait bien de mettre au pilon l'encombrant musée généalogique et d'en rendre les débris à la terre, qui, suivant l'éternelle loi, en referait du blé, du vin, du sucre et de la viande à l'usage des nouvelles couches.... A moins d'essayer d'élargir la planète.... Mais, malheureusement, elle n'a pas de rallonges....

M'est avis que si l'anthropoplastie menace sérieusement l'industrie de MM. les embaumeurs, elle ne va pas faire un tort énorme aux Compagnies des Pompes funèbres.

Memento, homo, quia pulvis es et in pulverem reverteris !

PROPOS DE MI-CARÊME

Les blanchisseurs — ces gais héros de la Mi-Carême — sont assurément fort sympathiques, et parmi les reines de lavoirs qui déambulent ce jour-là le long des boulevards sur des chars de triomphe, il y en a parfois d'exquises — de vrais morceaux de rois... s'il y avait encore des rois !

Ces braves gens, si pittoresques, qui président à l'hygiène sociale et à l'élégance individuelle, et dont la fonction consiste à sertir de neige les bijoux de chair humaine, semblent avoir tout pour plaire. Et le fait est que nous les aimerions beaucoup..., s'ils ne nous coûtaient pas si cher.

Mais, en vérité, les services qu'ils nous rendent sont des services par trop ruineux. Draps et chemises, serviettes et mouchoirs, chaussettes, cols et jupons, tout fond en un clin d'œil, comme beurre au soleil, entre leurs mains corrosives. C'en est fait, sauf dans les coins perdus des lointaines provinces où les traditions patriarcales survivent encore, des superbes piles de linge blanc, souple et frais, fleurant bon, derrière le ventre d'acajou des armoires bourgeoises, l'iris ou la verveine, qui étaient la gloire de nos aïeules, le luxe héréditaire des familles d'antan. Il suffit aujourd'hui de trois ou quatre lessives pour que la toile la plus solide comme la plus fine batiste, les flanelles et les mousselines, nous reviennent, au grand crève-cœur des ménagères, rongées, calcinées, effiloquées, percées à jour. Les lavoirs ne sont plus que l'antichambre des manufactures de charpie, et c'est à grand train que nous glissons sur la planche savonnée qui mène à la disgracieuse époque de barbarie scientifique où tout le linge de table et de corps sera de papier, à l'américaine, avec des manchettes en celluloïd et des plastrons-éphémérides à effeuiller !

Comment, quand on y songe, ne se mêlerait-il pas une pointe d'amertume aux joies épandues ?

Non point que je fasse un crime à l'honorable corporation des blanchisseurs de ce qui n'est, en réalité, qu'une fatalité historique.

Force est bien, en effet, aux blanchisseurs d'être de leur temps et de subir, comme les autres, la tyrannique pression du milieu: C'est à toute vapeur qu'on doit vivre, en cette fin de siècle, et pour y réussir, il faut, à tout prix, faire grand et surtout faire prompt. Comment, dans nos civilisations affairées, où l'espace et le temps valent si cher, et où le *struggle for life* est si implacable et si ardent, satisfaire, avec les procédés tâtillons d'autrefois, aux exigences d'une clientèle de plus en plus fiévreuse, touffue, mobile, ondoyante et diverse ?

La révolution qui, depuis cinquante ans, ne cesse de transfigurer le travail, le commerce, l'industrie et l'art lui-même, ne pouvait s'arrêter aux portes des buanderies. Voilà comment et pourquoi, bon gré mal gré, les petites blanchisseuses ont dû, en désespoir de cause, appeler MM. les chimistes à la rescousse.

Ceux-ci leur ont donné l'eau de Javel, qui leur permet de laver, en une heure, autant de linge qu'en une semaine nos grand'mères en auraient rincé. Malheureusement, il en est un peu de l'eau de Javel comme de certaines médications trop radicales : elle n'a guère raison du mal qu'à la condition de tuer le patient.

Rien de plus facile à comprendre !

Parmi les matières qui salissent le linge, les unes, solubles dans l'eau, s'en séparent au moyen d'un simple lavage ; les autres, insolubles de leur nature, doivent être mises en contact avec des corps qui les rendent solubles — la soude du savon, par exemple, ou la potasse de la lessive — et permettent à l'eau chaude ou froide de les entraîner mécaniquement.

Mais comme cela ne va pas assez vite, on a imaginé d'utiliser les vertus violemment décolorantes du chlore et de ses composés, et d'ajouter au bain un chlorure (*vulgò* eau de Javel), formé de la combinaison du chlore avec un alcali — potasse, soude ou chaux.

Ce serait parfait si ces chlorures, où l'alcali est toujours et fatalement en excès, ne possédaient la malencontreuse faculté d'altérer la cellulose, c'est-à-dire le *substratum* essentiel, la trame ultime et fondamentale des tissus généralement quelconques d'origine végétale. Mais il y a déjà bel âge que l'éminent professeur de chimie industrielle, M. Aimé Girard, a démontré que les alcalis, à un certain degré de concentration, oxydent la cellulose, ni plus ni moins que les acides, et la métamorphosent en un composé nouveau désigné sous le nom d'*hydrocellulose*.

Or, l'hydrocellulose, qui diffère absolument, tant au point de vue physique qu'au point de vue chimique, de sa cousine germaine la cellulose, se caractérise surtout par *une extrême fragilité*. Alors que la cellulose est souple, élastique et résistante, l'hydrocellulose fuit sous le doigt et tombe en poussière au moindre choc.

Il suffit d'examiner, avec un microscope donnant seulement cinquante ou soixante grossissements, une étoffe traitée par l'eau de Javel, pour en apercevoir nettement les fibres dénudées, gonflées, fendues, éclatées, croulant en miettes. C'est, en d'autres termes, et toutes proportions gardées, comme si on l'avait trempée dans du vitriol — dont les effets ne diffèrent de ceux de ces chlorures caustiques que parce qu'ils sont plus intensifs et plus rapides... La brosse et le battoir font le reste...

Étonnez-vous donc après cela que votre pauvre linge tombe en déliquescence !

Ne serait-il pas possible de remédier à ce fléau social, sans revenir aux méthodes surannées et désormais inacceptables du bon vieux temps ?

A cette question, maintes fois posée, les spécialistes répondent généralement par la négative. Quelques-uns même vont jusqu'à prétendre que nous devrions plutôt nous en féliciter, sous le fallacieux prétexte que l'usure outrancière et vertigineuse du linge est une manière d'assurance contre le chômage au profit des lingères et des tisseurs.

S'il était pourtant permis à un profane de donner timidement son avis, je dirais que rien n'est plus facile, au contraire, que de sauver notre linge de la destruction fatale, en remplaçant le lavage à l'eau de Javel par un procédé moderniste, mais supérieur. Il suffirait pour cela, ce me semble, d'invoquer le secours de l'omnisciente et toute-puissante magicienne des âges nouveaux, de la Fée Électricité.

Ceci n'est ni un paradoxe gratuit, ni un rêve de visionnaire. S'il n'y a pas de précédents — le système n'ayant encore été, que je sache, industriellement essayé par personne — il y a au moins des analogies (1).

N'est-ce pas au moyen de l'électrolyse qu'on blanchit déjà les fils de coton et de chanvre, les soies et les pâtes à papier ? Il me souvient, en tout cas, d'une usine que je visitais naguère — c'est même là que, sournoisement, mon idée s'est vissée sous mon crâne — où l'on blanchit les pâtes à papier en faisant tout bonnement passer un courant électrique, à l'aide d'un appareil spécial, à travers l'inoffensive solution de chlorure de magnésium où ces pâtes sont plongées.

Là, point d'effet caustique, point d'altération de la cellulose. La solution, dont on n'a point à redouter la concentration (les blancs les plus éclatants étant obtenus par les bains les plus faibles), est absolument *neutre*, et l'action décolorante est exercée non plus par le chlore

---

(1) J'ai su depuis que le blanchissage électrolytique du linge se pratiquait déjà industriellement, à Rouen, dans l'usine où l'on exploite les procédés de blanchiment dits « procédés Hermite », du nom de leur inventeur.

ou l'alcali, mais par l'oxygène provenant de la décomposition électrolytique de l'eau. Or, si l'oxygène dévore rapidement l'ordure, il épargne scrupuleusement les fibres végétales auxquelles l'ordure est incorporée : en gaz qui se respecte, il ne mange pas le morceau.

Pourquoi ce procédé, d'ores et déjà consacré par la pratique et qui réussit si bien, *avant tissage*, sur des fibres textiles, c'est-à-dire sur du linge « potentiel », sur du linge en gestation, ne réussirait-il pas aussi bien *après* ? Pourquoi n'en essaierait-on pas avec autant de chances sur nos chemises et nos mouchoirs, qui sont, en fin de compte, à base de cellulose, tout comme la feuille de papier que je suis en train de noircir ?

Je me suis laissé dire que la femme du directeur de telle grande fabrique de papier où l'on emploie cette méthode n'avait rien trouvé de mieux, pour nettoyer ses dentelles de prix, que de les tremper dans la cuve où son mari « tripatouille » électriquement ses pâtes. Et les quelques rudimentaires expériences de laboratoire que j'ai fait faire, à titre de curiosité, sur des chiffons moins précieux, par des camarades qui sont gens du métier, ont été de nature à me faire croire que cette dame avait eu là une ingénieuse et riche idée.

On a déjà réclamé et obtenu de l'électricité tant de services domestiques inattendus, qu'il n'y a rien d'utopique à la charger encore de nous laver notre linge sale. Personne ne s'en plaindra, pas même les blanchisseurs, car ceux-ci ne doivent pas nourrir une passion immodérée pour l'infâme eau de Javel, qui ne vaut pas

moins de dangers à ceux qui s'en servent que d'inconvénients à ceux à qui elle mange — sans métaphore —
la laine sur le dos.

..... Qui sait si cette Mi-Carême cavalcadante n'aura
pas été la dernière ? Qui sait si, dès l'année prochaine,
les petites blanchisseuses ne feront pas leur fête, non
plus au printemps, mais en décembre, le jour de la
Sainte-Barbe, patronne des artilleurs et des électriciens ?

LES ACCIDENTS DE CHEMINS DE FER

MŒNCHENSTEIN.

I

C'est bien sûr qu'on n'a pas fini d'épiloguer sur la catastrophe de Mœnchenstein. Si cela continue, il va couler autour de la question plus de salive et d'encre qu'il ne s'est mêlé de sang humain aux eaux tragiques de la Birse...

Il semble bien, cependant, que le cas est assez simple.

La vérité est qu'il n'y a eu probablement de la faute de personne, le plus gros des responsabilités incombant à la grande névrose, qui, par ces temps de travail frénétique et de vie à outrance, n'épargne pas plus les œuvres de fer que les œuvres de chair. Si le pont de Mœnchenstein s'est écroulé, si ses reins ont brusquement fléchi sous l'habituel fardeau, c'est que ce pauvre pont était malade, malade à en mourir, comme vous et moi pourrions l'être, non pas d'usure, mais de surmenage — *pour avoir trop vibré.* Ce pont souffrait du mal, émi-

nemment « fin de siècle », à la mode : il était « neuras-
thénique ».

Un pont, en effet, qui est un être mécanique complet,
ayant son existence propre et son autonomie, peut et
doit être comparé à un organisme vivant. Il en a, en
tout cas, les vicissitudes, les crises, les défaillances.
Non seulement il s'use et vieillit en conformité des
mêmes lois, mais il peut également succomber, de
mort subite, à une sorte de détraquement intérieur et
imperceptible, engendré par le jeu normal d'une vie
trop active, sans la moindre lésion apparente. C'est en
vain que constamment on le surveille et on le répare,
c'est en vain que sans trêve on lui refait des membres et
des articulations, comme on expédie les épuisés au vert,
à Gastein ou à Vichy. L'ébranlement moléculaire, qui
est au métal des charpentes ce que l'excès ou l'anoma
lie des trépidations nerveuses sont à la substance grise
des cerveaux et des moelles, n'en poursuit pas moins
sournoisement son œuvre dissolvante, jusqu'au dénoue-
ment fatal. N'avait-on pas, il y a huit jours, complètement rivé à neuf le pont de Mœnchenstein ?

Au demeurant, ce rapprochement, qui n'a de paradoxal que l'apparence, n'est point de mon cru. Telle fut
bien, positivement, la thèse soutenue, il y a trois ans,
au congrès de Bath, devant l'*Association britannique pour
l'avancement des sciences*, par M. Georges Thomson, un
ingénieur américain dont le nom fait légitimement autorité de l'autre côté de l'eau en matière de construction
de ponts.

D'après ce *pontifex*, tous les ponts pourraient être, au

surplus, comme les hommes, divisés en deux grandes classes irréductibles : les ponts *bien portants* et les ponts *malades*. Si un pont est bien compris, si toutes ses parties offrent des proportions assez harmonieuses pour le mettre en état de remplir convenablement les fonctions auxquelles il est destiné, et de fournir, sans ébranlement ni désagrégation, tous les efforts, quels qu'ils puissent être, qu'on exigera de lui, c'est un pont *bien portant*. Si, tout au contraire, son mécanisme — comme qui dirait son système nerveux — est si faible, si délicat, si irritable, que son fonctionnement même le disloque, si les constructeurs ne lui ont pas assuré d'avance la réserve de force, d'élasticité, de ressort nécessaire pour suffire à un travail croissant, c'est un pont *malade*, voué, par conséquent, à une mort prématurée.

C'est, paraît-il, le cas de presque tous les ponts américains, auxquels M. Thomson, avec une rare indépendance et une courageuse sincérité, faisait ainsi solennellement le procès. Conçus et construits à la diable, sans souci de l'accroissement futur des charges et des fatigues supporter, ils ne présentent presque tous qu'une sécurité précaire. On cite à ce propos des chiffres effrayants, faits pour donner le frisson aux plus aventureux. Sachez, par exemple, que du 1er janvier 1877 au 31 décembre 1887, il n'y a pas eu, tant aux Etats-Unis qu'au Canada, moins de *deux cent cinquante et une ruptures* de ponts, dues à des défauts de structure, charges, collisions, etc.! C'est à ce point que certains journaux d'outre-Atlantique ont adopté, d'une façon régulière et permanente, cette navrante rubrique :

ponts déraulés ! Cela figure dans le courant des « faits divers » et comporte normalement de trois à dix accidents *par semaine...*

Dieu merci ! nous n'en sommes pas encore là en Europe, où l'on est moins impatient, moins pressé, moins insoucieux du danger qu'en Amérique. Combien, cependant, de nos ponts de chemins de fer, surtout parmi les ponts d'un certain âge, doivent, sans qu'il y paraisse, loger à la même enseigne... pathologique que le pont de Mœnchenstein !

Ceci n'est point une insinuation malveillante à l'adresse de nos ingénieurs, dont je ne voudrais pas, pour tout l'or du monde, paraître seulement mettre en suspicion la compétence, le savoir-faire ou la probité professionnelle. J'ai, tout au contraire, la conviction ferme que quatre-vingt-dix-neuf sur cent de nos ponts de chemins de fer ont été établis dans les conditions techniques qui étaient effectivement, *au moment de leur établissement*, les plus favorables à leur conservation. Seulement... seulement...., on vit si vite à notre époque, et l'œuvre continue de métamorphose du milieu économique et social s'opère avec une si vertigineuse rapidité que ces conditions sont bientôt modifiées de fond en comble.

Le pont conçu d'après le plus impeccable plan n'est pas encore livré à la circulation que ces conditions ne sont déjà plus les mêmes, et que l'apparition de circonstances inédites, imprévues et improbables, a doublé déjà, sinon même triplé, le travail et les charges qu'avait pu prévoir le calcul. Il en est un peu des ponts de chemins de fer, en d'autres termes, comme des cuirasses des navires de guerre, qui, au fur et à mesure qu'elles se font plus épaisses et plus impénétrables, trouvent devant elles une artillerie plus *insinuante*.

De même qu'un soldat en campagne se trouve appelé à remplir d'autres devoirs, autrement rudes et dévorants que les devoirs auxquels l'avait assoupli la routine de la vie de garnison, de même un pont en activité de service peut avoir à fournir une tâche singulièrement plus pénible que celle que, de très bonne foi, lui avaient, sur le papier, assignée ses constructeurs.

Il s'ensuit qu'au bout de quinze ans — n'était-ce pas, si je ne m'abuse, l'âge du pont de la Birse ? — un pont de chemin de fer n'est plus à la hauteur de sa mission. C'est un pont décrépit, un pont invalide, un pont surmené, invisiblement décomposé dans les intimités de son organisme par l'abus des vibrations, c'est-à-dire par une espèce de névrose. Qu'il survienne alors le plus insignifiant phénomène, une subite élévation ou un subit abaissement de température, une secousse anormale, une modification de l'électricité ambiante, une réaction chimique ou une transformation moléculaire spontanée, un souffle, un rien, et voilà que l'instable équilibre est rompu, et que tout culbute à l'abîme !

N'est-ce pas également l'abus des vibrations — ou l'abus des sensations, ce qui est tout comme — qui, au sein du tourbillon de nos sociétés bouillonnantes, avec leur complication de travaux, d'affaires, de tracas, d'appétils, de plaisirs, d'émotions si violentes et si raffinées, avec leur fermentation sans mesure et leurs alertes sans fin, liquéfie les cerveaux les plus puissants et affole les nerfs les plus solides ? Nous sommes tous ainsi, de par le malheur (ou le bonheur) des temps, comme l'équilibriste sur la corde raide. La moindre crise, intellectuelle ou morale, le moindre surcroît de besogne ou de souci, le moindre coup de fièvre, de sentimentalisme ou de colère, une passion inassouvie ou qui tarde trop à s'assouvir, un regard, un mot, une rencontre, un hasard, la goutte d'eau qui fait déborder le vase... et la tête la mieux faite éclate comme un marron mûr. C'est la « neurasthénie », si magistralement décrite par le docteur Fernand Levillain, avec son cortège de déchéances, dont l'impuissance cérébrale n'est pas toujours la plus douloureuse ; c'est l'épuisement nerveux ; c'est l'ataxie intellectuelle... en attendant la locomotrice. Souventes fois l'effondrement suprême est au bout.

Les hommes et les ponts — voyez-vous ! — sont plus proches parents qu'ils n'en ont l'air, et une civilisation trop intensive, ayant les vices de ses qualités, tue aussi bien ceux-ci que ceux-là, de la même façon — en les faisant trop vibrer.

II

Décidément, tout est dans tout !

Savez-vous sur qui devrait effectivement porter la responsabilité de cette catastrophe de Mœnchenstein dont, avec cette prodigieuse faculté d'oubli qui est l'un des traits les plus caractéristiques des versatiles générations contemporaines, on a déjà, une fois apaisée l'émotion, faite de stupeur et d'épouvante, de la première heure, cessé de parler et d'avoir cure, si ce n'est peut-être au foyer des familles que ce terrible accident a mises en deuil? Savez-vous sur qui devrait logiquement retomber le poids funèbre de tant de sang répandu, de tant de chair humaine pilée, de tant de forces détruites, de tant de douleurs, de navrements et de désespoirs?

C'est sur le gouvernement allemand!

J'ose prétendre en effet, avec l'honorable directeur de la *Nature*, M. Gaston Tissandier, qui, le premier, a attaché ce grelot, que la rupture du pont de la Birse a été la conséquence directe de l'obligation vexatoire des passeports imposés par l'Allemagne aux voyageurs à destination de l'Alsace-Lorraine.

Ceci n'est point un paradoxe.

Autrefois, avant les passeports, les trains rapides de Calais et de Paris passaient à Bâle par la ligne de Mulhouse. Depuis, pour éviter les ennuis de la frontière, ils s'en vont prendre la ligne de Belfort à Bâle par Delle et Porrentruy. Or, cette ligne, qui comprend le pont de Mœnchenstein, constitue un chemin de fer d'intérêt local, établi en vue de trains de petite vitesse dont la marche ne dépasse guère 30 kilomètres à l'heure au maximum... Elle n'était pas faite pour supporter la circulation continue de trains rapides circulant avec des vitesses de 70 ou 80 kilomètres à l'heure.

Le pont de Mœnchenstein n'y a pu tenir. Fatigué par

ce service inusité, hors d'état de résister plus longtemps à des efforts dépassant, dans des proportions exorbitantes, ceux pour lesquels il avait été construit, il a fini par s'écrouler, succombant au mal du siècle, au surmenage, à la neurasthénie, « d'avoir (en trois mots) trop vibré ».

Il faut bien, en effet, nous dire ceci : c'est que les ponts métalliques, tout en constituant un incontestable progrès sur les vieux ponts de bois et de pierre, sont nécessairement condamnés, de par leur nature même et leur essence, à ne fournir qu'une carrière infiniment plus courte. Il en est d'eux comme de nous-mêmes : vivant au milieu d'une atmosphère fiévreuse, en proie à une agitation dont autrefois on n'avait même pas l'idée et qui a tôt usé les choses et les hommes, nous « donnons » sans doute beaucoup plus que nos pères ; mais, sauf les cas d'une trempe exceptionnelle, nous « donnons » moins longtemps.

La vérité est que les besognes qu'on exige du fer semblent aller plus vite que les perfectionnements incessamment apportés par une métallurgie de plus en plus savante et raffinée à sa structure et à sa constitution, partant à son endurance. Il n'est pour ainsi dire pas un seul des ponts construits depuis une dizaine d'années qui ne doive, en raison même de l'évolution naturelle des fatalités économiques, en raison de la multiplication des trains et de l'accroissement régulier de leurs vitesses et de leurs poids, fournir un travail singulièrement plus considérable que les théoriciens ne l'avaient, avant la lettre, pu prévoir et calculer. Dans ces conditions, il peut suffire du plus mince événement, voire même d'un événement politique, comme l'ukase auquel je fais allusion, n'ayant en apparence, ni de près ni de loin, la moindre connexion avec l'art de l'ingénieur, pour rompre l'équilibre. Voilà comment un caprice de la police berlinoise, destiné à faire pièce aux Français, peut aboutir indirectement, par ricochet, à mettre en capilotade la plus helvétique des sociétés chorales !

C'est que le fer — matière éminemment irritable, délicate et fragile, en dépit de ses apparences frustes et rébarbatives — tolère mal les ébranlements moléculaires auxquels il est soumis sans trêve, à l'heure actuelle, et qui semblent échapper au calcul. Il est pour ainsi dire impossible qu'il résiste plus de douze ou quinze ans à la vie de chien qui lui est faite, par exemple, sur une voie ferrée où, sans parler des effets d'oxydation attribuables au contact de l'air, à l'action de l'humidité, aux variations de température, aux phénomènes électriques, aux influences chimiques, etc., il est presque constamment exposé, lors du passage des trains, lesquels se font de plus en plus nombreux et de plus en plus pesants, à certains efforts simultanés et contradictoires de compression et de traction constituant les vibrations les plus dissolvantes.

Il est bien évident, par exemple, que lorsqu'une locomotive passe sur un pont, elle détermine une compression énormément plus forte que la compression déterminée immédiatement après par le passage du fourgon et des wagons qui suivent et qui pèsent cinq ou six fois moins. Or, qui dit différence de pression, dit vibration...

ce qui est pour un ouvrage métallique, dans les conditions de martelage intensif où la vibration s'opère, ce que pourrait être pour une cervelle humaine le plus brutal des spasmes, la plus violente des émotions. Mais, pour un pont un peu fréquenté, cela se renouvelle vingt, trente, cinquante fois par jour, pendant des années consécutives.

Ce n'est pas pour une autre raison que par la faute de la chancellerie allemande le pont de Mœnchenstein est mort, comme un simple boulevardier, de la grande névrose, d'une indigestion de trépidations intimes.

Ce qui est vrai de l'ensemble d'un ouvrage métallique est, à plus forte raison, vrai de chacune de ses parties, et, en particulier, des rivets d'assemblage, que les chocs successifs auxquels ils sont soumis, s'ils ont du jeu, obligent à travailler par cisaillement.

Or, les rivets ont toujours du jeu parce que, presque toujours, de par une tradition néfaste, le rivage se fait à chaud.

Sans doute, le rivage à chaud a l'avantage de serrer plus étroitement, en vertu de la contraction due au refroidissement, les pièces métalliques à jointoyer les unes contre les autres. Dans certains ouvrages, comme un gazomètre ou un réservoir à eau, dont l'étanchéité est la qualité essentielle, le rivage à chaud s'impose donc de la façon la plus impérieuse. Mais pour un pont, qui travaille « vibratoirement » (excusez le néologisme), ainsi que je viens de le dire, il n'en saurait plus être de même. En se refroidissant, les rivets diminuent de diamètre, ils ne remplissent plus le trou, ils prennent du jeu, de sorte qu'à chaque passage de train, à chaque secousse, à chaque vibration, ils sont cisaillés, hachés, en quelque sorte, par le battement des paupières de leurs « yeux ».

Mieux vaudrait, contrairement à tous les usages, les introduire à froid et à refus, sauf à en « mater », toujours à froid, l'extrémité extérieure, afin de réduire le « jeu », au moins le « jeu » vertical, à sa plus simple expression, et de faire de l'ouvrage entier un corps indissoluble.

Les voyageurs y trouveraient leur compte, sous la forme éminemment appréciable d'une sécurité plus grande. Mais, en revanche, cela ne ferait guère l'affaire de MM. les constructeurs, obligés *ipso facto*, sans possibilité de tricherie, à une précision et à un soin dont ils paraissent avoir perdu l'habitude.

Quand, en effet, les trous de deux pièces métalliques à assembler ne sont pas exactement en regard, pas moyen de les river à froid. Avec le rivage à chaud, tout au contraire, rien de plus facile à arranger. On courbe un brin le rivet, et tout est dit. Au besoin, on met un rivet fusible, voire même — cela s'est vu — un rivet en plomb. Autant cracher sur les tôles, comme dit un vieil adage populacier, et prier le bon Dieu que ça gèle. Tant pis pour les pauvres bougres de touristes qui s'aventureront là-dessus à toute vapeur !

.... La Compagnie du Jura-Simplon n'a trouvé rien de mieux, pour se défendre contre la tempête des accusations de négligence, trop plausibles, hélas ! et trop justifiées, qui, dès le lendemain du sinistre, montaient de toutes parts autour d'elle, que d'adresser à tous les journaux un « communiqué » bien senti, dans lequel elle expliquait que toutes les précautions avaient été prises et que la surveillance de la charpente du pont écroulé n'avait jamais rien laissé à désirer... Grand bien lui fasse ! La question serait de savoir comment le rivage avait été pratiqué. Etait-ce à chaud, avec tous les risques que je viens d'esquisser ? Etait-ce à froid ? Les vibrations, en d'autres termes, avaient-elles été préventivement réduites au minimum ?

Il est permis d'en douter. Voilà comment l'ogre allemand, mangeur d'hommes et buveur de sang, a pu, en pleine paix, inscrire à son passif quelques douzaines de victimes de plus !

Fasse le ciel que la leçon ne soit pas perdue ! La catastrophe de l'Opéra-Comique a servi à secouer la torpeur de nos architectes. La catastrophe de Mœnchenstein pourrait peut-être servir également à guérir les ingénieurs de leur indécrottable routine... Puisqu'il est impossible de supprimer définitivement le malheur, il faudrait au moins qu'à quelque chose malheur fût bon !

<h2 style="text-align:center">III</h2>

_On ne saurait croire combien, à l'heure présente, la question des ponts métalliques passionne de « gensses », jusques et y compris une foule de personnes qu'on aurait pu supposer, d'après leur caractère, leur éducation, leur situation sociale et leurs habitudes d'esprit, le plus réfractaires à ce genre de problèmes. J'étais si loin de m'en douter moi-même, que j'avais un tantinet hésité à consacrer à la catastrophe de Mœnchenstein mon « papier » de l'autre jour, par crainte qu'en raison de son ton, nécessairement un peu technique, il ne fût goûté seulement que d'une petite, pincée d'initiés.

Mais j'ai été bientôt rassuré. C'est par douzaines que se chiffrent les lettres que m'a values ladite chronique. Parmi ces missives inattendues, les unes me criblent d'objections, de reproches et même d'anathèmes ; les autres débordent de félicitations extrêmement flatteuses ou réclament des explications complémentaires ; les unes me donnent tort, les autres me donnent raison : toutes attestent que j'avais, à tout le moins, mis la plume sur la plaie. Il est même des dames qui ne se sont pas fait scrupule d'y aller à ce propos, à mon adresse, de pattes de mouches parfumées et touchantes. Honni soit qui mal y pense !

Rien d'étonnant, après tout, pour qui veut prendre la peine de réfléchir, à ce soulèvement d'opinion. On voyage de plus en plus, par les temps qui courent ; on prend de plus en plus le chemin de fer ; on passe de plus en plus sur des ponts suspects. Et le beau sexe n'étant plus condamné sans merci, comme autrefois, à filer la laine (et le parfait amour) en gardant la maison, le beau sexe, dis-je, voyage autant que l'autre — le laid — auquel j'ai l'honneur d'appartenir. Il est donc naturel que les femmes se préoccupent autant que les hommes de la solidité des voies sur lesquelles elles seront peut-être appelées à rouler demain, de leurs chances de durée, de leurs risques de rupture ou d'effondrement. Autant que nous, plus que nous peut-être, elles ont de bonnes raisons de redouter de finir aplaties entre deux banquettes.

Parmi ces aimables correspondantes, qui toutes à l'envi m'accablent de compliments, il en est une, cependant, qui, faisant exception, donne une note discordante. Il est vrai que le grief — formulé, d'ailleurs, en termes d'une exquise courtoisie — n'a que des rapports lointains avec le fond même de ma thèse : c'est même là ce qui me console !

J'avais, on s'en souvient, en parlant de l'assemblage des pièces métalliques, employé le mot « rivage ». Or, il paraît que c'est un barbarisme. Au moins, la dame en question, qui pose probablement pour le purisme et la préciosité, me le fait, sans ambages, « assavoir ». J'aurais dû, à ce qu'il paraît, dire : « rivetage »... C'est, ma foi ! bien possible, et je ne prendrai même pas la peine de consulter là-dessus les arbitres officiels ou classiques de la langue. Je pourrais ergoter, chercher la petite bête étymologique, couper les racines en quatre, rappeler, par exemple, que si l'on dit « riveter », on dit aussi « river », et qu'il y a peut-être des nuances, etc. Mais, comme ma grandeur ne saurait m'attacher irrévocablement à ce « rivage », j'aime mieux accepter la leçon, en faire mon profit et m'y tenir.

Va donc pour « rivetage » !

Le malheur est que, même au prix de cette concession à la vieille galanterie française, je ne serai pas quitte envers mes contradicteurs. Mon idée du « rivetage » à froid — si correctement orthographiée que soit la formule — n'est pas du goût de toute.ma clientèle ordinaire.

Voici, en effet, ce que m'écrit un lecteur qui m'a fortement l'air d'être « du bâtiment » :

Après avoir lu votre intéressant article sur la catastrophe du pont de la Birse, il m'est permis de croire que vous possédez une grande pratique des constructions métalliques (1) pour parler du « rivetage » *(tu quoque !)* avec autant d'autorité que vous le faites.

Ça, mes enfants, c'est ce que, nous autres Montmartrois, nous appelons « de la pommade »; mais c'est une pommade empoisonnée. Goûtez-moi plutôt — *in caudâ* — ce filet de venin :

Permettez-moi *cependant* (oh ! ce perfide disjonctif !) de ne pas être de votre avis et de croire, au contraire, que tout rivet posé à chaud, par ce fait même qu'il produit serrage, ne travaille pas au cisaillement. Par contre, tout rivet posé à froid, même aussi parfaitement que possible, arrivera rapidement à se cisailler et ne vaudra certes pas le vulgaire boulon des ponts américains.

On ne saurait rien concevoir de plus net que cette affirmation, qui est précisément le contre-pied de la

____

(1) Le fait est que j'ai eu jadis une certaine expérience de la construction des cages d'oiseaux et des pièges à rats en fil de fer.

mienne. Il est donc naturel que je m'y arrête, et que, peu docile et peu crédule de ma nature, je la discute en détail — *ex professo*. Que les dames me le pardonnent ! Ne s'agit-il pas, en fin de compte, de la sécurité de leurs chères personnes ?

Mon contradicteur prétend que les rivets posés à chaud ne travaillent pas par cisaillement, *puisqu'ils produisent serrage*... Il semble bien, en effet, *à priori*, que la contraction déterminée par le refroidissement appliquant plus fortement l'une contre l'autre les pièces à jointoyer, le « jeu » doit diminuer assez pour que les lèvres des trous ne mangent presque plus la cheville de métal qui les réunit... Mais ce n'est là qu'une illusion, un malentendu.

Ce serait vrai, si les rivets travaillaient *horizontalement*, comme dans les réservoirs de gaz et d'eau, où l'effort, dû à la poussée intérieure, effort constant, régulier, continu, sans saccade ni brusquerie, s'opère normalement aux parois, dans le sens de la longueur des rivets. Sans doute, le « jeu » des rivets dans les trous n'est pas complètement détruit, car le refroidissement amène aussi une diminution de diamètre. De là, ces « fuites » qui, dans les réservoirs de la Compagnie parisienne du Gaz, ne constituent pas, si je suis bien renseigné, une perte annuelle moindre de 7 à 8 pour 100 (1). Cependant, en raison même du but à

(1) Il y avait même, tout récemment encore, dans un faubourg de Paris, un vieux gazomètre dont l'incontinence ne se chiffrait pas par moins de 300 mètres cubes en vingt-quatre heures.

Pour une « gazorrhée », c'est une « gazorrhée » qui peut compter !

atteindre, qui est l'étanchéité par la juxtaposition aussi étroite que possible des tôles d'enveloppe, ce « jeu » est d'une importance secondaire.

Il en est tout autrement pour les rivets des ponts de chemins de fer, lesquels travaillent *verticalement*, l'effort dû au passage des trains, c'est-à-dire à des compressions et à des décompressions répétées, à un martelage intensif, s'exerçant de haut en bas. Ici, la diminution de diamètre provoquée par le refroidissement des rivets devient d'une gravité formidable. Du moment, en effet, que les rivets « jouent » dans leurs trous, chaque vibration — s'exerçant, je le répète, dans le sens vertical — va les tenailler de haut en bas et de bas en haut, les faire scier, en quelque sorte, par la mâchoire annulaire constituée par les rebords des trous — trop grands — où ils sont enfilés, engendrer, en un mot, le *cisaillement* proprement dit.

Si, tout au contraire, les rivets sont posés à froid et refus, ils rempliront exactement les trous, ils feront corps avec l'ouvrage, dont, sans saccades, sans répercussions distinctes, ils épouseront les larges oscillations.

Il n'importera guère, dès lors, qu'ils aient, — horizontalement, de bout en bout, dans le sens de l'axe des trous — un petit « jeu ». Ce n'est pas dans ce sens-là qu'ils travaillent.

Sans doute, les vibrations occasionnées par le passage des trains et qui sont dues, comme je l'ai expliqué, aux brusques différences de pression, ont aussi une composante horizontale, car les vibrations retentissent et s'irradient dans tous les sens. Mais cette composante horizontale est insignifiante. Pour parler, en résumé, l'argot des mathématiciens, les rivets ne sont que « l'intégrale des supports verticaux ».

Par conséquent, il ne faut pas qu'ils « jouent » dans leurs trous; par conséquent, il faut qu'on les pose à froid et à refus, et qu'on les « mate » également à froid.

... Je sais bien que cette obligation, si jamais elle venait à acquérir droit de cité dans les futurs cahiers des charges, ne ferait pas rire les constructeurs, condamnés ainsi à un assemblage « à blanc », comme l'on dit, infiniment minutieux, et mis dans l'impossibilité de « tricher » dans le montage. Mais, — j'en demande mille et trois pardons à mon honorable contradicteur, qui, peut-être, est orfèvre et s'appelle Josse, — ça m'est absolument égal. Je n'ai cure que de la sécurité des voyageurs et surtout de la sécurité des voyageuses.

Il s'en trouvera bien une, — et ce sera naturellement la plus charmante et la plus jolie — qui me le revaudra... avec une usure n'ayant rien de commun avec celle (d'usure) — par cisaillement — des rivets...

SAINT-MANDÉ

I

Il va être sans doute aussi difficile de savoir la vérité sur les causes réelles de la catastrophe de Saint-Mandé que sur celles de l'écroulement du pont de Mœnchenstein. Déjà les plus subtils « sondeurs » y perdent leur latin, au milieu du chaos de témoignages contradictoires et tous plus ou moins suspects, car quand ils ne sont pas intéressés, ils portent la marque rédhibitoire de l'affolement, de la passion et du parti pris.

Le disque était-il ouvert ou fermé ? Le frein Westinghouse était-il, oui ou non, en bon état ? L'absence de plaques tournantes, avec la nécessité qui s'ensuit d'atteler, au retour, les locomotives à la queue des trains et de marcher à reculons, n'est-elle pas de nature à compromettre la sécurité des voyageurs, en raison même de la gêne qu'elle impose aux mécaniciens, lesquels n'ont pas encore, que je sache, des yeux derrière le dos ? Quelle faiblesse ou quel vice convient-il d'incriminer ? Est-ce l'incurie, l'esprit de routine ou l'avarice du Conseil d'administration, l'étourderie de celui-ci, l'alcoolisme de celui-là, l'imprudence du mécanicien, la perversité, féconde parfois en farces diaboliques, des foules dominicales en folie, la bégueulerie — cette invention de mal bâti — de deux inconnues, probablement laides et sottes ? N'est-ce pas plutôt quelque inéluctable hasard, toute une série de fatalités?

Autant de questions délicates, obscures et embrouillées, auxquelles il ne sera pas commode de répondre avec sérénité.

Certes, s'il est un spectacle fait pour provoquer et défrayer l'admiration de ceux qui, ne s'en tenant pas à l'écorce superficielle, veulent se donner la peine de rechercher l'intime philosophie des choses, c'est sans contredit la sûreté de fonctionnement, l'harmonieuse régularité, la précision quasiment infaillible qui président généralement à la circulation sur le réseau des voies ferrées. Si les hommes de génie qui ont conçu et construit les premiers railways avaient pu prévoir le développement gigantesque que l'entreprise était bientôt destinée à prendre ; s'ils avaient pu, grâce à une illumination divinatoire, percer le voile de l'avenir et embrasser d'un coup d'œil cet inextricable lacis de rubans de fer qui couvrent aujourd'hui la carte des pays civilisés comme d'un filet à mailles serrées, et sur lesquels roulent sans trêve, nuit et jour, à toute vapeur, des centaines et des milliers de locomotives et de wagons chargés de marchandises et de voyageurs — peut-être eussent-ils été effrayés de leur œuvre.

Nous-mêmes, pour qui ce miracle quotidien, incorporé à nos mœurs et au train-train de notre vie courante, est devenu banal, nous ne pouvons nous défendre, en certaines circonstances, d'un brin d'émotion.

Je me souviendrai toujours, pour ma part, du frisson qui me courut sur la peau, lors de mon premier voyage à Londres, en arrivant à l'embranchement qu'on nomme, si j'ai bonne mémoire, *Clapham-Junction*... Je revois encore, en fermant les yeux, cet écheveau de serpents métalliques, s'allongeant dans la nuit jusqu'au bout de l'horizon, à perte de vue, multipliés, confondus par la réverbération des becs de gaz (car on ignorait encore, en ces âges lointains, les splendeurs lunaires de la lumière électrique), sur l'acier des rails, le cuivre des locomotives, les moires des flaques d'eau ; le clignotement sinistre des disques à signaux ; ces troupeaux de trains — douze, quinze, vingt, cent peut-être, je ne sais plus ! — courant à droite, à gauche, en haut, en bas, dans une vertigineuse galopade, avec un infernal fracas de ferraille, se croisant, se poursuivant, comme autant de monstres noirs, dont ils avaient les hurlements furieux et les souffles de tempête.

Souventes fois, au cours d'une vie mouvementée, j'ai senti passer sur mes reins l'haleine glacée de la mort. Mais jamais peut-être je n'ai si douloureusement éprouvé, sans motif valable, au surplus, ni même plausible, cette étreinte — toute physique et toute nerveuse — de la peur, de la peur instinctive et bête, qui vous empoigne à la gorge et aux entrailles... Elle ne dura qu'une seconde, il est vrai, la raison raisonnante ayant immédiatement repris son empire. Mais j'en garde quand même, après quinze ans, l'âpre et poignante vibration, latente au fond de ma chair.

A *Clapham-Junction*, cependant, pas plus qu'ailleurs, moins peut-être qu'ailleurs — avez-vous remarqué, en effet, que les grandes catastrophes se produisent presque toujours, sinon sur des voies uniques, au moins aux points les moins compliqués du réseau ? — à *Clapham-Junction*, le péril n'est pas autrement imminent ni redoutable. Les risques d'accident semblent y avoir été réduits au plus rassurant minimum. Tout a été prévu, calculé, réglé par avance, comme une manœuvre militaire ou un ballet d'Opéra, à une minute et à un mètre près.

Ah ! n'en déplaise aux pessimistes déliquescents qui, dans la systématique amertume de leur âme blasée, prétendent que « rien ne va plus », l'industrialisme moderne, fils de la science et du travail, a bien sa grandiose séduction, son attirance et sa poésie !

Mais qu'il faut peu de chose, par contre, pour bouleverser ce bel ordre, fausser cet ingénieux mécanisme, précipiter les pires malheurs !

L'inexactitude d'un employé, le retard inaperçu d'une horloge, la rupture d'un fil ou d'un tuyau, une pimbêche montée en graine qui fait « des manières », un détail, un rien, c'en est assez pour mettre le service en désarroi et transformer des centaines de pauvres diables en chair à pâté.

Toujours « le grain de sable dans le canal de l'urètre » dont parle Pascal !

Et, pour parler franc, on ne voit pas comment, scientifiquement et pratiquement, il puisse être jamais possible de prévenir le péril d'une façon absolue et de mettre la matière hors d'état de prendre de temps en temps d'épouvantables revanches de son asservissement.

L'idéal serait, à ce qu'il semble, que toutes les opérations laissant place à un risque — aiguillages, signaux, arrêts, mises en route, etc., — devinssent exclusivement automatiques et fussent toutes, sans exception, confiées, non plus à des agents de chair et d'os, sujets aux éblouissements, aux oublis, aux erreurs, aux somnolences, tentables et corruptibles, mais à des machines, fonctionnant *proprio motu* au moment psychologique, ne buvant ni ne dormant mal à propos, n'ayant ni préjugés, ni lubies, ni vertiges, ni gosier trop en pente, ni cœur trop inflammable, ni malices, ni défections.

Malheureusement, même en élargissant jusqu'aux dernières limites le domaine de l'automatisme, dont la substitution de plus en plus complète à l'activité réfléchie paraît être comme la mesure de l'étiage du progrès, il est impossible de supprimer absolument l'intervention humaine, avec ses caprices et ses *aléas*. Les machines les plus précises, les plus savantes et les plus raffinées, n'ayant ni intelligence ni volonté, ne sauraient se soustraire aux exigences de la mise en train, de l'entretien et de la surveillance. Elles peuvent, une fois montées, fonctionner sans l'effort constant de l'homme, mais il faut que l'homme soit là, tout près, qui les oriente, les serve, les contrôle et les guide. Dès lors, tout est à craindre, puisque *errare humanum est...*

D'ailleurs l'accoutumance au danger vient si vite, avec le « zutisme » !

Sur la ligne de Vincennes, où, le 26 juillet 1891, a coulé

tant de sang, fonctionne réglementairement, comme sur presque toutes les voies ferrées, ce qu'on appelle le *block system*, c'est-à-dire un ensemble de précautions combinées de façon à prévenir — théoriquement — tous les accidents probables ou possibles... Seulement — il y a toujours un seulement ! — seulement, aux heures d'encombrement et de presse, c'est-à-dire précisément dans les moments où il faudrait redoubler de prudence, il est de tradition de ne pas tenir compte des avertissements du *block-system* : la consigne est simplement de « faire un peu plus attention que de coutume » ! ! !

L'automatisme n'est donc pas plus que le reste l'impeccable gage de sécurité, dont, au lendemain du drame, le besoin — tôt évanoui — se fait si cruellement sentir !

Il nous reste, heureusement, une consolation : c'est celle de penser que la navigation aérienne, jalouse des lauriers de la navigation sous-marine, est peut-être à la veille de livrer son secret. Il semble bien, en tout cas, à en juger d'après le frémissement sourd qui monte de toutes parts, que la solution est — sans mauvais jeu de mots — « dans l'air ». Voici que l'Académie des sciences elle-même, qui n'est pas tendre d'ordinaire aux causes perdables et aux innovations trop hardies, commence à prendre souci du fantastique problème...

Espérons que, dans quelques années, les chemins de fer étant allés rejoindre les pataches et les coches au musée des antiquailles, les catastrophes — il y en aura toujours ! — auront définitivement changé de forme, de nature et de nom.

Si ce pronostic ne peut ressusciter les victimes de l'autre jour, il est, au moins, pour rassurer et pour réjouir ceux qui ont survécu !

II

Vous verrez qu'on n'arrivera pas à savoir le fin mot de la genèse de cette effroyable catastrophe de Saint-Mandé, dont, avec l'ordinaire frivolité de notre race, la foule paraît avoir déjà perdu presque totalement le souvenir. Encore un peu, ce sera une affaire « classée », c'est-à-dire, en argot administratif, enterrée. Tout au plus flanquera-t-on, pour la forme, quelques mois de prison au pauvre mécanicien, sorti par miracle avec tous ses os et toute sa peau de la purée, puis les choses reprendront leur train-train accoutumé... jusqu'au prochain « télescopage ».

Je ne vois pas assez clair dans l'obscur chaos des faits compliqués et des contradictoires témoignages qui constituent le dossier de l'aventure, pour prendre délibérément la défense du malheureux Caron — un drôle de nom tout de même pour un conducteur de trains de plaisir ! Loin de moi l'audacieuse velléité de me porter garant qu'il n'a point péché par distraction, étourderie, imprudence, pochardise ou faiblesse.

Il me semble cependant que les expériences opérées après la lettre, — après la lettre de faire-part, — sur la voie maudite, et dont on a fait tant de bruit, ne prouvent pas grand'chose. De ce qu'on a pu arrêter à temps une locomotive manœuvrant à vide, au cours d'un petit galop d'essai, il ne s'ensuit pas qu'on aurait pu aussi facilement arrêter la même locomotive si elle avait traîné à sa remorque (comme c'était le cas dans cette lugubre soirée du 26 juillet) trente ou quarante wagons bondés à saturation et à refus de chair humaine, c'est-à-dire un boulet de plusieurs centaines de tonnes. Dans ces conditions, en effet, la force vive — *la résistance aux freins*, — serait en raison directe du carré du poids et de la vitesse, et ça ferait tout de même une différence...

Mais passons ! Admettons, jusqu'à plus ample informé, que Caron a mal mené sa barque à vapeur... On me concédera bien, à tout le moins, que s'il est coupable, il n'est pas seul coupable. Sans parler des deux « dames seules », anonymes mais célèbres. dont la bégueulerie — le plus grand crime et le plus impardonnable vol qu'une jolie femme puisse inscrire au passif de sa beauté — a coûté si cher, n'est-il pas vrai que les auteurs, également anonymes, de la contre-lettre qui neutralise les bienfaits du *block-system* doivent, eux aussi, avoir leur part, leur très large part, de responsabilité ?

Comment ! voici une ingénieuse organisation de signaux automatiques, évidemment destinée à réduire à l'extrême minimum les risques d'un malheur, une organisation qui n'en est plus à faire ses preuves. On devrait, à ce qu'il semble, se conformer avec une aveugle docilité à ses avertissements tutélaires ; on

10*

devrait, non pas en atténuer, mais en exagérer plutôt la rigueur... Pas du tout ! on fait tout le contraire... Il est convenu qu'aux heures de presse et d'encombrement, lorsque la multiplication des trains supplémentaires augmente et aggrave le péril dans une mesure à donner la « frousse » aux plus braves, précisément, en conséquence, au moment où la prudence s'impose avec le plus de force, on ne tiendra plus compte des signaux du *block-system*. « On se contentera, disent expressément certaines instructions tout bonnement monstrueuses, on se contentera de faire un peu plus attention qu'à l'ordinaire... »

Qui a rédigé ces instructions, qui seraient le comble de la scélératesse si elles n'étaient le comble de l'imprévoyance et de la folie ? Qui a mis en pratique, qui a fait passer dans les habitudes réglementaires cette aberration homicide ?

Celui-là, c'est le vrai coupable, le véritable auteur responsable, non seulement de l'écrabouillement de Saint-Mandé, mais de tous les écrabouillements qui se sont produits ou qui se produiront encore dans des conditions analogues. C'est sur lui que doit retomber, — légitimement et logiquement, — le sang des victimes. C'est lui qui tout d'abord, avec ou sans le mécanicien Caron, mérite de s'asseoir sur le banc des accusés et de servir de cible aux foudres de Thémis.

N'est il pas évident, en effet, n'est-il pas palpable que si le *block-system* était strictement observé, si ses signaux faisaient loi sans exception, adoucissement, correction ni trêve, s'il n'était pas de tradition de passer outre quand ils indiquent que tel tronçon de voie est fermé, le train 116 D n'aurait pas, même en dépit du retard occasionné par l'intolérante pudibonderie des deux pécores que vous savez, tamponné l'autre train, et qu'il n'y aurait pas aujourd'hui soixante familles en deuil?

Et dire qu'on en était encore, il y a huit jours, à discuter la question de savoir si, oui ou non, le chef de gare de Vincennes avait prévenu le mécanicien d'avoir à violer les règlements avec plus ou moins de tact et de douceur!

Comme si c'était là le procès! Comme si l'homme à connaître et à punir, ce n'était pas celui qui a eu le premier l'idée de la violation « block-systématique » des règlements, de la mise au rancart des précautions conçues et appliquées par la science, au détriment, dans un étroit intérêt de simplification ou d'économie, de la sécurité des voyageurs!

Je sais bien que l'initiateur ne sera pas facile à dénicher, car, en l'espèce, ce n'est plus une personnalité, chétive mais nettement déterminée, comme celle du mécanicien Caron, qui est en cause. C'est une personnalité puissante, collective, sans état civil et sans nom, une personnalité insaisissable, une raison sociale. Si, pourtant, de par une loi formelle — une sorte de « block-system » moral — il était édicté que tous les membres du conseil d'administration de la compagnie de chemins de fer dont le réseau aurait servi de théâtre à un accident quelconque devraient être traduits en jugement et poursuivis comme civile-

ment responsables, m'est avis que ces messieurs y
regarderaient peut-être d'un peu plus près. Cela vaudrait probablement mieux que de les obliger, comme
le proposait hier un fantaisiste, à monter à tour de
rôle, à titre d'otages, sur les locomotives, à côté des
ouvriers auxquels ils ont l'habitude de faire payer les
pots cassés et les têtes rompues.

Je gagerais bien toute ma fortune (à venir) contre
une liasse d'obligations de Panama, qu'à partir du
jour où cette loi entrerait en vigueur, la consigne
serait de tenir un compte *absolu* des signaux automatiques et de respecter les avertissements du *block-system*
comme autant de mots d'Evangile...

Veuillez observer que ce que je dis là, ce n'est pas seu
lement mon opinion individuelle. C'est plutôt le résumé
des doléances et des revendications que, depuis une
quinzaine de jours, j'entends bruire à mes oreilles
dans le monde de braves gens où je fréquente.

Qu'on en pense maintenant et qu'on en fasse ce qu'on
voudra ! Voilà le grelot attaché.

Certes, pour parler franc, je ne crois pas que cette
mesure de justice et de garantie suffise à supprimer
définitivement et pour toujours toutes les catastrophes
de chemins de fer. Force est bien ici, comme dans
toutes les entreprises humaines, de laisser sa marge à
l'inéluctable fatalité. Mais il est possible, il est même
probable qu'il n'en faudrait pas davantage pour en
restreindre fortement le tragique déchet.

Le tout, bien entendu, sans préjudice des innombrables moyens que d'ingénieux chercheurs proposent

et préconisent à l'envi, de toutes parts, pour diminuer le nombre ou la gravité des accidents de chemins de fer en général et des tamponnements en particulier. Si l'on pouvait croire les inventeurs sur parole, on n'aurait plus d'ores et déjà, en vérité, que l'embarras du choix.

TONNERRES ARTIFICIELS

I

Gladstone — *the Great Old Man* — a prédit que le
dix-neuvième siècle serait le siècle des ouvriers, et, à
en augurer d'après la fermentation qui commence, il
y a de fortes chances pour qu'il ait eu raison... D'autres, qui voyaient les choses à un autre point de vue,
ont baptisé le dix-neuvième siècle le siècle de la vapeur. Le fait est qu'il aura vu naître et grandir cette
formidable puissance qui a révolutionné le monde, et
qu'il la verra probablement disparaître, reléguée aux
limbes de l'histoire industrielle, pour faire place à de
jeunes rivales... On a dit encore que c'était le siècle de
l'électricité, le siècle de l'aluminium, le siècle de l'antipyrine, le siècle de l'hypnotisme, le siècle des microbes,
le siècle de Bismarck ou de Victor Hugo, de Darwin,
de Pasteur, de Boulanger... ou d'Yvette Guilbert... Et il
n'est pas, à y regarder de près, une seule de ces défi-
nitions qui n'ait, peu ou prou, sa raison d'être.

Mais on aurait pu tout aussi bien, sinon même mieux,
appeler le dix-neuvième siècle — le nôtre, en fin de

compte, celui dont nous avons l'honneur d'être —
le siècle des explosifs. Il n'est point peut-être, en effet,
un « sujet » qui, depuis ces soixante dernières années,
ait bénéficié d'autant de métamorphoses extraordinaires et de raffinements paradoxaux que ces étranges
agents de dévastation et de mort.

Il y a cent ans, les plus malins ne connaissaient guère,
en fait d'explosifs, que ce dérivé vulgaire du feu gré-
geois des Sarrasins qu'on nomme encore aujourd'hui
poudre à canon. Et combien grossière encore, la poudre de Fourcroy, de Guyton de Morveau, de Monge, de
Berthollet et de Vauquelin, la poudre de Jemmapes et
d'Austerlitz, combien défectueuse, combien inefficace !
Depuis les Chinois — le seul peuple qui paraisse
'avoir vraiment inventée — on piétinait sur place. .

Puis, soudainement, c'est une série sans fin de progrès fantastiques, invraisemblables, miraculeux. On
vous découvre, coup sur coup, une kyrielle de matières
foudroyantes, auprès desquelles l'antique poudre à
canon, qui, cependant, pour ses débuts, à Crécy, fit de
nos paladins une purée si fameuse, n'est plus qu'une
méprisable poudre de perlimpinpin à l'usage des pyro-
techniciens en bas âge. Tour à tour, on voit apparaître
le fulmicoton, la pyroxyline, le picrate de potasse, la
tribu touffue des « nitreries », et toutes ces mixtures
traîtresses auxquelles on donne ironiquement de ces
vagues et doux noms en « ite » qui ressemblent à des
noms d'oiseaux ou de fleurs : la dynamite, la roburite,
la mannite, la crésylite, l'hellofite, la bellite, etc.,
sans oublier la mélinite, de si scandaleuse actualité.

Rien plus ne résiste à ces nouveaux auxiliaires fournis par la chimie à l'industrie humaine. On fracasse
comme un carton frêle les plus épais blindages de fonte
et d'acier, on éviscère les montagnes, on pulvérise les
écueils géants, on fait trembler la terre, on repétrit, à
la façon d'une cire molle ou d'un tas de sable fluide,
le rigide relief de la planète. On commence à entrevoir l'époque où, avec seulement gros comme le poing
d'on ne sait quel infernal mélange, Souvarine pourra,
d'un geste, faire sauter le globe et l'éparpiller en
miettes infinitésimales à travers les solitudes de l'espace : un beau thème, en vérité, de « voyage extraordinaire » pour les Jules Verne de l'avenir, en manière
de pendant à *Hector Servadac !*

C'est toute une révolution inédite et insoupçonnée,
non seulement dans l'art militaire, mais encore dans
les œuvres du travail pacifique, dans les entreprises de
terrassement et de dragage, dans le fonçage des puits
et l'exploitation des mines, dans la mise en perce
des isthmes et des massifs rocheux, voire même dans
l'agriculture...

Il s'en faut, au surplus, que les explosifs modernes
aient encore donné toute la mesure de ce dont ils sont
capables; il s'en faut qu'ils aient rendu à l'humanité
tous les services qu'elle a le droit d'en attendre. Voici
qu'on parle de les utiliser pour assainir l'atmosphère
méphitique et balayer le grisou des galeries souterraines, pour enfoncer les pilotis, abattre les vieux
arbres récalcitrants, défricher les terrains broussailleux, voire même pour dessécher les marais, faire tom-

ber la pluie, réformer les climats incorrects et résoudre, en moins de cinq minutes, la question sociale...

Qui sait même si l'heure n'est pas proche où c'est à ces tonnerres artificiels que le génie de la science demandera la collaboration, qu'il ne demandait jusqu'ici qu'au vent, au gaz, à l'air comprimé, à la vapeur, à l'électricité ; où toutes ces « cassetoutites » ne seront plus seulement employées à écrabouiller le pauvre monde et à raser les obstacles gênants, mais où elles devront docilement prêter leurs ailes fulminantes aux voyageurs pressés ; où l'on chargera de pétards, en guise de charbon, les cales des paquebots, les tenders des trains de chemins de fer et les soutes aériennes des aéronefs dirigeables ; où les obus, devenus également dirigeables, et transformés en véhicules « express », n'évoqueront plus, au lieu d'images sinistres, incendiaires et homicides, que de riantes idées de villégiature transcontinentale et de circumaviation ?

N'est-ce point d'ores et déjà une révolution dans la philosophie de l'harmonie universelle et dans cette effarante science des vibrations qui renferme peut-être (si la théorie qui ne voit dans le Cosmos qu'un enchevêtrement de phénomènes mécaniques est positivement exacte) l'intégralité du secret du monde et de la vie ?

Sait-on que la musique et la pyrotechnie sont sœurs ?

Sait-on que, pour faire détoner un chapelet de cartouches de dynamite semées, à courte distance l'une de l'autre, sans la moindre communication matérielle, il suffit de mettre le feu à l'une quelconque des unités de la chaîne, toutes les autres partant, dès la première secousse, *à l'unisson*, par pure « sympathie », comme si l'occulte lien d'un magnétisme inexpliqué les unissait mystérieusement entre elles, au point d'en faire une seule et unique trainée de poudre ?

Sait-on que si l'on place de l'iodure d'azote sur la corde d'une violoncelle, l'explosif, qui reste inerte tant que l'archet n'a pas imprimé à la corde un certain nombre de vibrations par seconde, tant qu'il n'a pas, par conséquent, produit un certain son, éclate, au contraire, avec une brusquerie formidable, dès que ce nombre de vibrations — le son fatidique — est obtenu, comme si, pour donner de la voix, le monstre avait besoin d'avoir le plus juste *la* ?

C'est également si bien une révolution dans la pathologie elle-même, qu'un savant professeur de la Faculté de médecine, M. le docteur Pozzi, avait cru devoir en faire naguère, devant la *Société Française de secours aux blessés*, l'objet d'une conférence originale et suggestive, qui fut reproduite depuis par la *Gazette Médicale*, et à laquelle les « turpinades » de l'heure présente donnent un singulier regain d'opportunité.

Les explosifs modernes dissimulent à l'état latent, sous un mince volume, une force si prodigieuse ; leur déflagration engendre une si énorme quantité de gaz — songez seulement que vingt kilogrammes de dynamite provoquent, en la centième partie de la durée d'un clin d'œil, le déplacement de trois millions de mètres cubes d'air ! — et ces gaz, portés instantané ment à d'incroyables températures, acquièrent *ipso facto* un tel ressort, une telle puissance de détente et d'expansion, que les blessures qu'ils occasionnent dépassent en horreur et en gravité tout ce qu'aurait pu concevoir de ce chef, sous l'influence du pire cauchemar, l'imagination de nos devanciers. Qu'il s'agisse de plaies résultant de la pénétration d'un projectile ou d'un éclat quelconque, ou des effets du souffle des gaz — du « coup de vent », pour parler l'argot des techniciens — provoqué par l'explosion, cela ne ressemble en rien aux plus affreux et aux plus bizarres traumatismes enregistrés, à titre de curiosités tragiques, par la chirurgie du passé.

Ce sont des cadavres entièrement dépouillés de leurs vêtements ou savamment écorchés, de la nuque aux talons, comme s'ils avaient passé par les mains du plus habile des préparateurs de pièces anatomiques; ce sont des membres aussi nettement amputés que par le fil d'un rasoir, mis littéralement en marmelade, ou projetés, transformés en charbon ou en fumier, à des centaines de mètres; ce sont des squelettes entiers volatilisés, au sein d'un informe magma de chairs pilées; ce sont de petites égratignures, insignifiantes en apparence, qui se traduisent en dedans par d'épouvantables désordres, hors de toute proportion avec la porte d'entrée ouverte dans la peau; ce sont des viscères entiers arrachés des cavités du corps, sans laisser de traces, et sans qu'il soit possible seulement de reconnaître par où ils ont pu s'en aller... avec la vie; c'est, comme le fait s'est produit, le 23 septembre 1877, à Ubatché (Nouvelle-Calédonie), un ongle de la main droite qui s'en va s'enfoncer dans l'une des vertèbres de l'épine dorsale, après avoir traversé toute la largeur de la cage thoracique ; ce sont des paralysies subites, de terribles brûlures intérieures, sans la moindre lésion visible ; c'est le bouleversement sans nom, le chaos, l'effondrement organique...

Toute une pathologie nouvelle, je le répète, impliquant et nécessitant une thérapeutique inattendue.

C'est le progrès, cela ; c'est l'éternel devenir. Nous ne vivons plus comme nos pères : nous ne pouvons davantage ni mourir ni souffrir comme eux.

La mort — voyez-vous ! — est comme la vie, comme les mœurs, comme l'art, comme la langue : elle a, elle aussi, son *style*, qui varie avec les races, les lieux et les temps.

II

Si le Danube avait voulu...

Mais c'est un fleuve contrariant, plein de fantaisies et de mystères ! Il a beau être, après le Volga, le plus puissant cours d'eau de l'Europe, baigner des pays aussi riches que populeux, avoir bu autant que le Rhin de larmes et de sang, croirait-on que le beau Danube bleu — sans doute pour ne pas humilier les autres rivières — n'est même pas entièrement navigable ?

Au défilé des *Portes de Fer*, entre Jucz et Stenka, sur près de cent kilomètres, c'est un torrent furieux, une infranchissable succession de cataractes, de rapides, de « malstrœms » et de récifs, où la barque la plus légère et la plus sûre ne s'aventurerait pas sans risque de naufrage. Peut-être est-ce à cette barrière, plus imperméable qu'une muraille de Chine, que nous devons le dramatique et ruineux cauchemar de la paix armée qui nous obsède et nous paralyse... Peut-être est-ce ce chapelet de cailloux qui perturbe la santé du monde...

Il est vrai de dire que les choses vont changer de face. La Commission du Danube vient, en effet, de décider de mettre le grand fleuve à la raison et à l'alignement, en faisant sauter les *Portes de Fer*.

C'est là un événement considérable, et ceux qui font dans la politique internationale vous diront que la question d'Orient en sera peut-être *ipso facto* liquidée .. Mais ce n'est pas à ce point de vue que le fait m'intéresse. C'est au point de vue scientifique.

Ce n'est point une œuvre mince ni facile que l'arasement de plus de 400,000 mètres cubes de roches noyées, si compactes et si dures qu'un courant de 28 mètres à la seconde les entame à peine. Rien d'étonnant, en vérité, à ce que les ingénieurs de l'ancienne école, qui n'avaient à leur disposition que le pic ou la poudre, y aient perdu leurs x.

Pour extirper ce chicot, ce n'était pas trop de toutes les ressources les plus raffinées de la chimie moderne, de toute l'ingéniosité transcendante de la génération de pétardiers à laquelle nous devons l'infortuné Turpin.

Mais quand on a percé le Saint-Gothard à jour, réséqué l'isthme de Suez, coupé presque l'Amérique en

deux, pulvérisé Hell-Gate, quand on parle sérieusement de canaliser le Gulf-Stream et de donner une mer
à boire aux sables du Sahara, la rectification d'un méchant fleuve ne saurait être qu'un jeu d'enfants, et l'on
va probablement mettre moins de temps à élargir les
Portes de Fer — au grand bénéfice des blés russes, des
cochons serbes et de la fraternité des peuples — qu'on
en a mis à réparer la Porte Saint-Denis.

Il n'y a qu'à trouver un bon explosif...

Et, en ce siècle, que je me suis permis de baptiser
« le siècle des explosifs », on n'a, vraiment, que l'embarras du choix.

J'ai justement là, sous les yeux, la nomenclature —
presque classique — de Buckwill. Or, sait-on combien,
abstraction faite de la poudre ordinaire, du fulmicoton et de la dynamite, ce document embrasse de variétés diverses ? *Trente-six !* Pas une de plus, pas une de
moins... Et il s'en faut encore que la liste soit complète, puisque je n'y vois figurer, entre autres, ni la
mannite, ni l'inosite, ni la crésylite, ni les panclas-
tites, ni la « fortis », cette nouvelle foudre belge,
qui passe, à dire d'experts, pour la plus parfaite de
toutes...

Les redresseurs de fleuves n'ont qu'à prendre dans
le tas, au hasard.

Voilà comment les plus atroces inventions du génie
de la guerre peuvent, entre les mains de la science,
servir aux œuvres de paix et devenir de précieux instruments de travail et de civilisation. C'est même une
consolation pour le philosophe de penser que, tout

compte fait, ces composés diaboliques finiront peut-être par sauver plus d'existences humaines qu'ils n'en auront pu détruire !

Qui sait même si ces tonnerres artificiels ne sont pas appelés encore à de plus hautes et plus glorieuses destinées ?

Je suis, pour ma part, de ceux qui veulent y voir, pour le jour où nos arrière-neveux auront brûlé leur dernier morceau de houille, la grande réserve de force motrice de l'avenir.

Certes, la substitution de la poudre ou de la balistite à la vapeur, la destruction devenue créatrice, l'obus homicide transformé en véhicule ou en outil, cela peut *à priori* passer pour une mauvaise plaisanterie. Il s'en faut, cependant, que la chose soit aussi paradoxale qu'elle en a l'air.

En réalité, nombre de forces, dont la *détente* (le mot est significatif) n'a guère avec la détente des explosifs proprement dits qu'une différence de degré, ont été déjà si bien asservies par le génie industriel, que leur usage, passé dans les mœurs, appartient désormais à la pratique quotidienne. Est-ce que la vapeur, par exemple, n'est pas un explosif. Est-ce qu'il ne lui arrive pas, plus souvent qu'à son tour, d'éventrer comme une simple gargousse la chaudière où on l'a emprisonnée ? Est-ce qu'il n'en est pas de même du pétrole, de l'air comprimé, de l'acide carbonique, etc. ? Est-ce que le gaz d'éclairage n'est pas un explosif dans toute la rigueur du terme, à telles enseignes que, dans les moteurs dont il est l'âme, ce sont les *explosions*, produites tour à tour au-dessus et au-dessous du piston, qui mettent le système en branle ?

Dès lors, apparemment, la conclusion s'impose. Puisqu'on a dompté la vapeur, le pétrole, l'air comprimé, l'acide carbonique et le gaz, pourquoi ne dompterait-on pas aussi bien la roburite, le *rack-a-rock* ou la nitro-benzine ? Pourquoi n'attellerait-on pas à nos machines les milliers de chevaux-vapeur que renferme, à l'état latent, un dé d'iodure d'azote, un pois de picrate de potasse ?

Ici, sans doute, la vigueur et la rapidité foudroyante de la déflagration constituent des difficultés *sui generis* et des dangers exceptionnels. Régler le débit d'une énergie si brusquement et si violemment dégagée n'est pas une entreprise commode. Mais comment ferait-elle peur à ceux qui ont eu raison de forces assez puissantes pour culbuter des maisons à six étages et réduire en miettes des trains de chemins de fer pesant dix mille tonnes, à ceux qui, dans les usines d'électricité, savent assouplir la foudre à leurs caprices les plus compliqués, les plus mobiles et les plus menus ?

Au fait, ne sait-on pas assez déjà discipliner les agents explosifs pour les rendre insensibles à la chaleur, à la lumière, à l'humidité, voire même aux chocs, semblables à des poussières inertes, jusqu'à ce qu'une réaction particulière, produite dans des conditions déterminées, vienne réveiller, au fond de leurs éléments endormis, la force géante qui y sommeillait ?

Tel est le cas de la panclastite, formée de deux liquides solubles l'un dans l'autre, et inoffensifs pris isolément, mais dont le mélange suffit à donner un explosif plus brutal et plus instantané que la nitro-glycérine elle-même.

Tel est encore le cas de la bellite ou de la « fortis » — le dernier cri du genre — qu'on peut impunément comprimer ou marteler à outrance, jeter dans un brasier ou sous les roues d'une locomotive, comme s'il s'agissait de poudre de riz, de farine ou de graine de lin, et qui ne détonent — *sans flamme* — que si l'on fait éclater une amorce spéciale au sein de leur masse.

N'a-t-on pas le droit de tout espérer de ces explosifs idéals et magiques, de ces explosifs de ménage et de famille, la joie des enfants, la tranquillité des parents, qu'on peut emporter avec soi en voyage, dans sa valise ou dans sa poche, et qui ne recouvrent leur « horrific-que » vertu de volcans divisibles et portatifs que sur l'expresse volonté de l'expérimentateur ?

Je veux bien que tout ceci ne soit que de la théorie, voire même de l'hypothèse. N'oublions pas, cependant, que l'heure des applications expérimentales a déjà sonné depuis bel âge.

Sans parler de la chaloupe à moteur explosif — trop explosif, hélas ! — dont l'essai en Seine coûta la vie, il y a cinq ans, à son imprudent et maladroit inventeur, M. Just Buisson, ne sait-on pas que la torpille américaine, dite torpille Berdan, autonome et automobile, est actionnée par la déflagration d'une matière fusante dont les gaz agissent sur une turbine qui fait mouvoir une hélice, c'est-à-dire que dans cet engin, véritablement infernal, la substance explosive fonctionne à la fois comme obus et comme moteur, comme arme et comme outil ?

Est-ce qu'on n'a pas construit à New-York, si j'ai bonne mémoire, un paquebot d'un genre inédit, marchant à la dynamite, grâce à la force du recul, à la réaction d'un propulseur explosif ?

Est-ce qu'un chimiste yankee, M. Munroë, n'a pas gravé sur acier — assez finement, ma foi ! — au coton-poudre, des lettres, des arabesques, des nervures de feuilles d'arbre, comme on grave, sur cristal ou sur verre, au jet de sable ?

Est-ce qu'il n'est pas ici deux ingénieurs (et non des moindres) que je pourrais nommer, en train de préparer un moteur agencé de telle sorte que la force y serait fournie par d'imperceptibles quantités de matières détonantes, instantanément fabriquées sur place, grain à grain ou goutte à goutte, comme les gaz liquéfiés du fusil Giffard, au fur et à mesure des besoins du travail ?

... En vérité, je vous le dis, si le problème de la navigation aérienne, dont la pierre d'achoppement est la difficulté de trouver une énorme force motrice sous un faible volume et sous un faible poids — « le cheval-vapeur dans un boîtier de montre » — si le problème de la navigation aérienne doit et peut être un jour résolu, là est la solution !

S'envoler, à travers les nuages, sur les ailes de la « fortis » ou de la mélinite, autrement qu'en morceaux, quel rêve !

Il ne s'écoulera peut-être pas un siècle avant que ce rêve ne se réalise, avant que nous ne voyagions « en bombe », à la façon de tels des héros de Jules Verne. Le tour de force de l'homme-obus, que nous avons tous vu, avec un frisson de terreur, dans les cirques forains, deviendra chose banale, et ce sera le grisou lui-même — ce fulmicoton des mauvais génies de l hypogée — qui, capté, emmagasiné, domestiqué, ventilera, en personne, les galeries souterraines.

Tout est bien qui finit bien.

LE JUPON

On m'écrit de Saint-Malo :

Comment se fait-il que parmi les nombreuses et palpitantes actualités scientifiques disséquées par vous à l'intention des lecteurs du *Figaro*, vous n'ayez pas encore pu — ou voulu — faire la moindre place à la direction des ballons? La navigation aérienne n'est pourtant pas moins intéressante apparemment que la navigation sous-marine, pour laquelle vous réservez le meilleur de vos tendresses, et elle n'est pas moins avancée, puisqu'il doit exister quelque part aux portes de Paris — n'est-ce point à Meudon ? — certain ballon-cigare qui non seulement est *dirigeable*, mais qui paraît même avoir été *dirigé*. Vous devez au public, vous devez à votre journal, vous vous devez à vous-même et à la mission de vulgarisateur que vous vous êtes imposée, de combler au plus tôt cette regrettable lacune.

Voilà qui est net !

Ce n'est pas la première fois que je reçois des « invites » de ce genre. Mais je m'étais toujours dérobé. Cette fois, en revanche, la sommation vient de Saint-Malo, c'est-à-dire du coin de terre où s'est écoulée mon enfance et que j'aime le plus au monde. Force est bien que je m'exécute. Je ne saurais rien refuser à un compatriote.

Au demeurant, mes explications seront simples :

— *Si je n'ai jamais parlé de la direction des ballons, c'est que je n'y crois pas plus qu'à la quadrature du cercle ou au mouvement perpétuel.*

« Ballon » et « direction » me semblent deux mots qui hurlent de se trouver accouplés. Vouloir lutter contre l'air en étant plus léger, c'est-à-dire *plus faible* que lui, c'est folie, par l'excellente raison que, sur tous les terrains et en tout ordre de choses, il faut être le plus fort pour n'être point battu.

Il y a là quelque chose comme un cercle vicieux. Pour vaincre les résistances atmosphériques, il faudrait un moteur extrêmement puissant. Or, qui dit moteur extrêmement puissant, dit moteur extrêmement lourd, ce qui suppose un ballon aux dimensions géantes, partant peu maniable, et donnant au vent une prise d'autant plus dangereuse.

La vérité est que la loi physique en vertu de laquelle le ballon monte est précisément la cause qui lui interdit à jamais de se diriger, et la première chose pour diriger un ballon (il faut bien employer cette formule contradictoire, puisqu'elle est consacrée); ce serait de supprimer le ballon, cette bouée encombrante qui ne sera jamais une nef, ce *caput mortuum*, ce poids mort, qui fait l'obstacle insurmontable en rendant l'appareil nécessairement plus faible que l'obstacle à surmonter.

Prenez plutôt un pigeon — c'est un oiseau qui sait apparemment se diriger dans l'air — et suspendez-le au-dessous d'un ballon assez volumineux et possédant assez de force ascensionnelle pour l'enlever. Rendez, en d'autres termes, votre pigeon plus léger que l'air, et vous verrez s'il se dirigera !

Tel est, en matière de direction des ballons, le dernier mot, le fin du fin, et il est permis de s'étonner que des savants distingués, des praticiens éminents, habitués par éducation et par métier à peser le pour et le contre, s'attardent encore, après tant d'avortements, dans cette impasse sans issue.

Mais tout cela, voyez-vous, c'est la faute à Mme Montgolfier !

Il y a déjà plus d'un siècle. C'était la veille de la fête patronale d'Annonay. Mme Montgolfier ne pouvait — raisonnablement — se présenter le lendemain à l'église sans son plus beau jupon. Après l'avoir blanchi, ne s'avisa-t-elle pas, pour le faire sécher plus vite, de le suspendre au-dessus d'un réchaud ? L'air chaud non seulement sécha l'étoffe légère, mais, s'engouffrant sous les plis, souleva le jupon, qui était fermé par le haut.

Voilà Mme Montgolfier, fort étonnée, qui appelle son mari, pour qu'il soit témoin du singulier phénomène. Celui-ci (le mari) était papetier de son état, mais c'était en outre un observateur et un savant. Ce qu'il venait de voir lui suggéra l'idée de construire un vaste globe de papier et de le gonfler d'air chaud. Les ballons étaient inventés, mais, comme l'a dit Nadar avec autant de brutalité que de raison, « cette sublime et exécrable invention allait retarder de cent ans la navigation aérienne ».

Ce qu'on a stérilement gaspillé depuis d'efforts, de

science et d'ingéniosité pour faire de ce maudit jupon un navire aérien, est inimaginable. Hors du jupon, point de salut! Pour tout le monde, pour les initiés comme pour les profanes, pour les malins comme pour les naïfs, c'était sous cette bienheureuse cloche de batiste — exclusivement — qu'il fallait chercher la clef des cieux. Malheureusement, la première qualité d'un navire, c'est d'être maître de sa route. On ne se repré sente pas bien à quoi pourrait servir une nef dont l'erre serait à la merci d'une saute de vent ou d'un coup de roulis. Or, c'est précisément là le défaut des « dessous » de Mme Montgolfier, inopinément élevés ainsi à la dignité de machine volante.

Ce cotillon-là n'est pas aussi commode à conduire que les autres. On peut même dire que c'est un cotillor tout à fait récalcitrant, n'obéissant guère qu'à Eole, et toujours disposé à aller à hue quand il faudrait aller à die. C'est en vain qu'on s'ingénie à en varier à l'infini les formes, la coupe et le style, en vain qu'on y accroche tour à tour les hélices les plus savantes et les gouvernails les plus précis. Contre un vent de moulin — huit mètres à la seconde — le jupon le plus dirigeable cesse de pouvoir être dirigé ; contre une brise soufflant « grand frais », il s'envolerait, comme un simple bonnet, par-dessus tous les moulins, au diable-vauvert.

Ce n'est pas *in avem*, mais plutôt *in piscem* — en queue de poisson — que *desinit* le prétendu navire aérien, et le ballon-cigare lui-même s'évapore en fumée !

En fait de ballons réellement dirigeables, je ne connais encore que les ballons captifs.

Ceci a l'air peut-être d'un paradoxe ou d'une mauvaise plaisanterie. Rien, cependant, n'est plus sérieux ; rien n'est plus exact...

Ne riez pas du ballon captif : il a son utilité comme il a sa gloire. On sait les services que les ballons captifs ont, depuis la bataille de Fleurus, où ils firent leurs débuts, rendus à l'art militaire.

Voici que désormais ils vont faire partie de l'outillage régulier des armées en campagne. On en a même mis à bord des cuirassés, auxquels il ne manque plus, en vérité, qu'un « goubet » par-dessous pour devenir des machines de guerre à triple étage et à triple détente.

Les emplois pacifiques et civils des ballons captifs ne sont pas moins intéressants. Ils vont être bientôt le complément obligé de toutes les expositions, de toutes les grandes fêtes publiques. M. Louis Godard — un maître — et M. Édouard Surcouf (encore un Malouin !) ne sont-ils pas en train d'organiser quatre grands parcs transportables de ballons captifs, capables chacun de porter aux nues une douzaine de personnes à la fois, et qu'ils comptent promener successivement dans les principables villes d'Europe et d'Amérique — ce qui n'est déjà point si bête — afin de mettre partout ce sport céleste définitivement à la mode ?

Une fois dégonflés, ces portatifs aérostats, destinés à faire ainsi leur tour du monde, pourront être évidemment dirigés à volonté par leur équipage. Mais, à l'extrême rigueur, avec un gréement suffisamment solide, avec une enveloppe suffisamment résistante et imperméable, on pourrait peut-être concevoir qu'ils puissent, même gonflés, entreprendre, à la remorque d'une voiture, d'un paquebot ou d'un train de chemin de fer, un voyage où il vous plaira... Et encore, cela ne serait ni commode ni même faisable tous les jours!

Voilà pourtant les vrais, les seuls ballons dirigeables qui soient à la portée du génie de la science. Il n'en est, il ne peut en être d'autres... Possible que je me trompe — car nul n'e*t infaillible — mais je n'en conviendrai que lorsque le commandant Renard, ou les frères Tissandier, qui, quoique « pékins », ont poussé les choses au moins aussi loin que les aérostiers patentés de Meudon, seront venus, à jour et à heure fixes, me cueillir au vol dans mon ermitage de Montmartre, pour m'aller ensuite déposer en un endroit que j'attendrai pour leur signaler d'être dans la nacelle!

Non point cependant — entendez-moi bien! — que je tienne la navigation aérienne pour une utopie irréalisable. Mais je suis de ceux qui pensent, avec « Robur le Conquérant », que la solution du problème n'est pas dans le ballon — ce jupon flottant qui n'est et ne sera jamais qu'une épave qu'il faut amarrer fortement pour qu'elle ne s'égare pas — mais ailleurs : dans *le plus lourd que l'air*.

Qui vivra verra!

LA BATTUE AUX SAUTERELLES

I

Dans une récente communication aux sociétés sa
vantes , un notable naturaliste qui s'appelle M. J.
Kunckel d'Herculaïs, et n'en est pas plus fier pour ça,
raconte que si les tribus sahariennes réquisitionnées
par l'autorité militaire pour détruire les « vols » de
sauterelles qu'on signale derechef dans le Sud Algérien, ont mis tant d'empressement à obéir, cela tient
uniquement à ce fait peu connu que les Arabes du
désert adorent ces insectes et en font volontiers leurs
choux gras.

Chaque tente a toujours sa provision de sauterelles
cuites à l'eau salée et séchées au soleil. Souvent même
l'approvisionnement d épasse la consommation, de telle
sorte que les conserves de sauterelles deviennent, ni
plus ni moins que les dattes sèches, article d'exporta-
tion. Il paraît même qu'il s'en vend couramment des
quantités considérables sur les marchés de Tuggurt,
de Temacin et des autres « kçour » avoisinants.

Au moins, c'est M. J. Kunckel d'Herculaïs qui l'affirme, et c'est un homme bien renseigné, puisqu'il est

quelque chose comme inspecteur général des sauterelles de l'Afrique française.

Il n'y a là dedans, au surplus, rien d'invraisemblable
ni même d'inattendu. Parlant de la Numidie méridionale,
région qui correspond justement à notre Sud algérien
et à notre Sud tunisien, le géographe Strabon, qui
écrivait à l'époque où le compagnon Jésus-Christ orga-
nisait des manifestations anarchistes avec la chambre
syndicale des pêcheurs de Tibériade, Strabon, dis-je,
raconte déjà ceci :

Les acridophages vivent des sauterelles que les vents du sud-
ouest et de l'ouest, toujours très forts au printemps dans ces
parages, emportent et chassent vers leurs pays. Après avoir
ramassé les sauterelles, on les écrase, on les pile dans de la
saumure, et on en fait des espèces de gâteaux qui forment le
fond de la nourriture de ces peuplades.

Personne n'ignore, au surplus, que saint Jean-
Baptiste lui-même ne crachait point sur les sauterelles,
puisque, pendant sa retraite en Thébaïde, il en faisait
son ordinaire, avec un soupçon de miel sauvage autour.

Ça, c'est de l'histoire. C'est même de l'histoire sainte...
On voit que la tradition date de loin.

Ce n'est pas seulement en Algérie, au surplus, et
chez les Arabes et Kabyles qu'elle a persisté. A Mada-
gascar, c'est mieux encore, et le passage des sauterelles, des *calalas*, comme les appellent les Hovas des
hauts plateaux d'Emyrne, est considéré non pas comme
un désastre, mais tout au contraire comme une
aubaine.

Il faut voir alors, écrit un missionnaire apostolique, le R. P. Camboué (S. J.), l'empressement des gens, hommes, femmes, enfants, à courir, armés de récipients de toute espèce, vers l'endroit où l'on pense que les « valalas » s'arrêteront à passer la nuit. Car, comme dit un proverbe malgache: *Valala tsi indroa mandri ambavahadi.* — « La sauterelle ne couche pas deux fois à la même porte. » Traduction libre du vieux dicton d'Europe : « Il faut battre le fer pendant qu'il est chaud. »

Le R. P. Camboué ne s'en tient pas là, et il donne la meilleure recette pour préparer les sauterelles à la madécasse :

On pratique d'abord le *tangozana* des insectes, c'est-à-dire qu'on leur enlève les pattes et les ailes. Cela fait, encore fraîches et vivantes (comme pour le homard à l'américaine), on les jette dans la graisse bouillante de la poêle à frire. Du brun, le gibier passe bientôt au rouge, puis au noir... Dès lors, il n'y a plus qu'à servir chaud.

Il paraît que c'est un manger de roi ! Suivant le degré de cuisson, disent les amateurs (y compris M. J. Kunckel d'Herculaïs), on jurerait, soit, révérence parler, des pets-de-nonne, soit du nougat de Montélimar, avec un vague arome de crevettes.

Pourquoi donc, puisqu'il en est ainsi, n'introduirait-on pas les sauterelles en Europe? Pourquoi ne ferait-on pas une place à ce « bouquet » saharien sur nos marchés et sur nos tables?

La grosse affaire, en effet, aussi bien pour les civilisés que pour les barbares, c'est de s'emplir le ventre. Comme le disait si justement le vieux révolutionnaire Blanqui, toutes les questions politiques, philosophiques, sociales et autres tiennent « entre les trois pieds de la marmite », et c'est faire œuvre pie que d'augmenter d'une façon quelconque le capital alimentaire de la famélique humanité.

Voilà pourquoi je me permets de prêcher l'acclimatement, dans la cuisine française, des sauterelles d'Afrique, en guise de hors-d'œuvre et même de plats de résistance. Voilà pourquoi je rêve d'être le Parmentier de cette manne originale qui nous tombe parfois du ciel en avalanches encombrantes, et qui, sous la forme de fricassées ou de gâteaux, de marmelades ou de pâtes, pourrait devenir pour les classes nécessiteuses une ressource aussi précieuse que les haricots — « fils du printemps » — ou que les lards d'Amérique.

Sans compter qu'en les croquant on goûterait double plaisir, le plaisir de la vengeance et celui de la friandise.

Je sais bien qu'en soutenant cette thèse philanthropique mais paradoxale, je joue très gros jeu.

Je n'y risque pas moins, en effet, que de me brouiller avec telles délicieuses créatures qui, jusqu'à la révélation de ce désir dépravé, m'honoraient encore d'un brin de sympathie. J'entends déjà d'ici telles lèvres adorables et dont je rêve murmurer, avec une moue indignée :

— Fi donc! Oh! le sale!

... Ce sera terrible... mais la vérité avant tout! J'ai l'habitude de penser tout haut : vous le savez, madame... D'ailleurs, n'allez point vous imaginer que je me vais laisser ainsi flétrir et excommunier sans me défendre!

Ah ! mais non ! J'espère même bien, non seulement vous amadouer, mais vous convertir...

Je vous ai vue, belle dégoûtée, de mes yeux vue — et je ne m'en plains pas, car c'était un ravissant spectacle, d'un capiteux à damner un saint — je vous ai vue sucer, avec de jolis gestes et d'exquises mines de chatte voluptueuse, des douzaines d'écrevisses à la file ; j'ai vu, de mes yeux vu, entre les perles sorties de satin cerise de votre ensorcelant sourire, passer des quartiers de camembert, des tartines de caviar, de plantureuses tranches de foie gras...

Je ne voudrais pas, pour un empire, que ma prose tournât sur votre cher cœur ; mais, pourtant, comment ne pas constater, à ce propos, que les écrevisses frayent assez volontiers avec la charogne, que la finesse du foie gras est due à une hypertrophie, c'est-à-dire à une maladie de l'organe, que le caviar est un extrait d'œufs de poissons putréfiés, et que le fromage n'est autre chose qu'une pourriture — voire même, parfois, une pourriture ambulante ?

M'est avis qu'il n'y aurait ni déchéance, ni perte d'idéal à remplacer ces abominations par une bisque de sauterelles — qui sont des crevettes des sables jaunes, comme les crevettes sont les sauterelles des flots bleus — des insectes coquets, élégants et propres, dont l'alimentation est exclusivement végétale. Demandez plutôt aux Egyptiens qui, les voyant ravager leurs récoltes, les ont tenues pendant tout le défilé des quarante siècles juchés sur la pointe des Pyramides, en un mot, jusqu'à l'arrivée des Anglais, pour la pire des plaies !

Et si vous insistiez, méchante, je prendrais un plaisir pervers à rappeler que vous avez un faible pour le gibier faisandé, et que c'est assurément à vos beaux yeux un crime de lèse-gastronomie que de vider bécasses et langoustes.

Je ne vous le reproche pas. Au contraire ! Mais ne tarabustez pas *mes* sauterelles ! Goûtez-en plutôt: vous les mettrez à la mode et vous aurez ainsi bien mérité des pauvres diables qui ne déjeunent pas tous les jours !

La sauterelle, au surplus, n'est pas la seule bestiole invertébrée qui ait eu l'honneur de contribuer à l'alimentation du roi de la création. Sans parler de l'araignée dont le célèbre astronome Lalande se montrait si friand, force m'est bien de signaler que, dans l'Inde et à Java, les abeilles sont fort estimées des plus fines bouches. On leur enlève leur aiguillon, on les fait rôtir dans une feuille enduite de miel et on les sert avec le riz. Ceux qui en ont mangé une fois s'en pourlèchent les badigoinces *in sæcula sæculorum*.

Mais ce sont surtout les fourmis, dont il se fait une consommation auprès de laquelle la consommation européenne des huîtres peut passer pour insignifiante ! Plusieurs explorateurs, que les vicissitudes du vagabondage scientifique ont mis à même de se rendre personnellement compte de la chose, affirment que ce mets, sans rappeler précisément l'ambroisie mythologique, n'est ni aussi fade ni aussi mauvais qu'on serait tenté de le supposer, et je me souviens d'avoir lu, il n'y a pas très longtemps, dans la relation d'un voyageur à travers l'Afrique centrale, que certains naturels.

ont une façon d'accommoder les fourmis qui leur donne, à s'y méprendre, le goût du boudin blanc....

N'allez pas vous imaginer que ces plats exotiques soient spéciaux aux races tout à fait inférieures. Au Brésil, qui est un pays civilisé, on retrouve les mêmes habitudes, s'exerçant dans des conditions particulièrement curieuses. A Saô-Paulo, par exemple, on vend couramment les grosses fourmis, appelées *formigas tanajuras*, rissolées à sec comme des marrons. Et les gens du peuple s'empressent d'acheter cet étrange comestible.

Moi-même, — faut-il l'avouer ? — quand j'étais petit garçon, ce qui remonte déjà rudement loin — je me suis souvent amusé à fourrer un morceau de sucre dans une fourmilière, afin de l'en retirer ensuite imbibé et parfumé d'acide formique.....

Au fond, toutes ces conventions stomacales sont autant de préjugés héréditaires, que le temps et la raison finiront par rectifier.

Tout casse, tout lasse, tout passe. Depuis Fontenoy, où, sur l'invitation formelle des dragons de Villars, ils tirèrent les premiers, depuis plus longtemps peut-être, MM. les Anglais, qui sont pourtant nés financiers, ne pouvaient pas voir les grenouilles en friture. D'aucuns prétendent même que leur vieille haine contre les Français — qui ont d'autres motifs pour la leur rendre — est, dans une large mesure, faite de cette invincible répugnance.

Il n'empêche que John Bull, une fois transplanté de l'autre côté de l'eau, s'est mis à aimer les grenouilles à un tel point que nulle part la *raniculture* n'a pris de telles proportions que dans l'Amérique du Nord. Aujourd'hui l'on ne débite pas moins, quotidiennement, de 1,000 à 1,800 kilogrammes de cuisses de grenouilles dans la seule ville de New-York, et l'ensemble des Etats-Unis consomme par an dix fois autant de ces petits monstres verts que la France elle-même !

Que voulez-vous ? il ne faut jamais dire : « Fontaine, je ne boirai pas de ton eau »...

Ne dites pas davantage, chère madame, que vous ne croquerez jamais de sauterelles... Tout arrive, en ce bas monde, même et surtout l'improbable... Heureusement !

II

Venu tout exprès en Algérie pour interviewer les sauterelles, voici tantôt quinze jours que, de la frontière du Maroc à la plaine du Chéliff et des Hauts Plateaux au Djebel-Thessala, je bats en tous sens la région contaminée, aux trousses de cette pullulante plaie d'Egypte. Grâce à l'obligeance infinie des autorités civiles et militaires, qui n'ont rien épargné pour faciliter ma tâche, j'ai pu aller partout, j'ai pu tout voir, j'ai pu suivre en détail les moindres péripéties de la lutte engagée. Et je reviens de cette campagne avec une impression d'effarement qui ne s'effacera pas de sitôt.

Il faut, en effet, avoir vu les acridiens à l'œuvre ; il

faut avoir, pendant de longues heures et de longues journées, pris personnellement part à la bataille ; il faut avoir remonté ces torrents de laves vivantes, s'épanchant à perte de vue, comme une tache d'huile corrosive, et ne laissant derrière eux que la glèbe nue, pareille à de la chair écorchée, des brindilles de bois mort et des chaumes flétris ; il faut avoir piétiné jusqu'aux chevilles dans la boue infecte et gluante faite de l'amoncellement des cadavres écrasés — pour se rendre exactement compte du terrible fléau.

Ce n'était point sans une certaine méfiance que, dans mon scepticisme de « Roumi », je lisais, au début, les dépêches alarmantes qui pleuvaient, du matin au soir, de tous les coins du pays.

— Comme on voit bien, me disais-je *in petto*, que l'Algérie est un Midi surchauffé, un Midi et demi ! Comme on voit bien qu'Aïn-Tellout est encore plus au sud que Port-Tarascon !

Mais, depuis, j'ai dû faire amende honorable. Foi d'homme du Nord, né sous les cieux pâles où l'on voit plutôt menu, les cigaliers d'Afrique n'avaient point exagérément exagéré.

Sans doute, en raison de l'intelligence et de la rapidité des mesures prises, on en sera probablement quitte pour la peur. Il m'a même été donné de parcourir un coin de territoire (sur la route de Sebdou, tout près de Lamoricière), où la victoire (dont tout l'honneur revient à l'énergique administrateur-adjoint d'Aïn-Fezza, M. Nèple) peut être considérée déjà comme définitivement gagnée. Mais il était temps d'agir, et ce n'est pas fini. Même là où le colon couche sur le champ de bataille, il ne faudrait pas qu'il s'endormit sur ses lauriers. Force lui est encore de fortifier les positions conquises contre les retours offensifs d'un ennemi qui semble renaître de ses cendres .: Supposez la moindre hésitation, la moindre erreur, la moindre faiblesse, et c'est la ruine irréparable, sans remède et sans merci.

On connaît la genèse, l'ordre et la marche de l'invasion. Dès les premières chaleurs, les sauterelles s'abattent sur le sol, où, à une profondeur de deux ou trois centimètres, elles enfouissent leurs œufs — par grappes préalablement revêtues d'une gangue terreuse, faite d'un vernis visqueux et de grains de sable agglutinés. Puis, elles meurent. Mais la néfaste semence vit toujours, elle, à l'état latent, dans la terre, avec une force d'endurance dont ni la sécheresse, ni la pluie, ni la neige, ni même le gel, ne sauraient triompher. On croyait, par exemple, que les rigueurs anormales du dernier hiver auraient suffi à détruire le plus gros de ces gisements redoutables.... Vaine illusion ! Jamais, au contraire, depuis vingt-cinq ans, les éclosions n'avaient été si hâtives ni si nombreuses.

C'est au printemps, neuf mois après la ponte, que les criquets commencent à sortir de leur torpeur et de leur coquille. Vers le mois d'avril, sur les flancs des coteaux, à l'ombre des lentisques et des palmiers nains, apparaît brusquement une fermentation fantastique. Le sol frémit et s'effrite, comme labouré en dessous par des myriades de vers de terre, et l'on voit germer partout à la fois de foisonnantes efflorescences de corpus-

cules blanchâtres, semblables à des grains de riz, qui
sont des larves. Chaque coque ovigère, en effet, contient une trentaine de ces larves, auxquelles il ne faut
pas plus de cinq minutes, une fois arrivé le moment
psychologique, pour dépouiller la pellicule cornée,
sorte de suaire ou... de placenta, qui les emmaillote,
et inaugurer la curée.

Il n'y a pas huit jours, j'en ai fait éclore *cinquante-
trois*, le temps à peine de griller une cigarette, dans le
creux de ma main, rien qu'à la chaleur de la peau !
Songez maintenant qu'on compte un millier de coques
au mètre carré, que les foyers de ponte couvrent parfois des deux ou trois hectares, et qu'il en est ainsi
pendant des kilomètres dans toutes les directions...
Autant vaudrait — sans métaphore — dénombrer les
grains de sable des grèves de l'océan...

Grosses à peine, en naissant, comme des mouches, ces
affreuses bestioles, encore dépourvues d'ailes, ont
bientôt fait table rase de la maigre verdure des « gar-
rigues » natales. C'est alors qu'elles se mettent en
route, en sautillant les unes par-dessus les autres, avec
la rectitude de légions disciplinées, vers de plus gras
pâturages. Marchant droit devant elles, sur un front
de plusieurs lieues de développement, avec un grésillement sinistre, qui rappelle le bruit d'une averse sur
les toits, elles dévalent dans la plaine. C'est une débâcle, un débordement, une marée noire et grouillante
de chair fluide, épaisse parfois de plusieurs centimètres — au point d'arrêter les trains de chemins de fer,
dont les roues engluées patinent sur place — une inon-

dation qui roule, suivant, à la façon d'une nappe d'eau, les pentes les plus déclives, épousant les sinuosités du sol, et rongeant tout au passage, comme une coulée de vitriol.

Il n'est point, en vérité, d'imagination assez hardie ni assez puissante pour pouvoir évoquer de chic ce terrifiant spectacle, dont j'étais bien loin, je le déclare, avant d'y être allé voir, de me représenter la pittoresque horreur.

Gagnant chaque jour, en raison de leurs mues successives, en taille, en force, en agilité et en appétit, jusqu'à ce que, les ailes leur ayant poussé, ils se mettent à pondre à leur tour, les criquets auraient, en quelques semaines, transformé le Tell, qui fut jadis le gren'ar de l'Europe, et qui pourrait le redevenir, en un désert aride et désolé, si l'homme ne leur faisait pas à temps une guerre systématique et acharnée, d'après les règles de la stratégie la plus savante.

Le ramassage anticipé des œufs ne saurait suffire. Et cependant, depuis deux mois, dans une seule commune, dont le nom m'échappe, on n'a pas ramassé — et détruit — moins de *deux cents hectolitres* de coques, c'est-à-dire, au bas mot, dix-huit ou vingt millions de criquets par semaine.

Mais, comme disait le grognard de Waterloo, « ils sont trop » ! Il a fallu inventer tout exprès des machines de guerre spéciales dont les plus ingénieuses paraissent être les appareils dits « cypriotes ». Ce sont des bandes de toile, ourlées en haut d'un ruban de cuir ciré, qu'on tend, à l'aide de piquets, en manière de barricades, sur une longueur de sept, huit ou dix kilomètres. Emportés par leur élan, les criquets viennent, en un bloc mouvant, déferler contre l'obstacle. Ils escaladent bien la toile ; mais, une fois arrivés au cuir ciré, impuissants à franchir ce *skating-ring* vertical, ils retombent en arrière, au pied de la palissade.

C'est alors que des centaines de travailleurs, soldats, colons, indigènes, mobilisés au nom du salut public, se précipitent sur eux, armés de balais, et les jettent en vrac dans des fosses creusées d'avance, où ils les ensevelissent sous une couche de chaux vive. Ailleurs, on les pousse, en tas chaotiques, sur des vastes couvertures (*melhafas*) ou plutôt sur des draps mortuaires, où les Arabes les entortillent et les piétinent avec rage.

Ailleurs, on les rabat sur des bûchers de broussailles sèches, qu'on allume ou qu'on arrose de liquides asphyxiants ou toxiques. J'ai vu, de mes yeux vu, après des opérations de ce genre, sur des espaces considérables, la couche des cadavres s'élever à près d'un demi-pied de hauteur, sans qu'il parût que le ruissellement des survivants dégringolant des crêtes fût sensiblement diminué...

Cependant, si les bras ne font pas défaut, non plus que l'argent — qui est le nerf de cette guerre, comme de toutes les autres — on finira par avoir raison des criquets de la petite espèce — *stauronotus marocanus*.

Derrière les appareils « cypriotes », en effet, les massacreurs peuvent — avec de la patience et de l'estomac — s'en donner à cœur joie, sans trop de surprises ni de périls.

Mais voici qu'un autre danger, autrement redoutable, est signalé à l'horizon. Voici que, de toutes parts, on annonce des vols de ces grandes sauterelles ailées, dites sauterelles « pèlerins », longues de cinq ou six centimètres et grosses comme le doigt, qui viennent du Soudan.

En me rendant, certain jour, à Tlemcen en chemin de fer, j'ai traversé un de ces essaims que j'aurais pris pour une volée d'alouettes, *si le passage n'avait duré près d'une heure et couvert un pan de ciel d'un kilomètre de large !* Il paraît que parfois — en 1866, par exemple — ce sont de véritables nuages interceptant pendant des journées entières les rayons du soleil... Il va de soi que là où s'abattent ces monstres, contre lesquels ne sauraient prévaloir ni les appareils cypriotes, ni l'incinération, ni l'huile lourde, ni la chaux vive, dont les robustes mandibules n'épargnent même pas l'écorce ligneuse des arbres, et dont la ponte et l'éclosion n'exigent pas plus de six semaines, il n'y a rien à faire, et le génie de la science lui-même doit jusqu'à nouvel ordre s'avouer vaincu.

S'agit-il seulement, cette année, d'essaims erratiques et isolés, ou bien n'est-ce que l'avant-garde des bandes innombrables écloses là-bas, dans les sables brûlants de l'Areg, et capables, à la faveur d'une rafale de sirocco, d'élargir en un clin d'œil le Sahara jusqu'à la mer ? C'est ce que personne au monde ne saurait calculer ni prévoir. On ne prévoit pas une trombe, on ne calcule pas un coup de foudre...

Arabatallah ! comme disent les musulmans. « On ne saurait passer par une autre porte que celle qu'il plaît à Allah d'ouvrir. » A la grâce de Dieu !

III

M. Kunckel d'Herculaïs n'est pas mort, comme on l'avait dit, « boulotté » par les sauterelles.

Il se porte très bien, au contraire, et les damnées bestioles ne lui ont pas encore fait le poil.

C'est très sincèrement que je l'en félicite, sans regretter les quelques gouttes d'encre... sympathique dont, sur la foi de renseignements erronés, j'avais cru devoir, d'une plume émue, asperger son prétendu cadavre.

On sait comment est né ce quiproquo tragi-comique. Un journal humoristique d'Alger avait raconté, en manière de fantaisie, que M. Kunckel d'Herculaïs, qui exerce là-bas, depuis trois ans, les fonctions d'inspecteur général des acridiens, ayant eu l'imprudence de s'endormir à l'ombre d'une touffe de lentisques, une formidable cataracte de sauterelles s'était écroulée sur lui et qu'il était mort ainsi, après une lutte désespérée, asphyxié, déchiqueté, moulu vif. Prenant l'histoire au pied de la lettre, un correspondant trop naïf ou trop zélé s'était empressé de télégraphier à Paris la douloureuse nouvelle.

Ce n'était heureusement qu'une « blague » atroce. Mais il n'est peut-être pas inutile de dire que, si la chose n'était pas vraie, elle était au moins possible.

Sans doute, avant d'y être allé voir, une pareille affirmation m'aurait trouvé parfaitement sceptique. Aujourd'hui, en revanche, je n'oserais plus — ma parole d'honneur ! — répondre de rien.

On n'en était encore là-bas, quand je faisais, à travers la « brousse », le journal buissonnier, qu'aux préliminaires escarmouches ; l'œuvre de dévastation débutait à peine, et c'est tout juste si les premières vagues du flot entamaient légèrement l'extrême frontière des cultures qu'elles ont, depuis, fini par submerger. Cela m'a suffi cependant pour rapporter de cette odyssée une profonde impression d'ahurissement et d'horreur. Rien qu'à y penser, j'en ai la chair de poule...

La première fois que je me suis rencontré avec les criquets — on appelle ainsi les sauterelles de la petite espèce (*stauronotus marocanus*), grosses d'abord comme des pucerons, puis comme des mouches et enfin comme des hannetons, tant que les ailes ne leur ont pas poussé — c'était derrière Bou-Médine, à la marge même de cette paradisiaque banlieue de Tlemcen où, sous un incomparable dais d'azur immaculé, la végétation d'Europe et la végétation d'Afrique se confondent en un si merveilleux amalgame. Ensevelies depuis neuf mois dans le sol, sous leur impénétrable placenta de boue, les coques ovigères (contenant chacune une quarantaine de larves) venaient à peine de commencer d'éclore aux ardeurs du soleil d'avril.

Et cependant, c'était déjà sur les crêtes, aux flancs

des ravins, le long des pentes, à perte de vue, un foisonnement fabuleux de petites choses noires et grouillantes, ruisselant de toutes parts, sur quatre ou cinq centimètres d'épaisseur, avec un clapotis d'averse et un infernal poudroiement d'éclaboussures animées. Imaginez, sur des lieues d'étendue, la terre inondée d'une marée débordante, coulant en cascades lentes et grasses, à la façon d'un torrent de laves dont chaque molécule, au lieu d'être une gouttelette fluide, serait une bestiole souple et sautillante, comme si réellement la poussière, galvanisée par une mystérieuse force intérieure, s'était métamorphosée en fourmilière. Et partout où se déverse cet épanchement effervescent et visqueux, qui semble obéir aux lois de l'équilibre des liquides et où le pied « baigne » jusqu'à mi-jambe, c'est littéralement comme si la flamme — ou l'acide sulfurique — y avait passé. Il ne reste plus rien, rien que la glèbe aride et des fétus desséchés.

Là, seulement, je compris comment la pullulante vermine pouvait non seulement dévaster une région, mais encore, en coupant les voies ferrées, l'isoler dans une certaine mesure du reste du monde. Entendons-nous ! Quand on dit que les criquets peuvent arrêter un train de chemin de fer, cela ne signifie pas que l'encombrement puisse être jamais, même au fond d'une tranchée, assez haut, assez profond ou assez compact pour paralyser l'essor d'une locomotive lancée à toute vapeur, à la façon de la légendaire barricade de neige tassée où naufrage la « Lison » de la *Bête humaine*. Seulement, il arrive qu'à force d'écraser des millions de cadavres, les roues s'empâtent d'un magma huileux qui, détruisant l'adhérence, les force à dérailler ou à patiner sur place.

Avec les grandes sauterelles dites « pèlerins », longues de cinq ou six centimètres et grosses parfois comme de moyennes écrevisses, qui viennent du fond du Sahara sur les ailes du simoun au moment où l'on s'y attend le moins, c'est bien pire encore. Celles-là, dont les robustes mandibules, au moins aussi fortes qu'un bec de petit oiseau, s'attaquent même à l'écorce des arbres, mettent seulement six semaines à éclore, de telle sorte qu'on peut les revoir sous leur double forme de larves rampantes et d'insectes complets jusqu'à trois et quatre fois dans une saison.

Il me souvient qu'un beau matin, voyageant en compagnie de l'aimable préfet d'Oran, M. Fournier, entre Bel-Abbès et Ras-el-Mâ, notre train traversa un essaim de ces petits monstres ailés, que j'aurais probablement pris, dans ma candide inexpérience, pour une volée de bec-figues, s'il n'avait tenu tant de place sur le ciel obscurci. Cela dura près d'une heure, sans un arrêt, sans une éclaircie, sur une étendue que j'estime, au bas mot, à neuf cents mètres de large et à six mètres de haut.

A dix ou douze individus au mètre cube, chiffre de beaucoup inférieur à la réalité, ce serait quelque chose comme un *milliard de sauterelles*!!! Et encore m'a-t-on affirmé que je n'ai rien vu, et que si tous les vols de sauterelles pèlerins ne devaient jamais dépasser ces proportions, ce seraient des quantités qua-

aient négligeables... Je tiens en tous cas de la bouche
de l'honorable M. Sabatier, maire de Tlemcen, que,
lors de la grande invasion de 1866, il en passa, certain
jour, au-dessus de la ville, de huit heures du matin à
quatre heures du soir — pendant huit heures consécutives ! — un vol assez dense pour intercepter aussi
complètement les rayons du soleil que le plus noir des
nuages orageux... Représentez-vous, maintenant, les
conséquences de la chute d'une semblable avalanche
sur une vigne, sur un champ de blé ou sur l'épiderme
d'un savant égaré que son nom saugrenu aurait condamné à coucher dehors.

Contre les sauterelles « pèlerins », auxquelles leurs
ailes permettent de franchir ou de tourner tous les
obstacles et d'échapper sans peine aux rabatteurs les
plus agiles et les plus rusés, il n'y a rien à faire. Où
elles s'abattent, force est au colon, ruiné sans appel ni
merci, de se croiser les bras, en répétant tristement la
formule résignée du fatalisme musulman : *Mektoub*
(c'était écrit) ! On essaie bien, quand un vol est signalé
à l'horizon, de l'écarter des points menacés en emplissant l'air de bruit et de fumée, en allumant partout
des bûchers de bois vert ou de paille humide, en tirant
des pétards, en battant du tambour, en tapant sur des
chaudrons, etc. Mais, c'est « découvrir Pierre pour
couvrir Paul », et, finalement, le charivari ne sert guère
qu'à déplacer le mal sans le détruire, et à repasser la
catastrophe au voisin...

Quelques maraîchers avisés ont réussi parfois, dit-
on, à sauver leurs salades en improvisant par-dessus,

au moment critique, une toiture de toile à voile ou de papier goudronné. Mais, outre que cet encombrant et dispendieux procédé ne se conçoit pas très bien appliqué à d'immenses vignobles comme celui de MM. Saint-Jean et Boyreau, par exemple (187 hectares d'un seul tenant), que je visitais naguère à Hamman-bou-Hadjar, je me suis laissé dire que les grandes sauterelles affamées mangeaient parfois les prélarts eux-mêmes, le cuir et le carton... Elles dévoreraient aussi bien — apparemment — les cheveux, la barbe et la cravate (d'alfa) du plus coriace des naturalistes.

De même qu'il y a eu des maisons de bois ou de pierre démolies de fond en comble par les termites, de même qu'il y a eu des hommes dévorés vifs par les rats, de même il n'y a rien d'impossible à ce qu'un membre de l'Institut, voire même un hercule forain ou un scaphandrier, surpris pendant son sommeil, naufragé sans merci au sein d'une de ces trombes mouvantes qui durent des journées entières et couvrent des espaces grands comme une province.

Cela aurait aussi bien pu m'arriver à moi-même. Qui sait même si, certain jour où, après un plantureux déjeuner chez El-Hadj-Miloud, au douar des Beni-Krâkrâ, je « piquais » sous les fenouils géants une si douce sieste truffée de si délicieux rêves, ce n'est pas par miracle que j'ai, sans en avoir seulement conscience, échappé à la plus horrible des morts...

Brr !... Mais, ce qui me console, c'est que, martyr involontaire du devoir professionnel et de la vulgarisation scientifique, on m'eût fait de belles funérailles, et qu'il y aurait eu quelque part — quand même — de chers beaux yeux pour me pleurer !..

Par Hercule (aïs Kunckel d'), c'eût peut-être encore été là ce qui pouvait m'arriver de meilleur !.

IV

Si la science — qui peut tout, à la condition d'y mettre le temps — n'en a pas encore fini avec les sauterelles, il nous est au moins permis d'espérer que dorénavant cela ne traînera guère. Telle est l'assurance, inattendue mais consolante, que nous donne, en termes explicites et catégoriques, un savant des plus autorisés, M. Charles Brongniart (du Muséum), lequel en a fait son affaire.

La chose mérite, en vérité, qu'on y insiste, non seulement en raison de l'importance des intérêts en jeu et de la gravité des désastres, chiffrables par millions, qu'il s'agit de conjurer, mais encore et surtout en raison de l'originalité paradoxale du remède proposé...

Contre le redoutable fléau, tout, pour ainsi dire, et même autre chose, a été, depuis Moïse, essayé — sans profit appréciable.

Sans doute, en prodiguant l'argent et en mobilisant des milliers d'hommes, comme pour une guerre nationale, on réussit bien à peu près, à l'aide des « trucs » décrits plus haut, non pas à détruire définitivement les petits criquets de l'espèce dite « marocaine », éclos sur place, dans les friches du Tell et des Hauts-Plateaux.

mais, au moins, à leur barrer le passage, à limiter leurs ravages, à faire la part du feu.

Mais contre les sauterelles « pèlerins », grosses comme des écrevisses, qui arrivent, tout ailées, du désert, par essaims — ou plutôt par nuages — assez épais pour obscurcir les rayons du soleil, on n'a rien trouvé encore de réellement efficace.

Non point, cependant, que les moyens de destruction fassent défaut. Jamais peut-être, au contraire, aucun autre problème n'avait à ce point stimulé la tarentule inventive. Ce que, depuis six mois, pour mon humble part, il m'a été soumis de projets *ad hoc*, parfois fort ingénieux, mais plus souvent saugrenus à se pâmer, est inconcévable.

Un correspondant de Tunisie n'est-il pas allé jusqu'à me proposer, sans rire, de s'associer avec moi pour étudier (et peut-être aussi pour exploiter) de compte à demi l'application aux acridiens de la fulguration, c'est-à-dire de la mort — « à l'américaine » — par l'électricité ? Le grain de sel sous la queue du moineau !... Quant aux autres procédés plus rationnels et plus pratiques en apparence, roulant, en général, tantôt sur l'emploi de fusées asphyxiantes et de poisons variés, tantôt sur l'acclimatement de certains oiseaux insectivores, tels que l'étourneau, le dindon et le merle triste, ils témoignent tous chez leurs auteurs d'une méconnaissance absolue de la nature et de l'étendue des difficultés à vaincre. À quoi bon s'acharner à tuer, plus ou moins sûrement, des milliers, voire même des millions de sauterelles, si des centaines de milliards doivent toujours et quand même survivre à l'hécatombe, et si, quand il n'y en aura plus, il doit y en avoir encore? Autant s'évertuer, comme l'enfant dont parle saint Augustin, à vider la mer avec une coquille d'huître!

Où tombent les sauterelles adultes, il n'y a plus qu'à se croiser les bras et à attendre... qu'elles aient tout dévoré — tout, jusqu'à l'écorce des arbres, jusqu'aux rideaux des fenêtres et aux draps des lits.... C'est avant la lettre, à l'état de coques fœtales ou de larves rampantes, qu'il faudrait les attaquer....

... Les choses en étaient là, et les initiés comme les profanes, gagnés par le fatalisme musulman, en avaient fait leur deuil, lorsque, tout à coup, quelqu'un s'avisa de songer aux microbes...

Un clou chasse l'autre, dites donc!

Pourquoi ne mettrait-on pas les fléaux aux prises? Pourquoi ne dériverait-on pas sur les sauterelles, de manière à paralyser le développement de l'espèce par la contamination préjudicielle des nouvelles couches et des générations à naître, une partie du flot de purulences et de gangrènes que les infiniment petits distillent à jet continu à l'intention et au détriment de la piteuse humanité? A qui nous apporte la famine, pourquoi ne rendrait-on pas la peste, dont Pasteur nous a appris à manier méthodiquement les germes infectieux?

Ce n'est pas d'aujourd'hui, au surplus, ni même d'hier, que date la machiavélique idée de recruter parmi les agents morbifiques et pathogènes une sorte de police sanitaire spécialement affectée à la sauvegarde de nos santés compromises et de nos intérêts en détresse. N'a-t-on pas sérieusement proposé d'employer les microbes à la défense nationale, et d'ensemencer, en cas d'invasion, en « cultures » de diphtérie, de typhus ou de *vomito negro*, les rivières et ruisseaux perpendiculaires à la frontière menacée, de façon à décimer sournoisement l'ennemi ? L'Italien Cantani n'a-t-il pas tenté de guérir les phtisiques en leur inoculant un microbe particulier, le *bacterium termo*, qui serait au bacille de la tuberculose ce que le furet est au lapin ? Qu'est-ce donc, enfin, que la vaccination par les virus atténués, sinon une façon d'opposer les microbes domestiqués — turcos et spahis de l'organisme — aux microbes sauvages ?

En ce qui concerne plus spécialement les sauterelles, dès 1878, MM. Charles Brongniart et Maxime Cornu signalaient déjà l'existence de certains champignons microscopiques, de certains microbes, qui détruisent, sous forme de véritables épidémies, telles ou telles espèces d'insectes — avec l'espoir avoué de faire servir tôt ou tard la propagation systématique de ces impalpables cryptogames à l'extermination des acridiens dévastateurs. Or, si je m'en réfère aux communications récemment adressées à l'Académie des Sciences, ce serait, d'ores et déjà, chose quasiment faite, et le procès des Algériens contre l'inguérissable plaie d'Egypte serait à la veille d'être définitivement gagné.

A la suite, en effet, de longues et patientes études entreprises au laboratoire de la station agronomique d'Alger, M. Charles Brongniart prétend avoir réussi non seulement à « cultiver » artificiellement le précieux champignon, baptisé déjà du nom suggestif de *botrytis acridiorum*, mais encore à contaminer sans merci, en six jours, sur les lieux de ponte, des milliers de jeunes criquets, rien qu'en arrosant le sol avec des spores diluées dans l'eau, et en y égrenant, en guise d'amorces et de semences de mort, les cadavres pulvérisés de sauterelles préalablement empoisonnées.

Je sais bien que ces encourageantes conclusions ont été contestées. M. Kunckel d'Herculaïs, par exemple, s'est vivement inscrit en faux contre les affirmations de M. Charles Brongniart.

Mais il paraît que M. Kunckel d'Herculaïs s'était trompé de microbe — il y en a tant ! — et qu'il avait opéré sur un *polyrhizium*, au lieu d'opérer sur le *botrytis* de rigueur. Ce serait uniquement par la faute de cette erreur sur la personne que ses expériences, analogues et parallèles à celles de M. Charles Brongniart, n'auraient pas abouti.

Tout porte à supposer, au contraire, que c'est M. Charles Brongniart qui a raison. Non seulement, en effet, il a surpris le secret de la « culture » *in vitro* du champignon « acridiofuge », mais il semble, ainsi que je l'indiquais tout à l'heure, avoir obtenu déjà dans la nature, — *aux champs* — des résultats positifs.

Rien d'étonnant à cela, en fin de compte. Normalement, et en dehors de toute intervention humaine, le *botrytis acridiorum* est l'agent d'une maladie épidémique et contagieuse assez violente pour tuer spontané-

ment des myriades de criquets adultes, absolument
comme la « muscardine » — qui est l'œuvre d'un autre
cryptogame (*botrytis bassiana*) — tue les vers à soie à la
douzaine. Il s'agit donc simplement de généraliser une
maladie qui ne se montre d'habitude qu'à l'état spora-
dique.

N'est-ce pas tout à fait de la même façon que
M Krassiltschick a pu, en mettant dans son jeu
l'*isaria destructor* — encore une autre moisissure bienfaisante — avoir raison des charançons qui ravageaient
« nos amies » les betteraves russes ? N'est-ce pas de la
même façon que MM. Prillieux et Delacroix traitent —
ou plutôt maltraitent — les vers blancs, par le bouillon (d'onze heures) de ce *botrytis tenella*, qui n'est peut-
être qu'une variété indigène, à peine modifiée par le
milieu. du *botrytis acridiorum* ?

Assurément, le dernier mot n'est pas dit...

Il ne saurait suffire d'avoir découvert le microbe
apte à « influenzer » les sauterelles, ni même d'avoir
appris à le « cultiver » artificiellement dans la paix du
laboratoire. Il faut encore trouver le procédé le plus
économique, le plus rapide et le plus sûr pour produire
couramment l'énorme quantité de spores insecticides
dont, bientôt peut-être, l'Algérie va dereche. avoir
besoin. Il faut, en un mot, faire, pour ce nouveau *botrytis*, ce que font MM. Fribourg et Hesse pour le
botrytis tenella, et organiser la fabrication industrielle
de la « mort-aux-sauterelles », comme on a organisé la
fabrication industrielle de la « mort-aux-hannetons ».
Il faut, enfin, envoyer dans l'Extrême Sud, au Sahara,

au Soudan, dans tous les pays suspects de servir aux sauterelles de refuge ou de berceau, des caravanes d'empoisonneurs.

Mais ce sont là de simples détails, qui seront aisément et tôt réglés, si, vraiment, M. Charles Brongniart a trouvé la bonne piste. Auquel cas, les colons de la France « d'en face », qu'il aura sauvés de la ruine, lui devront une fière chandelle.

Et je les connais, ils ne la lui marchanderont pas !

L'AGRICULTURE DE L'AVENIR (1)

Si chaque jour a sa peine, chaque siècle a son miracle.

Le dix-huitième aura vu la chimie générale jaillir, tâtonnante et timide encore, mais déjà tout armée, du puissant cerveau de Lavoisier. Le dix-neuvième aura vu l'apothéose des deux magiciennes des âges nouveaux : la Fée Vapeur et la Fée Electricité. Au vingtième siècle — qui va s'ouvrir demain — l'aubaine et l'honneur du triomphe suprême de la culture intensive par les engrais chimiques !

Le vingtième siècle n'aura pas eu la plus mauvaise part.

La révolution dont il va doter le monde n'aura rien, en effet, pour la fécondité, l'ampleur et l'éclat, à envier à ses devancières, et, aux yeux de la postérité appelée à en recueillir les bienfaits, la gloire de M. Georges Ville, qui depuis quarante ans la prépare, égalera peut-être, si même elle ne la dépasse pas, la gloire de Lavoisier, de James Watt, de Stephenson et d'Edison.

Ne s'agit-il pas, en effet, de régénérer l'agriculture,

(1) *Cf. Une Révolution agricole*, Georges Ville et les engrais chimiques, par EMILE GAUTIER, brochure 0,75 c. (Lecène, Oudin et Cⁱᵉ, éditeurs).

la nourricière de l'humanité, si longtemps attardée dans l'ornière, comme ceux-ci régénérèrent l'industrie, et de l'arracher à l'empirisme stérile et routinier, pour en faire une science exacte et un art précis ? Ne s'agit-il pas de lui apprendre à fabriquer de toutes pièces les plantes alimentaires et textiles, à en régler d'avance le rendement en quantité et qualité, à en doser par anticipation le sucre, l'amidon, la graisse, etc., — à faire, en un mot, du chanvre ou du blé, des betteraves ou du colza, des topinambours ou des roses, des haricots ou du raisin, absolument comme on fait du savon, du verre, du fromage ou du papier, et de transformer champs, vergers et jardins en autant de manufactures en plein vent où, chaque tige végétale représentant une bobine ou une broche, tout s'opérerait, à coup sûr, par poids, par mesure et par calcul ?

La théorie des engrais chimiques n'est rien moins que tout cela, et telle est bien effectivement la prodigieuse surprise qu'elle porte dans ses flancs.

A y regarder de près, au surplus, la chose est assez simple. Il est vrai que, pour les découvrir et les comprendre, ces choses si simples, il faut le coup d'œil d'aigle du génie. Toujours l'œuf de Christophe Colomb !

Tout d'abord, qu'est-ce que la plante ? D'où vient-elle ? Quelle est sa substance intime et constituante ? De quels éléments sont formés ses organes et ses tissus ?

Sur ce premier point, pas l'ombre d'une difficulté, car la question a été, depuis bel âge, définitivement tranchée par la chimie.

Les espèces végétales connues et classées sont au

nombre de plus de 200,000, entre lesquelles aucune confusion ne semble possible pour un regard exercé. Mais il n'importe. Toutes ces différences de physionomie, d'organisation, de contexture ne sont que des apparences éphémères et de trompeuses illusions : ces contrastes si accentués, sur lesquels repose toute la science du botaniste, s'évanouissent et s'effacent comme une vaine fumée, lorsque le chimiste a passé par là, pour se résoudre en une unité de substance inattendue.

La vérité est que toutes les plantes, sans exception, sont infailliblement formées de quatorze éléments, toujours les mêmes, mais diversement groupés, dont voici l'exacte et définitive énumération :

ÉLÉMENTS ORGANIQUES : *Carbone, hydrogène, oxygène, azote.*

ÉLÉMENTS MINÉRAUX : *Phosphore, soufre, chlore, silicium, fer, manganèse, calcium, magnésium, sodium, potassium.*

Ce sont ces quatorze éléments — non pas treize, ni quinze, mais quatorze, rien que quatorze, mais toujours quatorze, pas un de plus, pas un de moins — qui constituent l'étoffe de toutes les plantes sans distinction, depuis le cèdre jusqu'à l'hysope, depuis le chêne jusqu'au roseau, les feuilles, les fleurs et les fruits, les bois, les gommes, les huiles, les résines, les aromates, en un mot l'universalité des produits végétaux : arbres, arbrisseaux, arbustes, herbes, mousses, algues et champignons. Les différences ne tiennent qu'aux variétés de leurs combinaisons : c'est ainsi que les vingt-quatre lettres de l'alphabet, arrangées de plusieurs millions de façons différentes, suffisent à former les mots les plus hétéroclites et à exprimer tous les sentiments, toutes les émotions, tous les besoins de la nature humaine.

Ces quatorze éléments essentiels n'ont cependant ni la même origine, ni la même importance.

Trois d'entre eux, le carbone, l'oxygène et l'hydrogène, entrent à eux seuls pour 93 0/0 dans la composition du végétal, qui ne les emprunte pas au sol. Le carbone, en effet, provient de l'atmosphère, tandis que l'hydrogène et l'oxygène proviennent de la pluie. En d'autres termes, une plante n'est autre chose, dans la proportion de 93 centièmes, que de l'air et de l'eau condensés. Le surplus (soit environ 7 0/0) est constitué par l'azote et par les dix éléments minéraux.

Ce ne sont là ni des hypothèses gratuites, ni des conjectures invérifiées. Ce sont des faits authentiques et patents, de véritables lois, aussi certaines que celles qui président aux mouvements des astres ou à la chute des corps. C'est ce qui résulte d'une série d'expériences et de contre-expériences minutieuses et patiemment conduites, pendant de longues années, avec la rigueur la plus intransigeante et la plus délicate précision.

C'est de la même façon qu'on a pu constater que l'azote est fourni aux végétaux, partie par l'air atmosphérique, partie par le sol. Il est même certaines plantes, comme le trèfle et les légumineuses, par exemple, qui jouissent de la faculté de tirer directement tout leur azote de l'air ambiant.

Quant aux dix éléments minéraux, c'est toujours au

sein de la terre que la plante doit les puiser. Mais ils n'y sont pas tous en égale abondance. Il en est sept dont n'importe quelle terre est toujours copieusement pourvue : ce sont la soude, la magnésie, le soufre, le chlore, le fer, la silice et le manganèse. Mais il n'en va pas de même du phosphore, de la potasse et de la chaux, dont le sol ne renferme qu'une provision limitée et qui parfois s'épuise.

Or, la chaux, la potasse et le phosphore sont, tout comme l'azote, absolument indispensables à la vie végétale. Certaines plantes demandent surtout de l'azote, d'autres surtout de la potasse ou du phosphore, car chaque espèce a sa *dominante* ; mais aucune ne saurait se passer ni de l'un ni de l'autre. Il a même été prouvé que, sur les quatorze éléments, ces quatre-là sont les seuls dont l'action soit effectivement fertilisante.

Eh bien ! la théorie des engrais chimiques est tout entière là-dedans.

Puisque nous savons ce qu'il faut aux plantes pour vivre, grandir et prospérer, il n'y a plus qu'à leur fournir, à l'état assimilable, ce qui, dans tel ou tel cas donné, leur fait défaut ; il n'y a plus qu'à leur servir, toute mâchée, la pitance dont elles ont besoin ; il n'y a plus, passez-moi le mot, qu'à les élever au biberon.

Inutile, évidemment, de leur donner l'oxygène, l'hydrogène et le carbone, puisqu'elles peuvent en prendre leur saoul dans l'air et dans l'eau. Inutile également de leur donner sept sur dix des éléments minéraux, puisque le sol le plus pauvre en contient à revendre. Mais, fournissez l'azote aux plantes dont la dominante

est l'azote — comme le blé — et qui en manquent ;
fournissez la potasse aux plantes dont la dominante
est la potasse — comme la pomme de terre — et qui en
manquent ; fournissez le phosphore aux plantes dont la
dominante est le phosphore — comme le maïs — et qui
en manquent ; fournissez la chaux aux plantes dont la
dominante est la chaux — et qui en manquent. Faites
mieux ! Rendez à la terre, sous la forme d'un engrais
complet, c'est-à-dire d'un engrais contenant les quatre
substances épuisables — azote, phosphate, chaux et
potasse — les éléments que lui ont pris les récoltes
antérieures. Vous aurez ainsi donné aux plantes absolument tout ce dont elles ont besoin; vous leur aurez
créé les conditions de développement les plus favorables; vous les aurez obligées à vous rendre au
centuple, sans autres limites que celles de la force
végétative du type ou de l'individu, l'avance d'hoi-
rie que vous leur aurez faite. Vous aurez créé une
véritable fabrique de produits végétaux, comparable en tous points à une fabrique de produits
chimiques!

Cela est si vrai que, *sans terre*, sur de la mousse stérilisée, du sable rougi au feu, du verre pilé, ou de la
sciure de bois, voire même dans un panier à salade, on
a pu, rien qu'avec de l'eau, de l'air, de la lumière et
des engrais chimiques, cultiver les plantes les plus
variées — du froment, des pommes de terre, des pois,
du lin, de la vigne, des camellias, etc., — et obtenir
ainsi, en chambre, des récoltes exorbitantes. « Donnez-moi un point d'appui », disait Archimède, « et je

soulèverai le monde ! » — « Donnez-moi des engrais chimiques », peut dire aujourd'hui Son Omnipotence la Chimie agricole, « et je mets en culture la tour Eiffel, dont le sol métallique n'est pourtant guère fertile ! »

L'engrais chimique, voilà le point d'appui !

La première fois que M. Georges Ville, alors simple étudiant, s'avisa de formuler tout haut cet *Euréka* paradoxal, ce fut un tolle unanime contre cet halluciné, cet utopiste, ce fou ! Depuis, cependant, l'idée a marché, domptant les résistances les plus entêtées, étouffant les objections sous l'écrasante et irréfragable éloquence des résultats. Si, malheureusement, elle n'est pas encore définitivement passée dans la pratique courante — ce sera l'œuvre maîtresse et tutélaire du siècle qui vient — au moins, devenue quasiment classique, règne-t-elle déjà en souveraine sur le terrain conquis de la théorie, où, après tant de luttes, elle couche enfin sur le champ de bataille.

Le bruit de sa dernière victoire, dont la plante française par excellence, la vigne, est le précieux enjeu, éveille partout, depuis quelques mois, des échos vibrants d'espérance. En combinant, en effet, la taille à long bois avec l'emploi, savamment dosé, d'un nouvel engrais intensif dont voici la formule :

Superphosphate de chaux à 15 0/0. . . . 400 k.
Carbonate de potasse raffiné à 90 0/0. . . 200 k.
Sulfate de chaux. . . . . 400 k.
                        Total. . . . . . 1,000 k

M. Georges Ville a pu obtenir, sur son champ d'expériences de Vincennes, des rendements fabuleux de 20,000 kilogrammes de raisin et de 180 hectolitres de vin à l'hectare. Cela fait bien près, si je ne m'abuse, de quarante livres de raisin et d'un litre de vin par cep, en moyenne — sinon davantage.

Et ce n'est pas encore là, sans doute, le dernier mot de l'art!

Il n'y a pas trace d'azote, cependant, dans cet engrais intensif dont les témoins et les faits eux-mêmes disent déjà monts et merveilles. Mais il paraît que la vigne, comme, au surplus, la plupart des arbres fruitiers, n'a pas besoin qu'on lui donne son azote : elle sait où et comment s'en fournir toute seule... Les sceptiques, au surplus, qui attendent d'avoir, pour chanter victoire, la grappe de Chanaan dans la bouche, n'ont qu'à tenter l'expérience. Non seulement ils n'en mourront pas ; mais si, comme c'est probable par ces temps de mildew et de phylloxéra, ils agonisaient, ils ont de fortes chances d'en ressusciter.

... Mais se représente-t-on la situation faite à nos arrière-neveux lorsque, la vigne donnant couramment 180 hectolitres de vin, le blé 70 hectolitres à l'hectare et le reste à l'avenant — le tout de qualité supérieure, — la France sera devenue (ce que sa mission historique et géographique lui commande d'être) une nation exportatrice de denrées alimentaires?

Labourage et pâturage sont toujours les deux mamolles de la vieille Gaule, à la condition cependant — réalisée par Georges Ville — qu'on ne les laisse point tarir et que la science les aide à sécréter à flux continu leur lait généreux.

TABLE DES MATIÈRES

	Pages
L'élixir de longue vie.	1
Le grisou.	23
Les faiseurs de pluie.	25
Gel et dégel.	44
Splendeurs et misères de la médecine.	74
La responsabilité médicale.	95
Les miracles de la chirurgie.	104
L'électrothérapie.	120
Sous l'œil de tanit.	139
Le vin vivant.	146
Paris qui boit.	154
La fulguration.	182
Crimes fin de siècle.	197
Les méfaits et les dangers de la fée Electricité.	205
Téléphoneries.	252
La parole en bouteilles.	261
Charles Cros.	276
Le siècle de l'aluminium.	283
Le roman de la momie.	293
Propos de mi-carême.	301
Les accidents de chemins de fer.	308
Tonnerres artificiels.	333
Le jupon.	352
La battue aux sauterelles.	358
L'agriculture de l'avenir.	385

POITIERS. — TYPOGRAPHIE OUDIN ET Cie